实用统计计算

[第2版]

主　编　高祖新　言方荣　尹　勤

副主编　蒋丽芸　刘甜甜　房婧雅

编　委　王　菲　尹　勤　宁　霄

江　波　刘颖博　刘甜甜

李博生　言方荣　房婧雅

高祖新　阎航宇　蒋丽芸

扫码获取线上资源

南京大学出版社

图书在版编目(CIP)数据

实用统计计算 / 高祖新，言方荣，尹勤主编. 南京：南京大学出版社，2024. 12. — ISBN 978-7-305-28754-1

Ⅰ. O242.28

中国国家版本馆 CIP 数据核字第 2025N0V334 号

出版发行 南京大学出版社
社　　址 南京市汉口路 22 号　　　邮　　编 210093

书　　名 实用统计计算
SHIYONG TONGJI JISUAN
主　　编 高祖新　言方荣　尹　勤
责任编辑 甄海龙　　　　　编辑热线 025-83595840

照　　排 南京开卷文化传媒有限公司
印　　刷 南京新洲印刷有限公司
开　　本 787 mm×1092 mm　1/16　印张 16.25　字数 400 千
版　　次 2024 年 12 月第 2 版　2024 年 12 月第 1 次印刷
ISBN 978-7-305-28754-1
定　　价 48.00 元

网　　址：http://www.njupco.com
官方微博：http://weibo.com/njupco
官方微信号：njuyuexue
销售咨询热线：(025)83594756

前　言

统计计算作为概率统计与计算机科学、数据科学相结合的应用性分支学科，其发展经历了从古代的数值统计到现代复杂计算的演变历程，并在自然科学、社会科学和生产实践等人类社会各个领域显示出其重要作用。尤其是在当前兴起的数据科学和人工智能(AI)等领域，统计计算为其提供了坚实的理论基础和实践工具，使得复杂数据分析、模型构建和决策制定等变得更加科学高效。未来，统计计算仍将随着技术的进步而不断发展，不断推动科学研究和人类社会的进步。

早在古代，古代文明(如中国战国时期、古埃及、古巴比伦)使用基本的数值记录和户籍统计、人口统计，罗马帝国进行的人口普查也是早期统计计算的一个实例。到了 19 世纪末，随着计算科学的兴起，统计计算开始借助机械和电子设备进行应用。进入 20 世纪 40 年代，最早的电子计算机用于复杂的统计计算；计算能力的提升使得贝叶斯方法在统计应用中越来越受到重视。此后随着计算机的普及，特别是 SAS、SPSS、R 语言等统计软件的出现和推广，统计计算变得更加简单和高效。20 世纪末，互联网的发展催生了大数据的概念，推动了统计计算方法的进步与应用。进入 21 世纪，随着人工智能和机器学习的快速发展，统计计算与数据科学的界限逐渐模糊，新的算法和模型不断涌现，现代统计分析也越来越依赖于云计算和大规模分布式计算，以处理海量数据。显然，统计计算日益成为人们从事科学研究、生产实践特别是现代统计分析的重要手段。

本教材最早源于我们在 20 世纪 90 年代初在南京大学为其概率统计专业本科生开设“统计计算与软件”课程所编写的教材讲义《统计计算与软件》，经过数年的教学实践和修订完善，在南京大学首届教材专著基金的资助下，1996 年在南京大学出版社正式出版了《实用统计计算》，并于 1997 年荣获了华东地区大学出版社优秀教材学术专著二等奖。

时光荏苒，白驹过隙，三十年来我们经历了知识经济时代、数字化时代、大数据时代，并即将迎来智能化时代，统计计算在数据科学和人工智能等领域起着日趋重要的作用，主要体现在数据分析与预处理(描述性统计、数据清洗、探索性数据分析)、建模与推断(回归分析、假设检验、贝叶斯统计)、机器学习算法(监督学习、非监督学习、深度学习)、评估与验证(交叉验证、性能指标分析、置信区间与显著性检验)、决策支持(风险评估、A/B 测试)、大数据分析(分布式计算、实时分析)、AI 模型分析(模型可解释性分析、模型透明性分析)等各个方面，其应用领域空前广泛，学科需求日益增加。尤其对于一些新兴学科，如应用统计、数据科学、人工智能、生物统计、计算机科学等应用性学科，统计计算已成为其人才培养目标中必备的分支学科知识。

在南京大学出版社的大力支持下，近年来我们在原教材第一版基础上进行全面修订完善，积30多年统计领域的教研和教材建设之丰富经验，汇国内外统计计算理论与应用的成果，合力精心编著一本以理论坚实与应用务实为特色，融经典传承与创新发展于一体的统计计算立体化创新教材。

本书从实用出发，系统而全面地介绍了统计计算和应用的各种原理、方法及在计算机上应用的步骤和R语言编程的例解等，以帮助读者在掌握这些原理方法的同时，能应用这些统计计算方法编写程序，解决实际问题，从而提高其现代统计分析计算应用的实际能力。全书共分八章，其中第一章简要介绍了统计计算中所用的数值计算方法，第二章介绍了基础统计计算，第三章则系统地介绍了随机数的产生及检验和统计模拟法（即Monte Carlo法）及其应用，第四章全面介绍了贝叶斯统计的理论方法和计算，第五章介绍了Bootstrap抽样方法及相关检验，第六章则介绍了EM算法的原理步骤和例解等，第七章、第八章则介绍了各种多元统计方法，包括主成分分析、因子分析、判别分析、聚类分析的理论和方法应用及算法步骤等。在各章中我们都给出了较为简要的原理、各种算法的具体步骤、算法框图和R语言编程等，同时还配有例题、习题等可供练习或上机实训，以加深对所学内容的理解和掌握。为了充分发挥本教材作为线上线下立体化创新教材的优势，我们将矩阵计算方法基础第四章中的各常用分布的抽样算法和篇幅较大的一些例题及R语言编程部分等作为线上资源部分，通过扫描对应二维码进行阅读展示，从而有效精炼了纸质教材的内容，并突出了具有时代特征的统计计算的新进展。

再版教材传承经典，保持并全面完善了原版教材的优势内容，同时更注重教材的与时俱进和创新发展，新增了贝叶斯计算、Bootstrap抽样、EM算法等章节，其理论知识更加系统全面，富有时代特征；精选的各统计计算实例均配有R语言的编程应用，使读者对统计计算方法的掌握更加务实高效，学以致用；统计计算方法步骤介绍深入浅出，写作风格简明流畅，结构合理，线上线下立体融合，便于读者扎实掌握现代统计分析计算和实际应用，全面提高其现代统计计算的科学素养和应用能力。

本书由高祖新、言方荣、尹勤共同负责全书的修订和统稿纂定，其中新增的第三章、第四章由蒋丽芸负责编写，第五章、第六章由刘甜甜负责编写，各章例题的R语言编程部分主要由房婧雅负责编写。本书编著时注重博采众长，汲取国内外相关优秀教材和参考文献的精华，同时还得到南京大学出版社的大力支持，编辑在本书的策划出版和编辑中做了大量的工作，在此一并表示衷心的感谢。

本书虽经认真编著修订，但由于编者编写时间和水平有限，疏漏不当之处在所难免，恳请各位专家和读者批评指正。所提宝贵意见和教材等相关事宜请与 gaozuxin @aliyun. com 联系。

高祖新

2024年10月于南京

目　　录

第一章

数值计算方法基础

数值计算方法在统计计算中起着至关重要的作用，特别是在处理复杂模型和大型数据集时，统计学的许多问题无法找到封闭解，或者其给出具体函数的解析解难以求得，此时数值计算提供了一种非常实用的途径来估计所需的统计量。

在统计学中有时需要解方程或方程组的根以解决统计应用问题，数值方法如二分法、牛顿法等可以帮助找到这些方程的根。当统计模型过于复杂，无法直接求解时，数值方法可以用来找到问题的近似解。例如，当参数的最大似然估计(MLE)不易直接计算时，可以通过数值优化算法，如牛顿-拉夫森(Newton-Raphson)法或梯度下降法来逼近这些估计得到近似解。在统计学中，还经常需要计算概率密度函数的积分，以得到其累积分布函数或者数学期望值等，对于复杂的多维积分，此时解析解可能不存在或难以获得，而数值积分方法，如辛普森法、梯形法以及蒙特卡罗积分等，就可以用数值的方式来估计这些积分。很多统计问题包括参数估计、模型选择和超参数调整等，可以归结为优化问题，数值优化方法，如梯度下降法、共轭梯度法等，对于找到这些问题的最优解非常有用，尤其是在参数空间维数很高时。在处理复杂的统计模型时，可能会出现需要求解大型线性或非线性方程组的情况，直接求解这些方程组难以实现，而数值线性代数的方法，如高斯消元法、LU 分解、迭代法等，就可以用于求解这些方程组。

蒙特卡罗方法是一种基于随机抽样的数值模拟技术，广泛应用于统计推断、贝叶斯分析、风险分析等统计应用中，它可以用来估计复杂分布的特征，如均值、方差，或者模拟整个概率分布。在时间序列分析中，数值方法可用于估计滤波算法(如卡尔曼滤波)的参数，或者进行谱分析以识别频域特性。对于非线性回归问题，数值算法是求解回归参数的关键，通过最小化残差的平方和，数值优化方法可以找到最佳拟合参数。

总而言之，数值计算方法提供了实现统计分析的强大工具，它们使得统计建模和数据分析在计算上成为可能，尤其是在面对复杂和高维度问题时。随着计算能力的提升，这些数值方法变得更加高效和精确，极大地推动了统计计算的发展。

本书主要讨论概率统计中有关问题的常用计算方法及程序设计，故本章主要介绍在统计计算中常用的几种数值计算方法：方程求根法、函数逼近法、数值积分法及数值微分法等计算方法。在下一章中我们还将介绍有关矩阵的计算方法。

第 1 节　数值计算引论

随着社会生产和科学技术的发展，大量复杂的计算问题需要人们去解决，而电子计算机的应用和发展，为人们解决科学计算问题提供了强有力的工具。在运用计算机解决实际计算问题时，我们通常根据其特点，首先建立数学模型，然后选用数值计算方法，进行程序设计，最后上机计算得出结果。一个高质量的计算机程序，不仅要能解决实际问题，而且应具有程序的逻辑结构简单、思路清晰、计算量小、占用内存少等特点，使程序易读易改易用。而选择合适有效的数值计算方法，对于提高程序质量，快速而准确地解决实际计算问题，无疑是非常重要的。

在进行数值计算时，人们经常使用的基本方法和手段主要有：

(1) 离散化

为适应计算机的特点，数值计算中常采用离散变量及对连续变量利用取等距点列表等形式转化为离散变量。

(2) 逼近

主要指以可用四则基本运算进行计算的简单函数来近似代替一般函数 $f(x)$。而用作逼近的简单函数一般形式为有理分式函数，其中最简单最常用的是多项式。

(3) 递推

即将一个复杂的计算过程转化为简单计算的多次重复过程。我们称这种多次重复的简单计算过程为递推结构或递推过程，它在程序设计中是用循环来实现的。

在运用计算机进行计算时，几乎每步计算都可能带来一定的误差。这主要有用收敛无穷级数的前几项代替无穷级数所产生的“截断误差”和用于处理无理数、循环小数(如 e、$\sqrt{2}$、1/3 等)以及保留有效数字所产生的“舍入误差”等。为防止计算中这些误差的传播和积累超过限度，导致计算失败，应注意以下几点：

(1) 注意选用数值较稳定即受误差影响小的计算公式或方法；

(2) 尽量简化计算过程，减少计算步骤和运算次数；

(3) 避免两个相近的数相减和两个相差悬殊的数相加减；

(4) 在一系列数据相加时，要按数的大小递增顺序相加；

(5) 避免绝对值小的数作除数；等等。

例如，在计算多项式 $P_n(x)=a_0+a_1x+\cdots+a_nx^n$ 时，若用“秦九韶计算公式”：

$$P_n(x)=a_0+x(a_1+x(a_2+\cdots+x(a_{n-1}+a_nx)\cdots))$$

比用直接计算法所做的乘法次数减少一半，且数值稳定。又如，对充分大的 x，直接计算 $\sqrt{x+1}-\sqrt{x}$ 这两个很接近的数之差时，其误差影响就大，此时应采用以下等价公式来进行计算：

$$\sqrt{x+1}-\sqrt{x}=\frac{1}{\sqrt{x+1}+\sqrt{x}}$$

另外要注意，一般不应根据两个浮点数是否相等来决定某一步运算的中止，而要允许浮点运算有一定范围的误差精度。

由于本书主要讨论概率统计中有关问题的常用计算方法及程序设计，故这里我们只介绍在统计计算中常用的几种数值计算方法：方程求根法、函数逼近法、数值积分法及数值微分法等计算方法。在下一章中我们还将介绍有关矩阵的计算方法。

第2节　方程求根法

对于一般的实值函数方程 $f(x)=0$ 的问题,我们常用数值解法去求解该方程的实数近似根,其求解步骤一般为:

(1) 判定根的存在性,即确定有根区间及其个数,从而得到方程各根的初始近似值;

(2) 在有根区间内,由初始近似值求出达到一定精度的根。

对于步骤(1),我们可用图解法,即产生 $f(x)$的大致图形,以得到其图像近似解,或用逐步扫描法。对于步骤(2),则介绍几个常用的求根数值解法:二分法、牛顿法、割线法及迭代法等。

一、逐步扫描法

设 $f(x)$在给定区间$[a,b]$上连续且至多有 k 个实根,将$[a,b]$ n 等分,得到子区间$\{[x_i,x_{i+1}]\}$,其中 $x_i=a+ih$,$h=\dfrac{b-a}{n}$。现从$[a,b]$的左端点 $x_0=a$ 出发,按步长 h 向右搜索有根区间,即对每个子区间$\{[x_i,x_{i+1}]\}$,计算 $f(x_i)f(x_{i+1})$的值,若该值$\leqslant 0$,由函数的中值定理知,$[x_i,x_{i+1}]$为有根区间。显然,若需要时,可逐步缩小步长 h,由此即可找到 $f(x)$在$[a,b]$上的各有根区间,且只要步长 h 取得足够小,总可得到具有任意精度的近似根。但当 h 缩小时,计算量相应增大,故一般应该用下面介绍的二分法、牛顿法等来求高精度的近似根。

二、二分法

二分法实际也即根的搜索法,对有根区间$[x_0,x_1]$进行区间等分,保留有根区间,舍去无根区间,如此不断等分从而逐步逼近方程的根。其主要步骤为:

1° 选取满足 $f(x_0)f(x_1)\leqslant 0$ 的初值 x_0、x_1 及预定精度 ε;

2° 将区间$[x_0,x_1]$等分,等分点 $x=\dfrac{x_0+x_1}{2}$;

3° 若 $f(x_0)f(x)\leqslant 0$,则$[x_0,x]$为新的有根区间,否则,$[x,x_1]$为新的有根区间,仍将其记为$[x_0,x]$,并等分该区间,如此不断下去;

4° 当 $|x_1-x_0|<\varepsilon$ 时,停止等分迭代,取 $x=(x_0+x_1)/2$ 为方程的近似根。

二分法计算较简单,但收敛速度慢,且不能用于求重根。

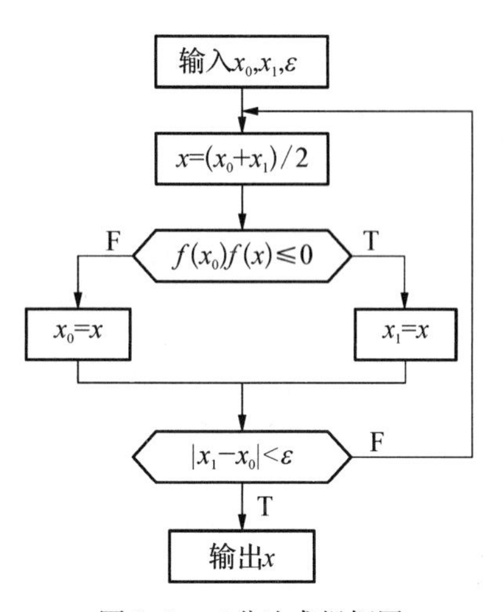

图 1.1　二分法求根框图

(注:在右侧图 1.1 框图中,用 T 表示不等式条件成立(Ture),用 F 表示不等式条件不成立(False),下同)

三、牛顿法(切线法)

牛顿(Newton)法,又称切线法,是将一般方程 $f(x)=0$ 逐步转化为线性方程的数值解法。具体地说,即在方程根的附近用 $f(x)$ 的切线

$$y=f(x_0)+f'(x_0)(x-x_0)$$

代替函数本身来求出 x 轴的交点

$$x=x_0-f(x_0)/f'(x_0)$$

以此作为近似根通过迭代来逼近所求的根。其主要步骤为:

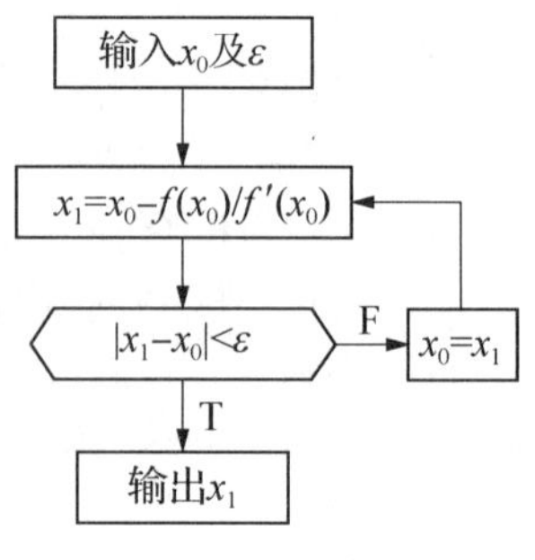

图 1.2　牛顿法求根框图

1° 选取适当的初始近似根 x_0 及精度 ε;

2° 计算 $x_1=x_0-\dfrac{f(x_0)}{f'(x_0)}$;

3° 以 x_1 代替 x_0,重复上述迭代过程,直至 $|x_1-x_0|<\varepsilon$,即可得到满足精度的近似根 x_1。

牛顿法的迭代公式收敛速度较快,但使用时需选取适当的初值点 x_0 才收敛。故通常先用图解法或二分法来找到合适的初值点 x_0,再用牛顿法来提高收敛的速度和精度。当 $f''(x)$ 存在时,我们还可用下列牛顿二阶导数公式

$$\begin{cases} g'(x_0)=f'(x_0)-\dfrac{f''(x_0)f(x_0)}{2f'(x_0)} \\ x=x_0-\dfrac{f(x_0)}{g'(x_0)} \end{cases}$$

得到收敛速度更快的求根法。而当知道所求根为方程的 m 重根时,可将原牛顿迭代公式改为

$$x=x_0-\frac{mf(x_0)}{f'(x_0)}$$

以加速牛顿迭代速度。

四、割线法(弦截法)

虽然牛顿法收敛速度快,但需事先求出 $f'(x)$,这在 $f(x)$ 为复杂函数时往往较麻烦。割线法则用函数的差商 $\dfrac{f(x)-f(x_0)}{x-x_0}$ 代替导数 $f'(x)$ 进行迭代求根,其迭代公式为

$$x_{n+1}=x_n-f(x_n)\left(\frac{x_n-x_{n-1}}{f(x_n)-f(x_{n-1})}\right)$$

当 $|x_{n+1}-x_n|<\varepsilon$ 时,停止迭代,x_{n+1} 即为所求的根。

从几何上看,牛顿法相当于用 $f(x)$ 在 x_n 处的切线作为 $f(x)$ 的近似。而割线法则用过

$(x_{n-1}, f(x_{n-1}))$和$(x_n, f(x_n))$两点的割线来近似$f(x)$，其收敛速度与牛顿法几乎一样快，且不用进行求导运算。但应注意，割线法应选取两个较好的初始点x_0、x_1，使得$f(x_0)f(x_1)<0$。通常仅当$f(x_{n-1})$与$f(x_n)$符号相反时，x_{n+1}比x_n、x_{n-1}更接近于所求的根。为保证迭代式中$f(x_{n-1})$与$f(x_n)$总是符号相反，Dowell 和 Jarrett 对算法作如下修改(参见图 1.3)：

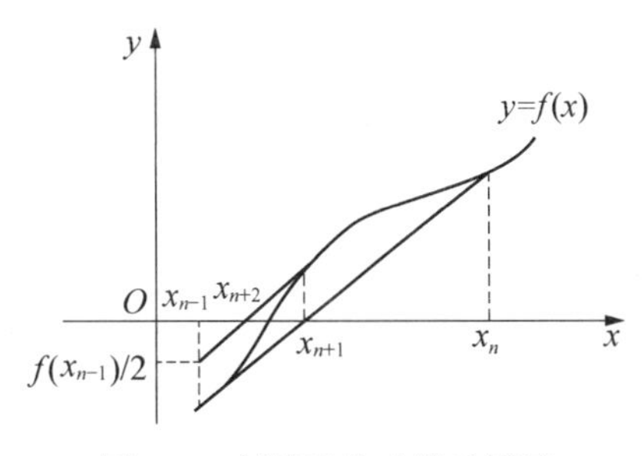

图 1.3 割线法修改算法图示

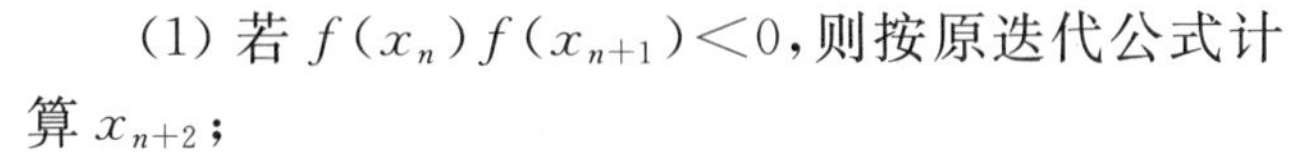

(1) 若$f(x_n)f(x_{n+1})<0$，则按原迭代公式计算x_{n+2}；

(2) 若$f(x_n)f(x_{n+1})>0$，则用$(x_{n-1}, f(x_{n-1})/2)$替换$(x_{n-1}, f(x_{n-1}))$，用$(x_{n+1}, f(x_{n+}1))$替换$(x_n, f(x_n))$，所得计算值为x_{n+2}。

修改后的算法收敛速度更快。

五、迭代法

用迭代法求$f(x)=0$的根的基本方法是：先将$f(x)=0$改写成求x的恒等形式：$x=g(x)$，并写为迭代形式

$$x_{n+1}=g(x_n)$$

再在根x附近选一初始值x_0，利用上式不断进行迭代，直至$|x_{n+1}-x_n|<\varepsilon$，取$x_{n+1}$为$f(x)=0$的根。

迭代算法结构最简单，但仅当选择适当的迭代公式和初始值x_0时，算法才收敛。且一般收敛速度慢，计算量大。对此，可对算法进行修正，得到加速迭代公式

$$\begin{cases} x_{n+1}^{*}=g(x_n) \\ x_{n+1}=x_{n+1}^{*}+\dfrac{q}{1-q}(x_{n+1}^{*}-x_n) \end{cases}$$

其中取$q\approx g'(x_n)$且$|q|<1$，此时，收敛速度加快。(计算框图如图 1.4 所示)。

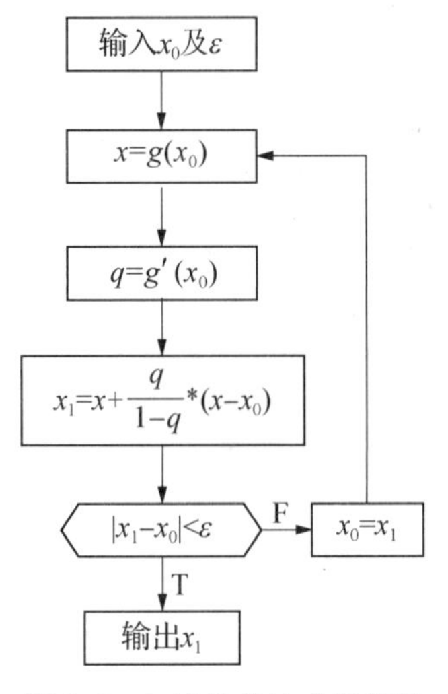

图 1.4 加速迭代法求根框图

在上述加速迭代法中，为避免计算导数$q\approx g'(x)$，还可用下列埃特金(*Aitken*)迭代公式

$$\begin{cases} x_{n+1}^{*}=g(x_n) \\ x_{n+1}'=g(x_{n+1}^{*}) \\ x_{n+1}=x_{n+1}'-\dfrac{(x_{n+1}'-x_{n+1}^{*})^2}{x_{n+1}'-2x_{n+1}^{*}+x_n} \end{cases}$$

得到埃特金迭代法。

除了上述方法外，还有其他近似求根法(例如下列本章第 3 节六中连分式逼近求根法等)，读者可参阅有关计算方法的专业书籍。

例 1.1 试用二分法、牛顿法、割线法、迭代法和埃特金迭代法求方程

$$f(x) = x^3 - x - 1$$

在[1,1.5]内的实根,要求其绝对误差$<10^{-3}$。

解:对方程 $f(x)=x^3-x-1$ 用各种求根法求根的计算结构如表 1.1 所示:

表 1.1 例 1.1 用不同方法求根的数值计算结果

k	二分法	牛顿法	割线法	迭代法	埃特金迭代法
	$a=1,b=1.5$	$x_0=\frac{a+b}{2}$	$x_0=1,x_1=1.5$	$x_0=\frac{a+b}{2}$	$x_0=\frac{a+b}{2}$
0	1.25	1.25	1	1.25	1.25
1	1.375	1.330 50	1.5	1.310 371	1.361 508
2	1.312 5	1.324 749	1.266 667	1.321 987	1.330 592
3	1.343 75	1.324 718	1.315 962	1.324 199	1.324 884
4	1.328 125		1.325 214	1.324 619	1.324 718
5	1.326 313		1.324 714	1.324 699	
6	1.324 219				
7	1.326 172				
8	1.325 195				

在计算过程中,对二分法,由

$$\frac{(b-a)}{2^{k+1}} \leqslant 10^{-3}$$

可得其计算步数 $k=8$。对迭代法,其迭代式取为 $x_{k+1}=(x_k+1)^{1/3}$;若取迭代式 $x_{k+1}=x_k^3-1$,则将得到发散数列。但若用埃特金迭代法,对迭代式 $x_{k+1}=x_k^3-1$ 同样可得到表中快速的收敛结果。

R 编程应用

```
# 1. 二分法求解方程的根
#  定义方程函数
f <- function(x) {
  return(x^3 - x - 1)
}
#  编写二分法函数
bisection <- function(f, a, b, tol = 1e - 3, max_iter = 1000) {
   iter <- 0
   while ((b - a) / 2 > tol && iter < max_iter) {
     mid <- (a + b) / 2
     if (f(mid) == 0) {
       break
     } else if (f(a) * f(mid) < 0) {
       b <- mid
```

```
# 2. 牛顿法求解方程的根
#  定义方程函数
f <- function(x) {
  return(x^3 - x - 1)
}
f_prime <- function(x) {
  return(3 *x^2 - 1)
}
#  编写牛顿法函数
newton_method <- function(f, f_prime, x0, tol = 1e - 3, max_iter = 100) {
  x <- x0
  iter <- 0
 while (abs(f(x)) > tol && iter < max_iter) {
  x <- x - f(x) / f_prime(x)
```

```
    } else {
      a <- mid
    }
    iter <- iter +  1
  }
  return((a +  b) / 2)
}
#  求解方程的根
root <- bisection(f, 1, 1.5)
print(root)
# 使用二分法求根结果
[1] 1.325195
```

```
  iter <- iter +  1
 }
 return(x)
}
#  求解方程的根
root <- newton_method(f, f_prime, 1.2)
print(root)
# 使用牛顿法求根结果
[1] 1.324718
```

```
#  3. 割线法求解方程的根
#  定义方程函数
f <- function(x) {
  return(x^3 - x - 1)
}
#  编写割线法函数
secant_method <- function(f, x0, x1, tol) {
  iter <- 0
  while (abs(f(x1)) > tol) {
   xtemp <- x1 - f(x1) *(x1 - x0)/(f(x1) -
f(x0))
   x0 <- x1
   x1 <- xtemp
   iter <- iter + 1
  }
  cat("迭代次数:", iter,"\n")
  return(x1)
}
#  初始值
x0 <- 1
x1 <- 1.5
tolerance <- 1e - 3
root <- secant_method(f, x0, x1, tolerance)
    迭代次数: 4
cat("方程的实根为:", root,"\n")
方程的实根为: 1.324714
```

```
# 4. 埃特金迭代法
#  定义方程函数
f <- function(x){
     return((x + 1)^(1/3))
}
# 编写埃特金迭代法函数
fixpoint <- function (func, x0, tol =
1e - 3, max.iter = 10){
  x.old <- f(x0)
  x.new <- f(x.old)
  for(i in 1:max.iter){
   x.new <- x.new - (x.new - x.old) **
2 / (x.new - 2 *x.old + x0)
   if(abs(x.new - x.old) < tol){
     cat('the iter time is',i,'\n')
     return(format(x.new,digits = 9))
   }
   x.old <- x.new
  }
}
fixpoint(func1,1.25)
     the iter time is 2
     [1]"1.3247549"
```

最后给出如何用 R 语言对不同类型的方程求根。

R 编程应用

在 R 语言中可用内置的函数和包来用于不同类型的方程求根。

1. 一元方程求根：用 uniroot()函数。

# 定义一个一元方程的函数 	
f <- function(x) {
  return(x^2 - 4)
}
# 使用 uniroot()函数求解方程根 	
root <- uniroot(f, c(0, 5))
	## 输出方程的根
	> print("Root of the equation")
	[1]"Root of the equation"
	> print(root$root)
	[1] 2.000004

2. 多元方程组求根:用 rootSolve 包中的函数 multiroot()。

# 定义一个多元方程组的函数 	
f <- function(x) {
  return(c (x[1]^2 + x[2]^2 - 25, x[1] - x[2]))
}
# 使用 multiroot()函数求解方程组根 	
root <- multiroot(f, start = c(1, 2))
	## 输出方程组的根
	> print("Roots of the equation system")
	[1]"Roots of the equation system"
	> print(root$root)
	[1] 3.535534 3.535534

3. 非线性方程组求根:用 rootSolve 包中的函数 multiroot()。

# 定义一个非线性方程组的函数 	
f <- function(x) {
  return(c(x[1]^2 + x[2]^2 - 25, x[1] - x[2]^2))
}
# 用 multiroot()函数解非线性方程组根 	
root <- multiroot(f, start = c(1, 2))
	## 输出非线性方程组的根
	> print ("Roots of the non - linear equation")
	[1]"Roots of the non - linear equation"
	> print(root$root)
	[1] 4.524938 2.127190

第 3 节　函数逼近法

一、范数和逼近

在统计计算及其他实际应用中,我们常需计算函数的值。以往手算时我们常用查函数表法,但在用计算机处理时,由于存贮数表需占用太多的内存,故常考虑产生可用四则运算进行计算的函数近似式,来直接算出给定函数的近似值。这种用简单函数 $\varphi(x)$ 近似代替给定函数 $f(x)$ 的问题称为函数的逼近,$\varphi(x)$ 称为逼近函数,$f(x)$ 称为被逼近函数。

为了研究上述近似问题,就需要引入两个函数之间距离的概念,为此首先介绍线性空间及其范数等定义。

线性空间,又称为向量空间,是数域上其元素关于加法和数乘运算封闭的非空集合,是欧几里得空间概念的推广。所有 n 维实向量的全体 R^n,所有 $n \times n$ 实数矩阵的全体 $R^{n \times n}$,区间 $[a,b]$ 上所有连续实函数的全体 $C[a,b]$ 等都是线性空间。

定义 1.1　若线性空间 E 中的每个元素 X 都对应着一个实值函数，记为 $\|X\|$，并且满足下列条件：

(1) 非负性：$\|X\|\geqslant 0$，$\|X\|=0$ 当且仅当 $X=0$ 成立；

(2) 齐次性：对任意的实数 k，有 $\|kX\|=|k|\,\|X\|$；

(3) 三角不等式：对任意的元素 X 和 Y，有 $\|X+Y\|\leqslant\|X\|+\|Y\|$；

则称该对应实值函数为线性空间 E 的范数（或模），简记为 $\|\cdot\|$，用来衡量函数的大小或者性质。定义了范数的线性空间称为赋范线性空间。

对线性空间的任意两个元素 X 和 Y，其范数 $\|X-Y\|$ 就定义了两者之间的距离。

下面对两个常见的线性空间引入相应的范数。

(一) $C[a,b]$的范数

定义 1.2　记 $C[a,b]$ 为区间 $[a,b]$ 上所有连续实函数的全体，若对其中任一函数 $f(x)$，定义 $C[a,b]$ 中的

$$\|f\|_\infty=\max_{a\leqslant x\leqslant b}|f(x)|$$

为无穷范数或一致范数，该范数衡量了函数在整个区间上的最大绝对值，而 $C[a,b]$ 称为赋范空间。

定义 1.3　定义 $C[a,b]$ 中的

$$\|f\|_p=\left(\int_a^b|f(x)|^p\mathrm{d}x\right)^{1/p}$$

为 L_p 范数。其中 $p=1$ 时称为 L_1 范数，$p=2$ 时称为 L_2 范数。

(二) 向量空间的范数

定义 1.4　记 R^n 为 n 维欧几里得空间，若对其中任一向量 $X=(x_1,x_2,\cdots,x_n)'$，定义 R^n 中的范数为

$$\|X\|_p=\left(\sum_1^n|x_i|^p\right)^{1/p}$$

其中 $p\geqslant 1$，该范数称为向量的 L^p 范数，R^n 为一赋范空间。当 $p=1$、2、∞时，即

$$\|X\|_1=|x_1|+|x_2|+\cdots+|x_n|=\sum_{i=1}^n|x_i|;$$

$$\|X\|_2=\left(\sum_{i=1}^n|x_i|^2\right)^{1/2};$$

$$\|X\|_\infty=\max_{1\leqslant i\leqslant n}\{|x_i|\}$$

分别称为向量的 L^1 范数、L^2 范数和 ∞ 范数，其中 ∞ 范数是 L^p 范数的特殊情形（$\| X \|_\infty = \lim\limits_{p\to\infty} \| X \|_p$）。对一维空间而言，$\| X \|$ 即为绝对值 $|x|$。向量 L^2 范数 $\| X \|_2$ 又称为向量的欧几里得范数。

这些范数都满足范数的定义：非负性、齐次性和三角不等式，在分析、泛函分析、控制论以及机器学习、优化问题等领域中经常被使用，用来定义距离、正则化等概念。

（三）函数的逼近

一般地，对于某个函数类 A 中给定的函数 $f(x)$，我们在简单函数类 $B \subseteq A$ 中求 $\varphi(x)$，使得

$$\| f - \varphi \|_\alpha = \min_{g \in B} \| f - g \|_\alpha$$

则称 $\varphi(x)$ 为 $f(x)$ 在 B 中的最佳逼近，其中 $\| \cdot \|$ 表示范数。通常 A 取为区间 $[a,b]$ 上的连续函数类 $C[a,b]$，而函数类 B 可取为多项式、有理分式或连分式等简单函数类。

对于解析函数 $f(x)$，较简单的逼近法是利用其 Taylor 展式

$$f(x) = \sum_{k=0}^{\infty} \frac{f^{(k)}(x_0)}{k!}(x - x_0)^k$$

取其前 n 项的部分和

$$S_n(x) = \sum_{k=0}^{n} \frac{f^{(k)}(x_0)}{k!}(x - x_0)^k$$

作为 $f(x)$ 的近似公式（函数表的值常按此法求出）。但该逼近法并不理想，因由此所求的值离 x_0 点近时精度较好，而当 $|x - x_0|$ 较大时，误差较大。

为了得到在所给定区间 $[a,b]$ 上均匀误差较小的近似式，我们常采用下列两种逼近误差度量标准，一种是 L_2 范数

$$\| f - g \|_2 = \left[\int_a^b (f(x) - g(x))^2 \mathrm{d}x\right]^{\frac{1}{2}}$$

在该范数下的函数逼近称为平方逼近；另一种是一致范数

$$\| f - g \|_\infty = \max_{a \leqslant x \leqslant b} | f(x) - g(x) |$$

在该范数下的函数逼近称为一致逼近。本节主要考虑在上述两种逼近原则下的多项式逼近，同时还介绍较为实用的 Padé 有理函数逼近及连分式逼近。

二、插值法与插值公式

插值法是数值分析中的一种方法，它通过构造新的函数去近似未知函数，并确保在给定的一组数据点上与未知函数的值相匹配。插值的目的通常是用来估计函数在未知点的值。

定义 1.5 已知函数 $y=f(x)$在区间$[a,b]$上 $n+1$ 个不同点 $a\leqslant x_0<x_1<x_2<\cdots<x_n\leqslant b$ 的函数值 $f(x_0),f(x_1),\cdots,f(x_n)$，若存在一个简单函数 $P(x)$，满足条件

$$P(x_i)=y_i=f(x_i),\quad i=1,2,\cdots,n$$

则称 $P(x)$为 $f(x)$的插值函数，点 $x_0,x_1,x_2,\cdots,x_n$ 为插值节点，包括插值节点的区间$[a,b]$称为插值区间，求插值函数 $P(x)$的方法为插值法。

若 $P(x)$为次数不超过 n 的多项式，即

$$P(x)=a_0+a_1x+a_2x^2+\cdots+a_nx^n$$

其中 a_i 是实数，则称 $P(x)$为插值多项式，相应的插值方法为多项式插值。

若 $P(x)$为分段多项式，则称为分段插值。

下面是一些常用的插值方法及其公式。

1. 线性插值法

假设有两个已知点(x_0,y_0) 和(x_1,y_1)，线性插值法通过这两点作一条直线，用这条直线在区间$[x_0,x_1]$ 内估计函数的值。线性插值函数公式为：

$$y=y_0+\frac{y_1-y_0}{x_1-x_0}(x-x_0)$$

2. 多项式插值法

对于 $n+1$ 个数据点，可以构造一个最高次数为 n 的多项式来通过所有这些点。多项式插值是最常用的插值法，因为多项式函数不仅表达式简单，而且有很多良好的性质，如连续光滑，可微可积。另外由 Weierstrass 定理知，任意连续函数都可以用代数多项式作任意精度的逼近，同时多项式插值还是其他各类插值的基础。

拉格朗日插值多项式是多项式插值的一种常见形式，其公式为：

$$P_n(x)=\sum_{i=0}^{n}f(x_i)L_i(x)$$

其中 $L_i(x)$是拉格朗日基函数，定义为：

$$L_i(x)=\prod_{j=0,j\neq i}^{n}\frac{x-x_i}{x_j-x_i}$$

3. 牛顿插值法

牛顿插值法也是构造一个插值多项式，但它使用差分的形式，在增加节点时具有“继承性”。牛顿插值多项式公式为：

$$P_n(x)=a_0+a_1(x-x_0)+a_2(x-x_0)(x-x_1)+\cdots+a_n(x-x_0)(x-x_1)\cdots(x-x_{n-1})$$

其中，系数 a_k 是基于所给数据点计算的差商，可表示为：

$$a_k=\sum_{i=0}^{n}\frac{f(x_i)}{(x_i-x_0)(x_i-x_1)\cdots(x_i-x_{i-1})(x_i-x_{i+1})\cdots(x_i-x_k)}$$

4. 分段插值法

分段插值,如分段线性插值或三次样条插值,是在每个子区间上应用插值方法。例如,三次样条插值在每个子区间$[x_i,x_{i+1}]$上使用一个三次多项式:

$$S(x)=a_i+b_i(x-x_i)+c_i(x-x_i)^2+d_i(x-x_i)^3,\quad i=0,1,2,\cdots,n$$

其中系数 a_i、b_i、c_i、d_i 通过数据点

$$S(x_i)=f(x_i),\quad i=0,1,2,\cdots,n$$

和平滑性条件求解。

5. 埃尔米特插值

埃尔米特插值不仅要求插值多项式通过数据点,还要求插值多项式的导数与函数在这些点的导数相等。对于每个数据点(x_i,y_i) 和其导数值 y_i',埃尔米特插值多项式的形式和牛顿插值类似,但需要包含导数信息。

这些插值方法中,线性插值计算简单,但仅适用于数据变化不大的情况;多项式插值适用于任意数量的数据点,但可能在数据点外(外插值)表现不佳,特别是对于高阶多项式可能会出现龙格现象(Runge's phenomenon),即插值多项式在区间端点附近出现较大的振荡;而三次样条插值在提供足够平滑的插值曲线的同时避免了高阶多项式可能带来的问题。

三、内积与正交多项式

(一) 内积

定义 1.6 在线性空间 V 上定义了一个二元实函数$(\cdot,\cdot)$,对其中任意元素 X、Y、Z,若满足以下性质:

(1) 非负性:$(X,X)\geqslant 0$,$(X,X)=0$ 当且仅当 $X=0$ 成立;

(2) 齐次性:对任意的实数 k,有$(kX,Y)=k(X,Y)$;

(3) 可加性:$(X+Y,Z)=(X,Z)+(Y,Z)$;

(4) 对称性:$(X,Y)=(Y,X)$,

则称$(\cdot,\cdot)$为内积,线性空间 V 为内积空间。

最简单的内积空间是 n 维欧几里德空间 R^n,其内积定义为两个向量之间的点积(即每个分量相乘再求和):

$$(X,Y)=X'Y=\sum_{i=1}^{n}x_iy_i$$

这里 $X=(x_1,x_2,\cdots,x_n)'$,$Y=(y_1,y_2,\cdots,y_n)'$为R^n 中的任意向量。

(二) 正交多项式

为引入一类重要的内积空间,先介绍权函数的概念。

定义 1.7　设$[a,b]$为有限或无限区间，若$[a,b]$上的函数$\rho(x)$满足

(1) $\rho(x)\geqslant 0, x\in[a,b]$；

(2) $\int_a^b \rho(x)\mathrm{d}x>0$；

(3) $\int_a^b x^n\rho(x)\mathrm{d}x$ 存在，$n=0,1,\cdots$，

则称$\rho(x)$为$[a,b]$上的权函数。

由于正交多项式在解决函数逼近问题时起着重要的作用，故先介绍正交多项式的概念、性质及几种常用正交多项式。

定义 1.8　若首项系数$A_k\neq 0$的k次多项式

$$\varphi_k(x)=A_kx^k+A_{k-1}x^{k-1}+\cdots+A_1x+A_0$$

满足　$(\varphi_i,\varphi_j)=\int_a^b\rho(x)\varphi_i(x)\varphi_j(x)\mathrm{d}x=\begin{cases}0, & i\neq j\\ \gamma_i>0, & i=j\end{cases}\quad(i,j=0,1,\cdots)$，

则称多项式序列$\{\varphi_k(x)\}$为区间$[a,b]$上带权$\rho(x)$的正交多项式序列，并称$\varphi_k(x)$为$[a,b]$上带权$\rho(x)$的k次正交多项式。若再有$\gamma_k=1,(k=0,1,2,\cdots)$，则称$\{\varphi_k(x)\}$为标准正交多项式序列。

可以证明，正交多项式序列$\{\varphi_k(x)\}$具有下列基本性质：

(1)（线性无关性）$\{\varphi_k(x)\}$为线性无关的；

(2)（零点性质）$\varphi_k(x)$在(a,b)内有k个互异的实零点；

(3)（三项递推关系）设$\varphi_k(x)$的首项系数为A_k，次项系数为B_k，且满足

$$(\varphi_k,\varphi_k)=\int_a^b\rho(x)\varphi_k^2\mathrm{d}x=\gamma_k$$

则$\{\varphi_k(x)\}$中任何三个相邻的正交多项式$\varphi_{k-1}(x)$、$\varphi_k(x)$、$\varphi_{k+1}(x)$存在下列递推关系：

$$\varphi_{k+1}(x)=(a_kx+b_k)\varphi_k(x)+c_{k-1}\varphi_{k-1}(x)$$

其中a_k、b_k、c_k均为与x无关的常数，且

$$\begin{cases}a_k=\dfrac{A_{k+1}}{A_k},\ b_k=\dfrac{A_{k+1}}{A_k}\left(\dfrac{B_{k+1}}{A_{k+1}}-\dfrac{B_k}{A_k}\right),\\ c_{k-1}=-\dfrac{A_{k+1}A_{k-1}\gamma_k}{A_k^2\gamma_{k-1}}=-\dfrac{a_k\gamma_k}{a_{k-1}\gamma_{k-1}},\quad(k=1,2,\cdots)。\end{cases}$$

下面介绍两类常用的正交多项式及相应的函数逼近。

四、勒让德多项式及最佳平方逼近

定义 1.9　勒让德(Legendre)多项式为$[-1,1]$上带权$\rho(x)=1$的正交多项式，用$\{P_n(x)\}$表示，其表达式为

$$P_0(x)=1,\ P_n(x)=\frac{1}{2^nn!}\frac{\mathrm{d}^n}{\mathrm{d}x^n}[(x^2-1)^n],\ (n=1,2,\cdots)$$

勒让德(Legendre)多项式的主要性质有：

(1) $P_n(x)$是首项系数$A_n=(2n)!\ /(2^n(n!)^2)$的n次多项式,这只需注意到其定义式中$(x^2-1)^n$为$2n$次多项式即可知;

(2)(正交性)对$\{P_n(x)\}$,

$$(P_i,P_j)=\int_{-1}^{1}P_i(x)P_j(x)\mathrm{d}x=\begin{cases}0, & i\neq j\\ \dfrac{2}{2i+1}, & i=j\end{cases}$$

这表明$\{P_n(x)\}$为$[-1,1]$上带权$\rho(x)=1$的正交多项式。另外,n次 Legendre 多项式$P_n(x)$与次数低于n的任一多项式正交,即

$$\int_{-1}^{1}x^kP_n(x)\mathrm{d}x=0,\ k=0,1,\cdots,n-1$$

(3)(递推性质)

$$\begin{cases}P_0(x)=1,\ P_1(x)=x\\ P_{k+1}(x)=\dfrac{2k+1}{k+1}xP_k(x)-\dfrac{k}{k+1}P_{k-1}(x),\ k=1,2,\cdots\end{cases}$$

该递推关系由首项系数$A_k=(2k)!\ /[2^k(k!)^2]$,次项系数$B_k=0$及正交多项式三项递推关系即可得。由递推性质,我们即可给出前几次勒让德多项式的具体形式:

$P_0(x)=1$, $P_1(x)=x$,

$P_2(x)=\dfrac{1}{2}(3x^2-1)$, $P_3(x)=\dfrac{1}{2}(5x^3-3x)$,

$P_4(x)=\dfrac{1}{8}(35x^4-30x^2+3)$, $P_5(x)=\dfrac{1}{8}(63x^5-70x^3+15x)$,

$P_6(x)=\dfrac{1}{16}(231x^6-315x^4+105x^2-5)$, $\cdots$

(4)(奇偶数) $P_n(-x)=(-1)^nP_n(x)$;

(5)(最佳平方逼近性质)设$P_n(x)$的首项系数为A_n,记$\widetilde{P}_n(x)=\dfrac{1}{A_n}P_n(x)$,则在所有首项系数为1的$n$次多项式$H_n$中,$\widetilde{P}_n(x)$是$[-1,1]$上对零的最佳平方逼近函数,即

$$\|\widetilde{P}_n\|_2=\min_{g\in H_n}\|g\|_2$$

现利用 Legendre 多项式来考虑$f(x)$的最佳平方逼近,对$[a,b]$上连续函数$f(x)$,考虑其最佳平方逼近时,所用度量也可使之带有权函数$\rho(x)$,即将

$$\|f-g\|_2^2=\int_a^b\rho(x)[f(x)-g(x)]^2\mathrm{d}x$$

作为度量函数。对线性无关函数系$\{\varphi_k(x)\}_0^n$,连续函数$f(x)$在由$\{\varphi_k(x)\}_0^n$的线性组合构成的函数类S中,存在唯一的最佳平方逼近函数

$$\varphi^*(x)=a_n^*\varphi_n(x)+a_{n-1}^*\varphi_{n-1}(x)+\cdots+a_0^*\varphi_0(x)$$

其系数 $a_0^*,\cdots,a_n^*$ 为下列方程组的解，

$$\sum_{j=0}^{n}(\varphi_k,\varphi_j)a_j=(f,\varphi_k),\ k=0,1,\cdots,n$$

当$\{\varphi_k(x)\}_0^n$ 为$[a,b]$区间上关于权函数 $\rho(x)$的正交函数系，即满足

$$(\varphi_i,\varphi_j)=\int_a^b\rho(x)\varphi_i(x)\varphi_i(x)\mathrm{d}x=\begin{cases}0, & i\neq j\\ \gamma_i>0, & i=j\end{cases}\quad(i,j=0,1,\cdots,n)$$

时，$f(x)$的最佳平方逼近 $\varphi^*(x)$的系数可由

$$a_i^*=\frac{(f,\varphi_i)}{(\varphi_i,\varphi_i)}=\frac{1}{\gamma_i}\int_a^b\rho(x)f(x)\varphi_i(x)\mathrm{d}x,\quad(i=0,1,\cdots,n)$$

给出。

显然，由于 Legendre 多项式具有正交性及 $\widetilde{P}_n$ 在 H_n 中对零的最佳逼近性，当 $f(x)\in C[-1,1]$(其中 $C[-1,1]$表示区间$[-1,1]$上的连续函数)，而在次数不超过 n 次的多项式 M_n 中求最佳平方逼近 $S_n^*(x)$时，若用 Legendre 多项式$\{P_n(x)\}$来表示，就有较大的优越性。利用上列讨论可知，此时

$$S_n^*(x)=a_n^*P_n(x)+a_{n-1}^*P_{n-1}(x)+\cdots+a_0^*P_0(x)$$

其中

$$a_i^*=\frac{(f,P_i)}{(P_i,P_i)}=\frac{2i+1}{2}\int_{-1}^{1}f(x)P_i(x)\mathrm{d}x,\quad(i=0,1,\cdots,n)$$

若 $f(x)\in C[a,b]$，而要求$[a,b]$上带权 $\rho(x)=1$ 的最佳平方逼近多项式时，只需作变换

$$x=\frac{(b-a)}{2}t+\frac{(b+a)}{2},\ 则\ t=\frac{2x-a-b}{b-a}\in[-1,1]$$

先令 $\tilde{f}(t)=f\left(\frac{(b-a)}{2}t+\frac{(b+a)}{2}\right)$，在$[-1,1]$上得 $\tilde{f}(t)$的最佳平方逼近多项式 $S_n^*(t)$后，即可得 $f(x)$在$[a,b]$上的最佳平方逼近多项式 $S_n^*\left(\frac{2x-a-b}{b-a}\right)$。

五、切比雪夫多项式及最佳一致逼近

(一) 切比雪夫多项式及其性质

定义 1.10　我们称 $T_n(x)=\cos(n\ \mathrm{arc}\cos x)(|x|\leqslant 1)$为 n 次切比雪夫多项式。

由此构成的切比雪夫多项式序列$\{T_n(x)\}$也为常用的正交多项式序列。

切比雪夫多项式有以下性质：

(1) $T_n(x)$是首项系数为 2^{n-1} 的 n 次多项式；

(2)(正交性) $\{T_n(x)\}$为$[-1,1]$上带权 $\rho(x)=\frac{1}{\sqrt{1-x^2}}$的正交多项式序列:

$$(T_i,T_j)=\int_{-1}^{1}\frac{1}{\sqrt{1-x^2}}T_i(x)T_j(x)\mathrm{d}x=\begin{cases}0, & i\neq j\\ \pi/2, & i=j\neq 0\\ \pi, & i=j=0\end{cases}$$

该结果易由 $x=\cos\theta, T_n(x)=\cos n\theta$ 推得;

(3)(递推性质)

$$\begin{cases}T_0(x)=1,\ T_1(x)=x\\ T_{n+1}(x)=2xT_n(x)-T_{n-1}(x),\ (n\geqslant 1)\end{cases}$$

该递推关系易由 $T_n(x)=\cos n\theta(x=\cos\theta)$及三角恒等式

$$\cos(n+1)\theta+\cos(n-1)\theta=2\cos n\theta\cos\theta$$

导出。由上述递推公式即可逐次求出各次切比雪夫多项式:

$T_0(x)=1,$　　　$T_1(x)=x,$

$T_2(x)=2x^2-1,$　　　$T_3(x)=4x^3-3x,$

$T_4(x)=8x^4-8x^2+1,$　　　$T_5(x)=16x^5-20x^3+5x,$

$T_5(x)=32x^6-48x^4+18x^2-1,$　$\cdots$

(4)(零点性质) $T_n(x)$在$(-1,1)$中有 n 个相异实零点:

$$x_k=\cos\left(\frac{2k-1}{2n}\pi\right),\ k=1,2,\cdots,n$$

(5)(选点正交性) $\{T_k(x)\}_0^n$ 关于 $T_{n+1}(x)$的零点 $x_1,x_2,\cdots,x_{n+1}$ 具有选点正交性,即对 k、$l\leqslant n$,有

$$\sum_{i=1}^{n+1}T_k(x_i)T_l(x_i)=\begin{cases}0, & k\neq l\\ \frac{n+1}{2}, & k=l\neq 0\\ n+1, & k=l=0;\end{cases}$$

(6)(极值点) $|T_n(x)|\leqslant 1, T_n(x)$在$[-1,1]$上有 $n+1$ 个极值点:

$$x_k=\cos\left(\frac{k\pi}{n}\right),\ k=0,1,\cdots,n$$

且轮流取最大值、最小值:$T_n(x_k)=(-1)^k$,其符号正负交错;

(7)(奇偶性) $T_n(-x)=(-1)^nT_n(x)$;

(8)(最佳逼近性质) 在区间$[-1,1]$上所有首项系数为 1 的 n 次多项式 H_n 中,

$$\widetilde{T}_n(x)=\frac{1}{2^{n-1}}T_n(x)$$

是对零的最佳一致逼近多项式,即

$$\|\widetilde{T}_n\|_\infty=\min_{g\in H_n}\|g\|_\infty=\min_{g\in H_n}\max_{-1\leqslant x\leqslant 1}|g(x)|\left(=\frac{1}{2^{n-1}}\right)$$

(二) 函数的切比雪夫逼近

利用切比雪夫多项式，我们即可考虑 $f(x)\in C[a,b]$的最佳一致逼近多项式，即在次数不超过 n 的多项式 M_n 中找 $\varphi_n^*(x)$，使得

$$\| f-\varphi_n^* \|_\infty=\max_{a\leqslant x\leqslant b} | f(x)-\varphi_n^*(x) |$$

达到最小，该 $\varphi_n^*(x)$称为 $f(x)$的最佳一致逼近多项式。

定理 1.1 ［切比雪夫定理］若有 n 次多项式 $\varphi_n^*(x)$使得$|f(x)-\varphi_n^*(x)|$在$[a,b]$上至少$(n+2)$个点处达到同一最大值，且在这些点处，$f(x)-\varphi_n^*(x)$的符号正负交错，则 $\varphi_n^*(x)$为 $f(x)$的唯一的 n 次最佳一致逼近多项式。(证略)

由该定理可知，$f(x)-\varphi_n^*(x)$在$[a,b]$上至少变号 $n+2$ 次，即至少存在$(n+1)$个点 x_i，满足

$$f(x_i)-\varphi_n^*(x_i)=0,\quad i=1,2,\cdots,n$$

以这些点为插值点的 $f(x)$的拉格朗日(Lagrange)插值多项式即为 $f(x)$的最佳一致逼近多项式 $\varphi_n^*(x)$。

切比雪夫定理给出了最佳一致 $\varphi_n^*(x)$的特性，但具体求出 $\varphi_n^*(x)$相当困难。为此，我们考虑切比雪夫逼近多项式，虽然该多项式严格地说不是最佳一致逼近，但与之近似，在实际中极为有用。

定义 1.11 在$[-1,1]$上 $f(x)$的 n 次逼近多项式 $\varphi_n(x)$若在 $T_{n+1}(x)=0$ 的零点 $x_1,\cdots,x_{n+1}$ 处满足

$$f(x_k)=\varphi_n(x_k),\quad k=1,2,\cdots,n+1$$

则称 $\varphi_n(x)$为 $f(x)$的 n 次切比雪夫逼近多项式。

利用切比雪夫多项式$\{T_k(x)\}_0^n$ 的选点正交性，易知 $f(x)$的 n 次切比雪夫逼近多项式为

$$\varphi_n(x)=a_nT_n(x)+a_{n-1}T_{n-1}(x)+\cdots+a_0T_0(x)$$

其中

$$a_0=\frac{1}{n+1}\sum_{i=1}^{n+1}f(x_i)T_0(x_i)$$

$$a_k=\frac{2}{n+1}\sum_{i=1}^{n+1}f(x_i)T_k(x_i),\quad (k=1,\cdots,n)$$

由切比雪夫定理给出的特性可知，当 $f(x)$为 $n+1$ 次多项式时，其 n 次切比雪夫逼近多项式 $\varphi_n(x)$是其最佳一致逼近；而当 $f(x)$为一般函数时，严格地讲切比雪夫逼近多项式并非其最佳一致逼近，但在考虑误差时，往往$(n+1)$次项比更高次项的作用重要得多，故切比雪夫逼近多项式起着最佳一致逼近相似的作用。

实际应用时，利用上述性质，我们往往先求出 $f(x)$的切比雪夫逼近多项式，然后逐次修改使之适合切比雪夫定理的条件。下面给出一些例子，其中多数情况是作适当的变量变换后能用多项式逼近。

$$\sin\left(\frac{\pi}{2}x\right) \approx c_1x + c_2x^3 + c_3x^5 + c_4x^7 + c_5x^9, \quad -1 \leqslant x \leqslant 1$$

$$\operatorname{arctg} x \approx \frac{\pi}{4} + c_1\left(\frac{x-1}{x+1}\right) + c_2\left(\frac{x-1}{x+1}\right)^3 + \cdots + c_8\left(\frac{x-1}{x+1}\right)^{15}, \quad x \geqslant 0$$

$$\log_{10}x \approx \frac{1}{2} + c_1\left(\frac{x-\sqrt{10}}{x+\sqrt{10}}\right) + c_2\left(\frac{x-\sqrt{10}}{x+\sqrt{10}}\right)^3 + \cdots + c_5\left(\frac{x-\sqrt{10}}{x+\sqrt{10}}\right)^9, \quad 1 \leqslant x \leqslant 10$$

$$10^x \approx (1 + c_1x + c_2x^2 + \cdots + c_7x^7)^2, \quad 0 \leqslant x \leqslant 1$$

$$\Gamma(1+x) \approx 1 + c_1x + c_2x^2 + \cdots + c_8x^8, \quad 0 \leqslant x \leqslant 1$$

以上各式的系数如表 1.2 所示：

表 1.2　切比雪夫逼近多项式的系数表

	$\sin\left(\frac{\pi}{2}x\right)$	$\operatorname{arctg} x$	$\log_{10}x$	10^x	$\Gamma(1+x)$
c_1	1. 570 796 318 47	0. 999 999 332 9	0. 868 591 718	1. 151 292 776 03	−0. 577 191 652
c_2	−0. 645 963 711 06	−0. 333 298 560 5	0. 289 335 524	0. 662 730 884 29	0. 988 205 891
c_3	0. 079 689 679 28	0. 199 465 359 9	0. 177 522 071	0. 254 393 574 84	−0. 897 056 937
c_4	−0. 004 673 765 57	−0. 139 085 335 1	0. 094 376 476	0. 072 951 736 66	0. 918 206 857
c_5	0. 000 161 484 19	0. 096 420 044 1	0. 191 337 714	0. 017 421 119 58	−0. 756 704 076
c_6		−0. 055 998 861		0. 002 554 917 96	0. 482 199 394
c_7		0. 021 861 228 8		0. 000 932 642 67	−0. 193 527 818
c_8		−0. 004 054 058 0			0. 035 868 343
误差	±0. 000 000 000 5	±0. 000 000 04	±0. 000 000 1	±0. 000 000 005	±0. 000 000 2

利用切比雪夫多项式$\{T_k(x)\}_0^n$ 的递推性质及克伦肖(Clenshaw)递推公式，即可得到计算 $f(x)$的切比雪夫逼近多项式 $\varphi_n(x)$的算法。设 $f(x)\in C[-1,1]$，其计算步骤为：

1° 求 $\varphi_n(x) = \sum_{k=0}^{n} a_kT_k(x) = \sum_{k=0}^{n} c_kT_k(x) - \frac{1}{2}c_0$ 的系数 c_k：

设 $x_i(i=0,1,\cdots,n)$为 $T_{n+1}(x)$的$(n+1)$个零点，则

$$x_i = \cos\left[\frac{(i+1/2)\pi}{n+1}\right], \ i=0,1,\cdots,n$$

$$c_k = \frac{2}{n+1}\sum_{i=0}^{n} f(x_i)T_k(x_i) = \frac{2}{n+1}\sum_{i=0}^{n} f(x_i)\cos\left[\frac{k(i+1/2)\pi}{n+1}\right], \ k=0,1,\cdots,n$$

2° 对切比雪夫逼近多项式应用 Clenshaw 递推公式：

$$\begin{cases} d_{n+2} = d_{n+1} = 0 \\ d_k = 2x \cdot d_{k+1} - d_{k+2} + c_k, \quad k = n, n-1, \cdots, 1 \end{cases}$$

则

$$\varphi_n(x)=-d_2+xd_1+\frac{1}{2}c_0$$

上述算法中，若 $f(x)\in C[a,b]$，则应首先对 x 作变换

$$y=\frac{x-\frac{1}{2}(b+a)}{\frac{1}{2}(b-a)}$$

则 $f(y)\in C[-1,1]$，再对此运用上述步骤进行计算。

此外，对于给定函数 $f(x)$，$x\in[a,b]$，利用 $f(x)$ 的切比雪夫逼近多项式 $\varphi_n(x)$，还可求得 $f(x)$ 的不定积分和导函数的切比雪夫逼近多项式。

设 c_k 为 $f(x)$ 的切比雪夫逼近多项式 $\varphi_n(x)$ 的系数，c_k^* 为 $f(x)$ 的不定积分 $\int f(x)\mathrm{d}x$ 的切比雪夫逼近多项式的系数，则有

$$c_k^*=(c_{k-1}-c_{k+1})/(2k),\quad (k=1,2,\cdots,n)$$

对于 $f(x)$ 的导函数 $f'(x)$，设其切比雪夫逼近多项式的系数为 c'_k，则利用递推公式

$$\begin{cases}c'_n=c'_{n+1}=0\\ c'_{k-1}=c'_{k+1}+2kc_k,\quad k=n,n-1,\cdots,1\end{cases}$$

即可求得 c'_k。

最后，我们考虑 $f\in C[-1,1]$ 关于切比雪夫多项式 $\{T_n(x)\}$ 的展式。由 $\{T_n(x)\}$ 的正交性，$f(x)$ 可展成下列切比雪夫级数

$$f(x)\sim\frac{1}{2}c_0+\sum_{k=1}^{\infty}c_kT_k(x)$$

其中

$$c_k=\frac{(f,T_k)}{(T_k,T_k)}=\frac{2}{\pi}\int_{-1}^{1}\frac{f(x)T_k(x)}{\sqrt{1-x^2}}\mathrm{d}x=\frac{2}{\pi}\int_0^{\pi}f(\cos\theta)\cos(k\theta)\mathrm{d}\theta,\quad (k=0,1,\cdots)$$

当级数收敛时，$\sim$变为$=$。若取切比雪夫级数部分和

$$S_n^*(x)=\frac{1}{2}c_0+\sum_{k=1}^{n}c_kT_k(x)$$

作为 $f(x)$ 的逼近，则 $S_n^*(x)$ 为 $f(x)$ 在 $M_n=\{$次数$\leqslant n$ 的多项式$\}$中的最佳平方逼近多项式，称之为 $f(x)$ 的切比雪夫逼近级数。可以证明，当 $f(x)$ 在$[-1,1]$上连续可导时，$S_n^*(x)$ 在 $n\to\infty$ 时一致收敛于 $f(x)$。

在近似计算时，切比雪夫逼近级数可用较少的项达到所需的精度，且在整个区间中近似效果较佳。同时由于最佳一致逼近多项式 $\varphi_n^*(x)$ 较难求得，通常还常将 $S_n^*(x)$ 作为 $\varphi_n^*(x)$ 的近似，其精度是较高的。

六、Padé 逼近

(一) Padé 逼近

Padé 逼近法是 $f(x)$的有理公式逼近方法。设 $f(x)$的幂级数展式(Taylor 级数或其他展式)为

$$f(x)=\sum_{k=0}^{\infty}c_kx^k$$

考虑将有理分式函数

$$R_{mn}(x)=\frac{\sum_{k=0}^{m}a_kx^k}{\sum_{k=0}^{n}b_kx^k}$$

作为 $f(x)$的逼近函数,其中 m、n 为给定的正整数($m\geqslant n$)。为求出 $R_{mn}(x)$,我们可用待定系数法求出未知系数 a_k、b_k,从而确定 $R_{mn}(x)$。因 $f(x)\approx R_{mn}(x)$,故近似地有

$$\left(\sum_{k=0}^{n}b_kx^k\right)\left(\sum_{k=0}^{\infty}c_kx^k\right)=\sum_{k=0}^{m}a_kx^k$$

比较上式两边的系数,可得下列立程组:

$$\begin{cases}a_0=c_0b_0\\ a_1=c_1b_0+c_0b_1\\ \cdots\\ a_m=c_mb_0+c_{m-1}b_1+\cdots+c_{m-n}b_n\\ 0=c_{m+1}b_0+\cdots+c_{m-n+1}b_n\\ \cdots\\ 0=c_{m+n}b_0+\cdots+c_mb_n\end{cases}$$

取 $b_0=1$(或在 $R_{mn}(x)$的分子、分母同除以 b_0 即可),由上述($m+n+1$)个方程即可确定未知系数 $a_k(k=0,1,\cdots,m)$和 $b_k(k=0,1,\cdots,n)$,由此确定的 $R_{mn}(x)$称为 $f(x)$的 (m,n)阶 Padé 近似逼近。一般而言,该逼近法产生的近似式是较精确的。

(二) 连分式逼近

连分式逼近也是 $f(x)$的有理逼近,其形式虽然显得较复杂,但用计算机处理时非常简单,不失为一种较实用的近似逼近法。

定义 1.12　表达式 $b_0+\cfrac{a_1}{b_1+\cfrac{a_2}{b_2+\ddots+\cfrac{a_n}{b_n}}}$

称为 n 节连分式，简记为

$$b_0+\frac{a_1}{b_1+}\frac{a_2}{b_2+}\cdots\frac{a_{n-1}}{b_{n-1}+}\frac{a_n}{b_n}$$

当 $n\to\infty$ 时，称为无穷连分式。

在定义 1.12 中，一般假定连分式中所有分母均不为 0。

若将 n 节连分式 S_n 的分子、分母分别记为 P_n、Q_n，即

$$S_n=b_0+\frac{a_1}{b_1}+\frac{a_2}{b_2}+\cdots\frac{a_{n-1}}{b_{n-1}}+\frac{a_n}{b_n}=\frac{P_n}{Q_n}$$

则由定义 1.12 知：

$$\frac{P_0}{Q_0}=\frac{b_0}{1},$$

$$\frac{P_1}{Q_1}=\frac{b_0b_1+a_1}{b_1},$$

$$\frac{P_2}{Q_2}=b_0+\frac{a_1}{b_1+}\frac{a_2}{b_2}=\frac{b_2P_1+a_2P_0}{b_2Q_1+a_2Q_0},$$

注意到由 $\frac{P_n}{Q_n}$ 变到 $\frac{P_{n+1}}{Q_{n+1}}$ 时，只需以 $b_n+\frac{a_{n+1}}{b_{n+1}}$ 代替 b_n，则由归纳法可证得，对于 $n\geqslant 2$，有

$$\frac{P_n}{Q_n}=\frac{b_nP_{n-1}+a_nP_{n-2}}{b_nQ_{n-1}+a_nQ_{n-2}}$$

由上式及连分式的定义，我们不难得到下列计算连分式的常用算法：

算法 1：

$$\begin{cases}q_n=b_n\\ q_{k-1}=b_{k-1}+\dfrac{a_k}{q_k}, \quad k=n,n-1,\cdots,1\end{cases}$$

则 $S_n=q_0$ 为 n 节连分式的值。

算法 2：

$$\begin{cases}u_n=a_n/b_n\\ u_{k-1}=\dfrac{a_{k-1}}{b_{k-1}+u_k}, \quad k=n,n-1,\cdots,2\end{cases}$$

则 $S_n=b_0+u_1$ 即为所求连分式的值。

算法 3：

$$\begin{cases}\dfrac{P_0}{Q_0}=\dfrac{b_0}{1}, \quad \dfrac{P_1}{Q_1}=\dfrac{b_0 b_1+a_1}{b_1} \\ \dfrac{P_k}{Q_k}=\dfrac{b_k P_{k-1}+a_k P_{k-2}}{b_k Q_{k-1}+a_k Q_{k-2}}, \quad k=2,3,\cdots\end{cases}$$

则 $S_n=P_n/Q_n$ 即为 n 节连分式的值。

在用连分式作函数的近似计算时，一般不先选定 n 的值，而是根据计算结果达到给定精度时才决定 n 的值，此时，通常选用由前向后递推的算法 3。

在求函数 $f(x)$的连分式逼近时，一般先利用 Toylor 展式或其他方法（如切比雪夫展式）将 $f(x)$展成幂级数形式

$$f(x) \sim \sum_{i=0}^{\infty} c_i x^i$$

再将其化为无穷连分式函数

$$\sum_{i=0}^{\infty} c_i x^i=\frac{a_0}{1-}\frac{a_1 x}{(1+a_1 x)-}\frac{a_2 x}{(1+a_2 x)-}\cdots$$

其中

$$a_0=c_0,\ a_i=c_i/c_{i-1}, \quad i=1,2,\cdots$$

最后取其 n 节连分式 $S_n(x)$作为 $f(x)$的近似函数。

例 1.2 求 arctg x 的连分式。

解：

$$\begin{aligned}\text{arctg}\, x &= x-\frac{x^3}{3}+\frac{x^5}{5}-\frac{x^7}{7}+\cdots \\ &= x\left(1-\frac{x^2}{3}+\frac{x^4}{5}-\frac{x^6}{7}+\cdots+(-1)^n\frac{x^{2n}}{2n+1}+\cdots\right) \\ &= x\left(\frac{1}{1-}\frac{-\frac{1}{3}x^2}{\left(1-\frac{1}{3}x^2\right)-}\frac{-\frac{3}{5}x^2}{\left(1-\frac{3}{5}x^2\right)-}\cdots\frac{-\frac{2n-1}{2n+1}x^2}{\left(1-\frac{2n-1}{2n+1}x^2\right)-}\cdots\right) \\ &= \frac{x}{1+}\frac{x^2}{(3-x^2)+}\frac{3x^2}{(5-3x^2)+}\cdots\frac{(2n-1)x^2}{[2n+1-(2n-1)x^2]+}\cdots\end{aligned}$$

利用连分式逼近，我们还可用来求非线性方程的近似根。设非线性方程为 $f(x)=0$，而 $f(x)$的反函数为 $x=f^{-1}(y)$，用连分式形式表示为

$$x=a_0+\frac{y-y_0}{a_1+}\frac{y-y_1}{a_2+}\cdots\frac{y-y_i}{a_{i+1}+}\cdots$$

其中 $y_i=f(x_i)$，则 $f(x)=0$ 的根为

$$x=a_0-\frac{y_0}{a_1-}\frac{y_1}{a_2-}\cdots\frac{y_i}{a_{i+1}-}\cdots$$

由此，我们不难得到下列连分式逼近求根法的计算步骤：

1° 选取初值 x_0、x_1，计算 $y_0=f(x_0)$，$y_1=f(x_1)$，则取

$$a_0=x_0,\ a_1=(y_1-y_0)/(x_1-x_0)$$

由此可求出 x_2、y_2：

$$x_2=a_0-\frac{y_0}{a_1},\quad y_2=f(x_2)$$

2° 设已得到点列 $(x_0,y_0),\cdots,(x_{i-1},y_{i-1})$ 及 $a_0,\cdots,a_{i-1}$，则计算 x_i、y_i：

$$x_i=a_0-\frac{y_0}{a_1-}\frac{y_1}{a_2-}\cdots\frac{y_{i-2}}{a_{i-1}},\ y_i=f(x_i)$$

3° 若 $|y_i|<\varepsilon$（ε 为预先给定的误差精度），则输出所求得的近似根 x_i。否则，则按下列递推公式求出 a_i，并转 2°，

$$\begin{cases}a_0=x_0,\quad a_{0i}=x_i\\ a_{j+1i}=\dfrac{y_i-y_j}{a_{ji}-a_j},\quad j=0,1,\cdots,i-1\\ a_i=a_{ii}\end{cases}$$

在实际计算中，上述连分式一般做到七节为止（$i=7$），若此时还不满足 $|y_i|<\varepsilon$，则令 $x_0=a_i$ 重新计算。

第4节 数值积分法

在数学分析中，定积分计算是通过求 $f(x)$ 的原函数 $F(x)$，再利用牛顿—莱布尼兹公式

$$I=\int_a^b f(x)\mathrm{d}x=F(b)-F(a)$$

来解决的，但在很多实际问题中，用原函数求积分是很难进行或根本无法进行的，此时我们往往用数值积分法，即依据被积函数在积分区间上一些离散点的函数值来计算定积分的近似值。

由定积分的几何意义知，若 $f(x)>0$，则 $I=\int_a^b f(x)\mathrm{d}x$ 可理解为 $[a,b]$ 区间上曲线 $f(x)$ 下方的曲边梯形的面积。若用直线近似 $f(x)$ 进行积分，也即用梯形面积近似代替曲边梯形面积，可得梯形积分公式：

$$\int_a^b f(x)\mathrm{d}x\approx\frac{1}{2}(b-a)[f(a)+f(b)]$$

类似地，若用二次多项式即抛物线近似 $f(x)$ 进行积分，即可得到抛物线公式（或 Simpson 公式）：

$$\int_a^b f(x)\mathrm{d}x\approx\frac{1}{6}(b-a)\left[f(a)+4f\left(\frac{a+b}{2}\right)+f(b)\right]$$

上述数值积分近似公式虽然形式简单，计算方便，但因选用结点少，近似程度较差，下面我们介绍一些其他的常用数值积分法。

一、牛顿-柯特斯积分法

对于一般的定积分 $I=\int_a^b f(x)\mathrm{d}x$，显然用较简单的函数近似 $f(x)$，则计算过程将会大为简化。由于多项式的积分较易进行，我们常选取积分区间$[a,b]$上的 n 次插值多项式来近似 $f(x)$进行积分。

为方便起见，在$[a,b]$上选取 $n+1$ 个等分点

$$x_k=a+kh,\quad k=0,1,\cdots,n,\quad h=(b-a)/n。$$

考虑 $f(x)$在$[a,b]$上的插值多项式

$$f(x)=P_n(x)+R_n(x)$$

其中

$$P_n(x)=\sum_{k=0}^{n}\Big(\prod_{\substack{i=0\\ i\neq k}}^{n}\frac{x-x_i}{x_k-x_i}\Big)f(x_k)=\sum_{k=0}^{n}\frac{\omega_n(x)}{(x-x_k)\omega_n'(x_k)}f(x_k)$$

$$R_n(x)=\frac{f^{(n+1)}(\xi_1)}{(n+1)!}\omega_n(x)$$

而

$$\omega_n(x)=(x-x_0)(x-x_1)\cdots(x-x_n)$$

该 $P_n(x)$称为 $f(x)$的拉格朗日(Lagrange)插值多项式，它与 $f(x)$在等分点 $x_0,x_1,\cdots,x_n$ 上有相同的函数值，而 $x_i(i=0,1,\cdots,n)$称为结点。则

$$\begin{aligned}\int_a^b f(x)\mathrm{d}x&=\int_a^b P_n(x)\mathrm{d}x+\int_a^b R_n(x)\mathrm{d}x\\&=\sum_{k=0}^{n}\Big(\int_a^b\frac{\omega_n(x)}{(x-x_k)\omega_n'(x_k)}\mathrm{d}x\Big)f(x_k)+\int_a^b\frac{f^{n+1}(\xi_1)}{(n+1)!}\omega_n(x)\mathrm{d}x\\&=\sum_{k=0}^{n}A_kf(x_k)+R_n(f)\end{aligned}$$

其中

$$\begin{aligned}A_k&=\int_a^b\frac{\omega_n(x)}{(x-x_k)\omega_n'(x_k)}\mathrm{d}x\quad(\text{令 }x=a+ht,0\leqslant t\leqslant n)\\&=\frac{b-a}{n}\int_0^n\prod_{\substack{i=0\\ i\neq k}}\frac{t-i}{k-i}\mathrm{d}t=\frac{(-1)^{n-k}(b-a)}{k!\ (n-k)!\ n}\int_0^n\prod_{\substack{i=0\\ i\neq k}}^{n}(t-i)\mathrm{d}t\\&=(b-a)C_k^{(n)}\end{aligned}$$

这里

$$C_k^{(n)}=\frac{1}{n}\int_0^n\prod_{\substack{i=0\\i\neq k}}^n\frac{t-i}{k-i}\mathrm{d}t=\frac{(-1)^{n-k}}{k!\ (n-k)!\ n}\int_0^n\prod_{\substack{i=0\\i\neq k}}^n(t-i)\mathrm{d}t$$

而

$$R_n(f)=\frac{1}{(n+1)!}\int_a^b f^{(n+1)}(\xi_1)\omega_n(x)\mathrm{d}x$$

我们称

$$\int_a^b f(x)\mathrm{d}x\approx\sum_{k=0}^n A_k f(x_k)=(b-a)\sum_{k=0}^n C_k^{(n)}f(x_k) \tag{1.1}$$

为牛顿—柯特斯(Newton-Cotes)积分公式，其中 $C_k^{(n)}$ 为 Cotes 系数，而称截断误差 $R_n(f)$ 为 Newton-Cotes 求积余项。

当 $f(x)\equiv 1$ 时，上式(1.1)准确成立，此时

$$\sum_{k=0}^n C_k^{(n)}=1$$

该等式可用来检验 Cotes 系数的计算是否正确，还可用来估计舍入误差。若 $f(x_k)$的舍入误差不超过 ε，则求积公式(1.1)引起的舍入误差将不超过 $(b-a)\varepsilon\sum_{k=0}^n|C_k^{(n)}|$。$C_k^{(n)}$ 均为正时，舍入误差

$$(b-a)\varepsilon\sum_{k=0}^n|C_k^{(n)}|=(b-a)\varepsilon$$

为定值；而当 $C_k^{(n)}$ 有正有负时，其舍入误差

$$(b-a)\varepsilon\sum_{k=0}^n|C_k^{(n)}|>(b-a)\varepsilon\sum_{k=0}^n C_k^{(n)}=(b-a)\varepsilon$$

此时舍入误差较大，往往难以估计。故一般要求 $C_k^{(n)}$ 即 $A_k>0$，此时，只要 $f(x_k)$有足够多的有效数字，就可不再专门考虑舍入误差，而只需单独考虑截断误差 $R_n(f)$了。

表 1.3　Cotes 系数 $C_k^{(n)}$ 表

n	$C_k^{(n)}$，　$k=0,1,\cdots,n$					$R_n(f)$
1	$\frac{1}{2}$	$\frac{1}{2}$				$-\frac{1}{12}h^3f''(\xi)$
2	$\frac{1}{6}$	$\frac{4}{6}$	$\frac{1}{6}$			$-\frac{1}{90}h^5f^{(4)}(\xi)$
3	$\frac{1}{8}$	$\frac{3}{8}$	$\frac{3}{8}$	$\frac{1}{8}$		$-\frac{3}{80}h^5f^{(4)}(\xi)$
4	$\frac{7}{90}$	$\frac{16}{45}$	$\frac{2}{15}$	$\frac{16}{45}$	$\frac{7}{90}$	$-\frac{8}{945}h^7f^{(6)}(\xi)$

续表

n	$C_k^{(n)}$, $k=0,1,\cdots,n$									$R_n(f)$
5	$\frac{19}{288}$	$\frac{25}{96}$	$\frac{25}{144}$	$\frac{25}{144}$	$\frac{25}{96}$	$\frac{19}{288}$				$-\frac{275}{12\,096}h^7f^{(6)}(\xi)$
6	$\frac{41}{840}$	$\frac{9}{35}$	$\frac{9}{280}$	$\frac{34}{105}$	$\frac{9}{280}$	$\frac{9}{35}$	$\frac{41}{840}$			$-\frac{9}{1\,400}h^9f^{(8)}(\xi)$
7	$\frac{751}{17\,280}$	$\frac{3577}{17\,280}$	$\frac{1323}{17\,280}$	$\frac{2989}{17\,280}$	$\frac{2989}{17\,280}$	$\frac{1323}{17\,280}$	$\frac{3577}{17\,280}$	$\frac{751}{17\,280}$		$-\frac{8\,183}{518\,400}h^9f^{(8)}(\xi)$
8	$\frac{989}{28\,350}$	$\frac{5\,888}{28\,350}$	$\frac{-928}{28\,350}$	$\frac{10\,496}{28\,350}$	$\frac{-4\,540}{28\,350}$	$\frac{10\,496}{28\,350}$	$\frac{-928}{28\,350}$	$\frac{5\,888}{28\,350}$	$\frac{989}{28\,350}$	
⋮	⋮									

表 1.3 给出了 $n=1,2,\cdots$所求得的 Cotes 系数 $C_k^{(n)}(k=0,1,\cdots,n)$的值，由此即可建立相应的求积公式。而一些常用的积分公式是 Newton-Cotes 积分公式的特例。

如 $n=1$ 时，其积分公式

$$\int_a^b f(x)\mathrm{d}x \approx (b-a)\left[\frac{1}{2}f(a)+\frac{1}{2}f(b)\right]$$

即为梯形积分公式。其截断误差为

$$R_1(f)=-\frac{1}{12}h^3f''(\xi),\quad h=b-a,\quad \xi\in(a,b)$$

当 $n=2$ 时，其积分公式

$$\int_a^b f(x)\mathrm{d}x \approx (b-a)\left[\frac{1}{6}f(a)+\frac{2}{3}f\left(\frac{a+b}{2}\right)+\frac{1}{6}f(b)\right]$$

即为 Simpson 积分公式（或抛物线公式），其截断误差为

$$R_2(f)=-\frac{1}{90}h^5f^{(4)}(\xi),\quad h=\frac{b-a}{2},\quad \xi\in(a,b)$$

$n=4$ 时，积分公式为

$$\int_a^b f(x)\mathrm{d}x \approx (b-a)\left[\frac{7}{90}f(a)+\frac{16}{45}f(a+h)+\frac{2}{15}f(a+2h)+\frac{16}{45}f(a+3h)+\frac{7}{90}f(b)\right]$$

这称为柯特斯(Cotes)公式，其截断误差为

$$R_4(f)=-\frac{8}{945}h^7f^{(6)}(\xi),\quad h=\frac{b-a}{4},\ \xi\in(a,b)$$

从表 1.3 还可看出，$n\leqslant 7$ 时，Cotes 系数为正；而 $n\geqslant 8$ 开始，Cotes 系数有正有负，其误差可能传播扩大，故不宜采用 $n\geqslant 8$ 的 Newton-Cotes 求积公式。另外，Newton-Cotes 公式对任何不高于 n 次的多项式是准确成立的，这是因为 $f^{(n+1)}(\xi_1)\equiv 0$，故

$$R_n(f)=\frac{1}{(n+1)!}\int_a^b f^{(n+1)}(\xi_1)\omega_n(x)\mathrm{d}x\equiv 0$$

定义 1.13　若某个求积公式对次数$\leqslant m$的多项式都准确成立，而对$m+1$次的多项式至少有一个不能准确成立，则称其代数精度为m。

显然，Newton-Cotes 求积公式的代数精度至少为n，且可证明，当n为偶数时，其代数精度会高一次。由于在结点数相同时，代数精度越高，求积公式就越精确，常用n为偶数的 Newton-Cotes 求积公式。

二、复合积分法

Newton-Cotes 求积公式(1.1)的误差程度主要取决于插值多项式$P_n(x)$对$f(x)$的近似程度。当积分区间$[a,b]$很宽而n较小时，$P_n(x)$与$f(x)$的相差较大，导致积分误差偏大。而当n较大时(如$n\geqslant 8$)，$C_k^{(n)}$有正有负，将使舍入误差增大，且难以估计，同时计算量也大大增加。故通常进行计算时，一般不用n较大的求积公式，而采用复合求积方法：先将积分区间$[a,b]$分成N个小区间D_i，即

$$[a,b]=\bigcup_{i=1}^{N}D_i$$

再在每个D_i上就用n较小的 Newton-Cotes 积分公式，最后通过求和得到积分值：

$$I=\int_a^b f(x)\mathrm{d}x\approx\sum_{i=1}^{N}\int_{D_i}f(x)\mathrm{d}x=\sum_{i=1}^{N}\left[\sum_{j=0}^{n_i}A_j f(x_j)\right]$$

这称为复合积分公式。下面列出较常用的几个复合积分公式。

(1) 复合梯形公式($n=1$)　$x_k=a+kh$，　$h=(b-a)/N$，

$$I\approx\frac{b-a}{N}\left[\frac{1}{2}(f(a)+f(b))+\sum_{k=1}^{N-1}f(x_k)\right]\triangleq T_N$$

其截断误差

$$R(f)=-\frac{b-a}{12}h^2 f''(\eta),\ \eta\in(a,b)$$

(2) 复合 Simpson 公式($n=2$)　$x_k=a+k\cdot\frac{h}{2}$，$h=\frac{b-a}{N}$，

$$I\approx\frac{b-a}{N}\left[\frac{1}{6}(f(a)+f(b))+\frac{4}{6}\sum_{k=1}^{N}f(x_{2k-1})+\frac{2}{6}\sum_{k=1}^{N-1}f(x_{2k})\right]\triangleq S_N$$

其截断误差

$$R(f)=-\frac{b-a}{180}\left(\frac{h}{2}\right)^4 f^{(4)}(\eta),\quad \eta\in(a,b)$$

(3) 复合 Cotes 公式($n=4$)　$x_k=a+k\cdot\frac{h}{4}$，　$h=\frac{b-a}{N}$，

$$I\approx\frac{b-a}{N}\left[\frac{7}{90}(f(a)+f(b))+\frac{32}{90}\sum_{k=1}^{N}(f(x_{4k-3})+f(x_{4k-1}))+\frac{12}{90}\sum_{k=1}^{N}f(x_{4k-2})\right.$$
$$\left.+\frac{14}{90}\sum_{k=1}^{N}f(x_{4k})\right]\triangleq C_N$$

其截断误差

$$R(f)=-\frac{2(b-a)}{945}\left(\frac{h}{4}\right)^6 f^{(6)}(\eta),\quad \eta\in(a,b)$$

当 $N\to\infty$ 时，上述公式中 T_N、S_N、C_N 皆收敛于

$$I=\int_a^b f(x)\mathrm{d}x$$

应用复合求积公式须事先由误差公式确定所分割的小区间数 N，这在实际运算时是很困难的。为此，我们首先依次对不同的 $N(N=1,2,\cdots)$，由复合积分公式求得积分值序列，如 $T_1,T_2,\cdots$，当 $|T_i-T_{i-1}|$ 足够小时停止计算，取 T_i 为最终结果。在计算 T_i 时，应尽量利用 $T_1,T_2,\cdots,T_{i-1}$ 以减少重复计算，使计算简便。

在实际应用时，上述求积公式中以复合 Simpson 公式较为常用，下面考虑区间逐次对分的 Simpson 积分法的程序设计。

对复合 Simpson 积分公式，设区间分为 N 等份，所得积分近似值为 S_N，则积分值为

$$I=S_N-\frac{b-a}{180}\left(\frac{h}{2}\right)^4 f^{(4)}(\eta_1)$$

再将区间对分成 $2N$ 等份，得积分的近似值为 S_{2N}，则积分值为

$$I=S_{2N}-\frac{b-a}{180}\left(\frac{1}{2}\ \frac{h}{2}\right)^4 f^{(4)}(\eta_2)$$

由上两式求得

$$\frac{I-S_{2N}}{I-S_N}\approx\frac{1}{16}$$

则

$$I\approx S_{2N}+\frac{1}{15}(S_{2N}-S_N)$$

这说明以 S_{2N} 作积分 I 的近似值，其误差近似于

$$\frac{1}{15}(S_{2N}-S_N)$$

计算时，只要 $|S_{2N}-S_N|<\varepsilon$，就有 $|I-S_{2N}|<\varepsilon$，此时积分近似值 S_{2N} 必满足精度要求，即可停止计算，否则，则将 S_{2N} 值赋给 S_N，再将区间对分，求得新值 S_{2N}，重新判断，直至 $|S_{2N}-S_N|<\varepsilon$ 成立。下面列出其程序框图图 1.5。

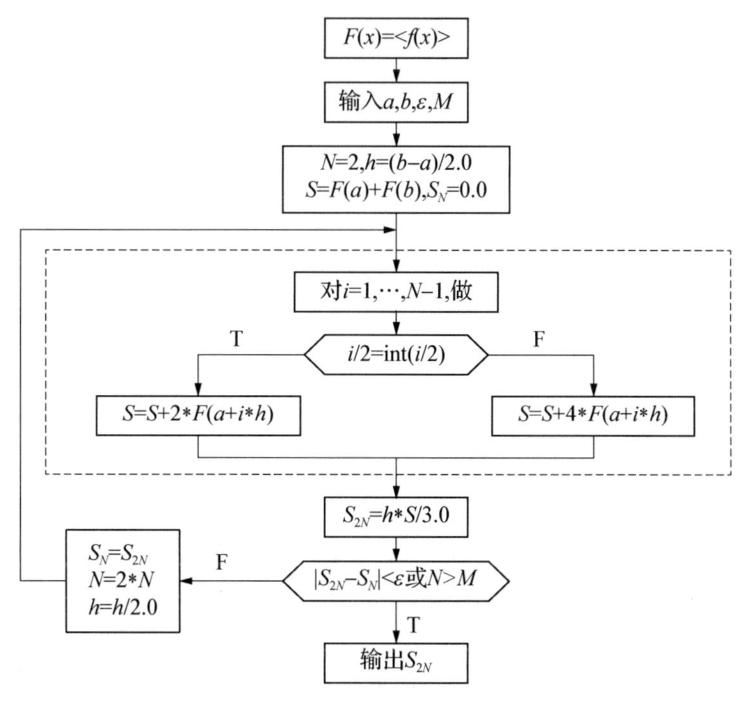

图 1.5　区间对分的复合 Simpson 积分框图

在该程序框图图 1.5 中，$h=(b-a)/2N$，则复合 Simpson 求积公式为

$$S_{2N}=\frac{h}{3}\left[f(a)+f(b)+2\sum_{i=1}^{N-1}f(a+2ih)+4\sum_{i=0}^{N-1}f(a+(2i+1)h)\right]$$

而 M 为一个控制等分区间的正整数，如 1 000，2 000 等。

例 1.3　利用 R 软件对积分 $I=\int_0^1 x^2\mathrm{d}x$ 用复合积分法的复合梯形公式求其数值积分。

R 编程应用

```
# 定义被积函数
> f <- function(x) {
+  return(x^2)
+ }
# 复合梯形规则数值积分
> composite_trapezoidal_rule <- function(f,a,b,n) {
+  h <- (b - a) / n
+  x <- seq(a,b,length.out = n + 1)
+  y <- f(x)
+  integral <- h/2 * (y[1] + 2 * sum(y[2:n]) + y[n + 1])
+  return(integral)
+ }
> # 使用复合梯形规则进行数值积分
```

```
> integral <- composite_trapezoidal_rule(f,0,1,100)
> print("Integral using Composite Trapezoidal Rule:")
[1]"Integral using Composite Trapezoidal Rule:"
> print(integral)
## 输出积分结果:
[1] 0.33335
```

所求数值积分为 $I=0.333\,35$。

三、高斯积分法

高斯(Gauss)积分法是通过选择适当的插值结点和求积系数,从而具有最大次数的代数精度的数值积分法。对于相同的精度,该方法所需的函数求值计算及计算次数最少。又由于该法采用不等间隔区间的插值点,不用区间端点上的函数值,可较有效地处理奇异点及无穷积分等情形。

在前面 Newton-Cotes 求积公式中,若插值结点等距时,其代数精度一般为 n 或 $n+1$。而 Gauss 首先指出,若适当选取这 $n+1$ 个插值点,可使求积公式

$$I=\int_a^b f(x)\mathrm{d}x \approx \sum_{k=0}^{n} A_k f(x_k) \tag{1.2}$$

的代数精度达到其最大精度 $2n+1$ 次。这样得到的求积公式称为 Gauss 型求积公式,相应的插值结点称为 Gauss 型结点。对此,我们有

定理 1.2(Gauss 定理) 求积公式(1.2)的插值点 $x_k(k=0,1,\cdots,n)$ 为 Gauss 型结点的充分必要条件为以这些点为零点的多项式

$$\omega_n(x)=(x-x_0)(x-x_1)\cdots(x-x_n)$$

在区间$[a,b]$上与任意次数$\leqslant n$ 的多项式 $q(x)$ 带权 $\rho(x)$ 正交。即满足

$$\int_a^b \rho(x)\omega_n(x)q(x)\mathrm{d}x=0 \quad \text{(证略)}$$

据此定理,若能找到与任一不超过 n 次的多项式 $q(x)$ 正交的 $\omega_n(x)$,就可由其零点得到 Gauss 型结点,从而导出 Gauss 型求积公式(1.2)。由上一节(第一章第 2 节)有关正交多项式知识知,勒让德(Legendre)多项式带权 $\rho(x)\equiv 1$ 就具有这种正交性。只要取首项系数为 1 的勒让德多项式作 $\omega_n(x)$,其零点就是区间$[-1,1]$上的 Gauss 型结点。由于 n 次勒让德多项式

$$P_n(x)=\frac{1}{2^n n!}\frac{\mathrm{d}^n}{\mathrm{d}x^n}[(x^2-1)^n]$$

的首项系数为

$$a_n=\frac{(2n)!}{2^n(n!)^2}$$

故可取

$$\omega_n(x)=\frac{2^n(n!)^2}{(2n)!}P_n(x)=\frac{n!}{(2n)!}\frac{\mathrm{d}^n}{\mathrm{d}x^n}[(x^2-1)^n]$$

利用递推公式

$$\begin{cases}P_0(x)=1,\quad P_1(x)=x,\\ P_n(x)=\dfrac{2n-1}{n}xP_{n-1}(x)-\dfrac{n-1}{n}P_{n-2}(x),\quad n=2,3,\cdots\end{cases}$$

即可得到勒让德多项式序列$\{P_n(x)\}$，而由$P_n(x)$求出的零点，即为(1.2)公式的Gauss型结点。再利用其正交性用待定系数法，如在(1.2)公式中分别取$f(x)$为$1,x,x^2,\cdots,x^n$，列出关于A_k的方程组，即可求得其系数A_k，从而得Gauss-Legendre求积公式(有时也简称为Gauss求积公式)：

$$\int_{-1}^{1}f(x)\mathrm{d}x=\sum_{k=0}^{n}A_kf(x_k)+R_n(f)$$

其中误差

$$R_n(f)=\frac{2^{2n+1}(n!)^4}{(2n+1)[(2n)!]^3}f^{(2n)}(\xi),\ (-1<\xi<1)$$

表1.4列出了前5阶的Gauss求积公式的结点x_k和系数A_k，更高阶的Gauss型结点与系数可查阅有关数学手册。

表1.4　Gauss求积公式的结点和系数表

阶数 n	求积结点 x_k	求积系数 A_k
0	0	2
1	±0.577 350 269 2	1
2	±0.774 596 669 2 0	5/9 8/9
3	±0.861 136 311 6 ±0.339 981 043 6	0.347 854 845 1 0.652 145 154 9
4	±0.906 179 845 9 ±0.538 469 310 1 0	0.236 926 885 1 0.478 628 670 5 0.568 888 888 9
5	±0.932 469 514 2 ±0.661 209 386 5 ±0.238 619 186 1	0.171 324 492 4 0.360 761 573 0 0.467 913 934 6

上述求积公式的积分区间为$[-1,1]$，对一般区间$[a,b]$可作变换

$$x=\frac{1}{2}(a+b)+\frac{1}{2}(b-a)t$$

则求积公式变为

$$\int_a^b f(x)\mathrm{d}x = \frac{b-a}{2}\int_{-1}^1 f\left(\frac{a+b}{2}+\frac{b-a}{2}t\right)\mathrm{d}t \approx \frac{b-a}{2}\sum_{k=0}^n A_k f\left(\frac{a+b}{2}+\frac{b-a}{2}x_k\right)$$

只需将相应的 Gauss 结点 x_k 及系数 A_k 的值代入即可。

Gauss 求积公式具有精确度较高的特点，但当其阶数 $n+1$ 改变时，其结点及系数都要变，需占内存较多。为此，可用区间对分法将积分区间分成若干小区间，再在每个小区间上应用低阶（如 $n=3$ 或 4）Gauss 求积公式，从而得到满足精度要求的复合 Gauss 积分。

由 Gauss 定理知，利用不同的正交多项式，就可得到不同的 Gauss 求积公式。故除了上述利用勒让德多项式得到对应于

$$\int_{-1}^1 f(x)\mathrm{d}x$$

的 Gauss-Legendre 积分外，还有下列利用其他正交多项式的带权 Gauss 型求积公式。

（1）切比雪夫积分

$$\int_{-1}^1 \frac{1}{\sqrt{1-x^2}} f(x)\mathrm{d}x = \frac{\pi}{n+1}\sum_{k=0}^n f(x_k) + R_n(f)$$

其中结点

$$x_k = \cos\left(\frac{2k+1}{2n+2}\pi\right)$$

为切比雪夫多项式 $T_{n+1}(x)$ 的零点，求积系数

$$A_k = \frac{\pi}{n+1}$$

而求积误差为

$$R_n(f) = \frac{\pi}{(2n+2)!\,2^{2n+1}} f^{(2n+2)}(\xi), \quad -1<\xi<1$$

（2）埃尔米特（Hermite-Gauss）积分

$$\int_{-\infty}^{\infty} \mathrm{e}^{-x^2} f(x)\mathrm{d}x = \sum_{k=0}^n B_k f(x_k) + R_n(f)$$

其中结点 x_k 为埃尔米特（Hermite）多项式 $H_{n+1}(x)$ 的零点，求积系数

$$B_k = 2^{n+2}(n+1)!\ \sqrt{\pi}/[H'_{n+1}(x_k)]^2$$

而求积误差为

$$R_n(f) = \frac{(n+1)!\sqrt{\pi}}{2^{n+1}(2n+2)!} f^{(2n+2)}(\xi), \quad -\infty<\xi<+\infty$$

（3）拉盖尔（Laguerre-Gauss）积分

$$\int_a^{\infty} \mathrm{e}^{-x} f(x)\mathrm{d}x = \mathrm{e}^{-a}\sum_{k=0}^n C_k f(x_k+a) + R_n(f)$$

其中结点 x_k 为拉盖尔（Laguerre）多项式 $L_{n+1}(x)$ 的零点，求积系数

$$C_k=[(n+1)!]^2x_k/[L'_{n+1}(x_k)]^2$$

而求积误差为

$$R_n(f)=\frac{[(n+1)!]^2}{(2n+2)!}f^{(2n+2)}(\xi),\quad a<\xi<+\infty$$

上述 Gauss 型积分中所涉及的正交多项式中，切比雪夫多项式参见本章第 3 节，而埃尔米特多项式和拉盖尔多项式的定义及主要性质见表 1.5，其相应求积公式的结点和求积系数见表 1.6、表 1.7。

表 1.5　埃尔米特多项式和拉盖尔多项式

	埃尔米特(Hermite)多项式	拉盖尔(Laguerre)多项式
定义	$H_n(x)=(-1)^n e^{x^2}\frac{d^n}{dx^n}(e^{-x^2}),-\infty<x<\infty$	$L_n(x)=e^x\frac{d^n}{dx^n}(x^n e^{-x}),\ 0\leqslant x<\infty$
首项系数	2^n	$(-1)^n$
正交性	$\int_{-\infty}^{\infty}e^{-x^2}H_i(x)H_j(x)dx=\begin{cases}0, & i\neq j\\ \frac{i!\sqrt{x}}{2^i}, & i=j\end{cases}$	$\int_0^{\infty}e^{-x}L_i(x)L_j(x)dx=\begin{cases}0, & i\neq j\\ (i!)^2, & i=j\end{cases}$
递推关系式(首项系数 1)	$\begin{cases}H_0(x)=1,\quad H_1(x)=x\\ H_n(x)=xH_{n-1}(x)-\frac{n-1}{2}H_{n-2}(x)\end{cases}$	$\begin{cases}L_0(x)=1,\quad L_1(x)=x-1\\ L_n(x)=(x-2n-1)L_{n-1}(x)-(n-1)^2L_{n-2}(x)\end{cases}$
前五个多项式表示式	$H_1(x)=2x$ $H_2(x)=4x^2-2$ $H_3(x)=8x^3-12x$ $H_4(x)=16x^4-48x^2+12$ $H_5(x)=32x^5-160x^3+120x$	$L_1(x)=-x+1$ $L_2(x)=x^2-4x+2$ $L_3(x)=-x^3+9x^2-18x+6$ $L_4(x)=x^4-16x^3+72x^2-96x+24$ $L_5(x)=-x^5+25x^4-200x^3+600x^2-600x+120$

表 1.6　埃尔米特求积公式的结点和求积系数

n	求积结点 x_k	求积系数 B_k
0	0	1.772 438 509 3
1	±0.707 106 781 2	0.886 226 925 5
2	±1.224 744 871 4 0	0.295 408 975 2 1.181 635 900 6
3	±1.650 680 123 9 ±0.524 647 623 3	0.081 312 835 4 0.804 914 090 0
4	±2.020 182 870 5 ±0.958 572 464 6 0	0.019 953 242 0 0.393 619 323 2 0.945 308 720 5
5	±2.350 604 973 7 ±1.335 849 074 0 ±0.436 077 411 9	0.004 530 009 9 0.157 067 320 3 0.724 629 595 2

表 1.7　拉盖尔求积公式的结点和求积系数

n	求积结点 x_k	求积系数 C_k
0	1	1
1	0.585 786 437 6 3.414 213 562 4	0.853 553 390 6 0.146 446 609 4
2	0.415 774 556 8 2.294 280 360 3 6.289 945 082 9	0.711 093 009 9 0.278 517 733 6 0.010 389 256 5
3	0.322 547 689 6 1.745 761 101 2 4.536 620 296 9 9.395 070 912 3	0.603 154 104 3 0.357 418 692 4 0.038 887 908 5 0.000 539 294 7
4	0.263 560 319 7 1.413 403 059 1 3.596 425 771 0 7.085 810 005 9 12.640 800 844 3	0.521 755 610 6 0.398 666 811 1 0.075 942 449 7 0.003 611 758 7 0.000 023 370 0

第 5 节　数值微分法

在本章的最后，我们来简单考察一下数值微分问题，即求函数 $f(x)$ 的导数的逼近值。

一、数据的数值微分

设函数 $f(x)$ 的结点 x_k 上的取值数据为

$$y_k = f(x),\ k = 0,1,\cdots,n$$

现要求出 $f(x)$ 在 x_k 处的导数值。

由函数 $f(x)$ 的导数定义

$$f'(x) = \lim_{\Delta x \to 0} \frac{f(x+\Delta x) - f(x)}{\Delta x}$$

则最简单的数值微分法是用结点 x_k 处的差商作为其导数值的近似(取 $h = \Delta x$)：

$$f'(x_k) = \frac{f(x_k + h) - f(x_k)}{h} + O(h)$$

或

$$f'(x_k) = \frac{f\left(x_k + \frac{h}{2}\right) - f\left(x_k - \frac{h}{2}\right)}{h} + O(h^2)$$

而一般的数值微分法是由已知的数据表 $(x_k, f(x))(k=1,\cdots,n)$ 来构造 $f(x)$ 的插值多

项式 $P_n(x)$，从而得

$$f(x)=P_n(x)+R_n(x)=P_n(x)+\frac{f^{(n+1)}(\xi)}{(n+1)!}\omega_n(x)$$

其中

$$P_n(x)=\sum_{k=0}^{n}\frac{\omega_n(x)}{(x-x_k)\omega_n'(x_k)}f(x_k)=\sum_{k=0}^{n}\prod_{j\neq k}^{n}\frac{(x-x_j)}{(x_k-x_j)}f(x_k)=\sum_{k=0}^{n}l_k(x)f(x_k)$$

$$R_n(x)=\frac{f^{(n+1)}(\xi)}{(n+1)!}\omega_n(x)$$

$$\omega_n(x)=\prod_{i=0}^{n}(x-x_i)$$

则

$$f^{(i)}(x)=P_n^{(i)}(x)+R_n^{(i)}(x)$$

取

$$f^{(i)}(x)\approx P_n^{(i)}(x)=\sum_{k=0}^{n}l_k^{(i)}(x)f(x_k)$$

其相应余项为

$$R_n^{(i)}(x)=\frac{f^{(n+1)}(\xi)}{(n-i+1)!}\prod_{j=0}^{n-i}(x-\eta_j),\quad \xi\in[x_0,x_n]$$

其中 $(n-i+1)$ 个相异点 η_j 均与 x 无关，且满足

$$x_j<\eta_j<x_{j+i},\quad j=0,1,\cdots,n-i$$

特别地，在结点 $x=x_k$ 处，有

$$f'(x_k)=P_n'(x_k)+\frac{f^{(n+1)}(\xi)}{(n+1)!}\prod_{\substack{j\neq k\\ j=1}}^{n}(x_k-x_j)$$

为便于应用，记

$$h=x_k-x_{k-1},\quad y_k=f(x_k),\quad k=0,\cdots,n$$

下面我们列出几个结点等距时常用的数值微分公式：

(1) 一阶两点公式 $(n=1)$：

$$\begin{cases}f'(x_0)\approx\dfrac{1}{h}(y_1-y_0)\\[2ex] f'(x_1)\approx\dfrac{1}{h}(y_1-y_0)\end{cases}$$

其误差为 $O(h)$。

(2) 一阶三点公式 $(n=2)$：

$$\begin{cases}f'(x_0)\approx\dfrac{1}{2h}(-3y_0+4y_1-y_2)\\[2ex] f'(x_1)\approx\dfrac{1}{2h}(y_0+y_2)\\[2ex] f'(x_2)\approx\dfrac{1}{2h}(y_0+4y_1+3y_2)\end{cases}$$

其误差为 $O(h^2)$。

(3) 一阶五点公式($n=4$)：

$$\begin{cases} f'(x_0) \approx \dfrac{1}{12h}(-25y_0+48y_1-36y_2+16y_3-3y_4) \\ f'(x_1) \approx \dfrac{1}{12h}(-3y_0-10y_1+18y_2-6y_3+y_4) \\ f'(x_2) \approx \dfrac{1}{12h}(y_0-8y_1+8y_3-y_4) \\ f'(x_3) \approx \dfrac{1}{12h}(-y_0+6y_1-18y_2+10y_3+3y_4) \\ f'(x_4) \approx \dfrac{1}{12h}(3y_0-16y_1+36y_2-48y_3+25y_4) \end{cases}$$

其误差为 $O(h^4)$。

对于给定的数据表,用一阶五点公式求结点上的导数值 $f'(x_k)$ 常可获得满意的结果。但需要注意的是,当插值多项式 $P_n(x)$ 收敛于 $f(x)$ 时,$P'_n(x)$ 不一定收敛于 $f'(x)$。而当步长 h 缩小时,虽然能减少截断误差,但舍入误差增大,故缩小步长不一定能满足精度要求。

二、函数的数值微分

现考虑函数 $f(x)$ 的数值微分问题,即由函数值的线性逼近去确定其导数的逼近。

由导数的定义,用差商逼近微商即可得到最简单的数值微分公式:

$$f'(x) \approx \frac{1}{2h}[f(x+h)-f(x-h)]$$

$$f''(x) \approx \frac{1}{h^2}[f(x+h)-2f(x)+f(x-h)]$$

其误差均为 $O(h^2)$。此外,由 Taylor 展式还可推得 $f'(x)$ 的近似公式

$$f'(x) \approx \frac{1}{12h}[f(x-2h)-8f(x-h)+8f(x+h)-f(x+2h)]$$

其误差为 $O(h^4)$,较上述 $f'(x)$ 的近似公式的精度要高些。具体计算时,将式中 h 取为趋于 0 的序列,所得的值作为 $f'(x)$ 或 $f''(x)$ 的逼近,当达到所需精度时停止计算。

上述数值微分公式应用时应谨慎,因为随着步长 h 的缩小,虽然截断误差减少,但舍入误差(两个相近的数相减)增大。对此一般可采用下列理查森(Richardson)外推法来提高逼近精度。

设 $f(x)$ 可展为 Taylor 级数,则

$$f(x+h)=f(x)+f'(x)h+\frac{f''(x)}{2!}h^2+\frac{f^{(3)}(x)}{3!}h^3+\frac{f^{(4)}(x)}{4!}h^4+\cdots$$

$$f(x-h)=f(x)-f'(x)h+\frac{f''(x)}{2!}h^2-\frac{f^{(3)}(x)}{3!}h^3+\frac{f^{(4)}(x)}{4!}h^4-\cdots$$

以上两式相减，并整理得

$$\frac{1}{2h}[f(x+h)-f(x-h)]=f'(x)+\sum_{i=1}^{\infty}\frac{f^{(2i+1)}(x)}{(2i+1)!}h^{2i}$$

令

$$T(h)=\frac{1}{2h}[f(x+h)-f(x-h)]$$

则

$$T(h)=f'(x)+a_2h^2+a_4h^4+a_6h^6+\cdots$$

而

$$T\left(\frac{h}{2}\right)=f'(x)+a_2\left(\frac{h}{2}\right)^2+a_4\left(\frac{h}{2}\right)^4+a_6\left(\frac{h}{2}\right)^2+\cdots$$

故

$$4T\left(\frac{h}{2}\right)-T(h)=3f'(x)-\frac{3}{4}a_4h^4-\frac{15}{16}a_6h^6-\cdots$$

重新整理得

$$T\left(\frac{h}{2}\right)+\frac{1}{3}\left[T\left(\frac{h}{2}\right)-T(h)\right]=f'(x)-\frac{1}{4}a_4h^4-\frac{5}{16}a_6h^6-\cdots$$

由此我们得知：虽然 $T(h/2)$ 的精确度为 $O(h^2)$，但在 $T(h/2)$ 上加

$$\frac{1}{3}\left[T\left(\frac{h}{2}\right)-T(h)\right]$$

就将精确度改进为 $O(h^4)$，显然，该改进是显著的。同时，上述过程可反复进行以逐步“消除”误差中次数越来越高的项，这就是理查森外推法。

一般地，对 $f'(x)$ 可建立如下理查森外推公式

$$\begin{cases}T_1(h)=T(h)\\ T_{m+1}(h)=\dfrac{4^m}{4^m-1}T_m\left(\dfrac{h}{2}\right)-\dfrac{1}{4^m-1}T_m(h)=T_m\left(\dfrac{h}{2}\right)+\dfrac{1}{4^m-1}\left[T_m\left(\dfrac{h}{2}\right)-T_m(h)\right],\quad m=1,2,\cdots\end{cases}$$

容易验证

$$f'(x)=T_m(h)+O(h^{2(m+1)})$$

对于二阶导数 $f''(x)$，若类似地取

$$T(h)=\frac{1}{h^2}[f(x+h)-2f(x)+f(x-h)]$$

则上述理查森外推公式依然成立，且有

$$f''(x)=T_m(h)+O(h^{2(m+1)})$$

实际计算时，利用理查森外推法求函数的数值微分主要通过计算理查森三角数组

$$D(n,m)=T_m\left(\frac{h}{2^n}\right)$$

而进行的：

$$\begin{array}{llll} D(1,1) & & & \\ D(2,1) & D(2,2) & & \\ \cdots & & & \\ D(N,1) & D(N,2) & \cdots & D(N,N) \end{array}$$

此时 $D(n,m)$ 将迅速趋于 $f'(x)$。

该算法的主要步骤为

1° 写出 $T(h)$ 的函数子程序；

2° 决定适当的 h 和 N；

3° 计算 $D(n,1)=T\left(\frac{h}{2^n}\right),\quad n=1,2,\cdots,N$；

4° 对 $1\leqslant m\leqslant n-1\leqslant N-1$，计算

$$D(n,m+1)=D(n,m)+[D(n,m)-D(n-1,m)]/(4^m-1)$$

当 $|D(n,m)-D(n-1,m)|<\varepsilon$ 时即可终止计算，取

$$f'(x)=D(n,m)$$

另外，我们还可由切比雪夫逼近来求函数的导数，参见前面本章第 3 节的相应部分。

最后举例说明如何利用 R 软件来计算函数的数值微分。

例 1.4 利用 R 语言编程，按数值微分的中心差分法计算函数 $f(x)=x^2$ 在点 $x=3$ 处的导数值。

R 编程应用

```
# 定义函数 f(x) = x^2
f <- function(x) {
  return(x^2)
}
# 中心差分法计算导数
compute_derivative <- function(f,x,h = 1e - 6) {
  derivative <- (f(x + h) - f(x - h)) / (2 * h)
  return(derivative)
}
# 在点 x = 3 处计算导数
x <- 3
derivative <- compute_derivative(f,x)
cat("The derivative of f at x = 3 is:",derivative,"\n")
## 所求数值微分的结果:
The derivative of f at x = 3 is:  6
```

在上面编程中，我们首先定义了函数 f(x) = x^2，然后使用中心差分法计算了函数在 x = 3 处的导数，运算结果是：6。

由上述 R 语言编程计算结果知，函数 $f(x)=x^2$ 在点 $x=3$ 处的导数值为 6。

习题一

1. 在求多项式 $P_n(x)=\sum_{i=0}^{n}a_ix^i$ 的值时，常利用“秦九韶计算公式”：

$$P_n(x)=a_0+x(a_1+x(a_2+\cdots+x(a_{n-1}+a_nx))\cdots)$$

来进行，试给出该秦九韶算法的递推公式。

2. 证明：牛顿迭代公式是平方收敛的。即

$$|x^*-x_{k+1}|\leqslant c|x^*-x_k|^2$$

其中 x^* 为方程的根。

3. (联立非线性方程的牛顿法)利用形如

$$f(x+h,y+t)=f(x,y)+hf_x(x,y)+tf_y(x,y)+\cdots$$

的(x,y)的 Taylor 级数，证明：解两个联立非线性方程

$$\begin{cases}f(x,y)=0\\g(x,y)=0\end{cases}$$

的牛顿法可用下列公式描述：

$$x_{n+1}=x_n-\frac{fg_y-gf_y}{f_xg_y-g_xf_y}$$

$$y_{n+1}=y_n-\frac{f_xg-g_xf}{f_xg_y-g_xf_y}$$

这里

$$f_x=\frac{\partial f}{\partial x},\quad f_y=\frac{\partial f}{\partial y}$$

函数 f、f_x 等是在$(x_n$、$y_n)$处求值的。

4. 试编制利用牛顿法、割线法和埃特金迭代法求方程根的子程序，并用于求 $f(x)=e^x-3x^2$ 在-0.5 附近的零点(精度 $\varepsilon=10^{-4}$)。

5. (1) 试给出应用牛顿迭代法求平方根$\sqrt{c}$ $(c>0)$的迭代公式；

(2) 当 $x_0\neq0$ 时，迭代过程

$$x_{k+1}=\frac{1}{n}\left[(n-1)x_k+\frac{a}{x_k^{n-1}}\right]$$

收敛于什么值？其中 a 为常数，n 为正整数。

6. 试将 $f(x)=\arcsin x$ 在$[-1,1]$上展成切比雪夫级数。

7. 编制子程序，用于求 $f(x)$的切比雪夫逼近多项式 $\varphi_n(x)$，并用 $\varphi_n(x)$来求 $f(x)$的积分和 $f(x)$的导数的逼近。

8. 考虑一个不很有名的数值积分法——Simpson $\frac{3}{8}$ 法则：

$$\int_a^{a+3h} f(x)\mathrm{d}x \approx \frac{3h}{8}[f(a)+f(a+h)+f(a+2h)+f(a+3h)]$$

试建立该法则的误差项，并解释为何该法则不如 Simpson 法则？

9. 构造形如

$$\int_{-1}^{1} f(x)\mathrm{d}x \approx \alpha f\left(\frac{1}{2}\right)+\beta f(0)+\gamma f\left(-\frac{1}{2}\right)$$

的积分法，即决定 α、β、γ 的值，使它对次数$\leqslant 2$ 的多项式是精确的。

10. 证明：求积公式

$$\int_{-1}^{1} f(x)\mathrm{d}x \approx \frac{1}{9}[5f(\sqrt{0.6})+8f(0)+5f(-\sqrt{0.6})]$$

对于不高于 5 次的多项式是精确成立的，并用以计算积分

$$I=\int_0^1 \frac{\sin x}{1+x}\mathrm{d}x$$

11. 编制利用复合 Simpson 求积公式求数值积分的子程序。并求

$$I=\int_0^1 \frac{\ln(1+x)}{1+x^2}\mathrm{d}x$$

的值（取 $\varepsilon=10^{-6}$）。

12. 试用 Taylor 展式证明下列数值微分公式：

(1) $f'(x)=\frac{1}{12h}[f(x-2h)-8f(x-h)+8f(x+h)-f(x+2h)]+O(h^4)$；

(2) $f''(x)=\frac{1}{h^2}[f(x+h)-2f(x)+f(x-h)]+O(h^2)$。

第二章

基础概率统计计算

在人类社会的各个领域，我们常需对研究对象进行观测试验，从而得到各种类型的数据资料。由于随机因素的影响，这些实验数据常具有随机性，同时也具有一定的统计规律性。而对实验数据进行分析整理和统计检验，估计其基本统计参数，找出其统计规律性，正是概率统计计算所要解决的基本问题之一。

第1节　数字特征的计算与检验

一、概率统计中常用基本概念

(一)总体和样本

定义 2.1　在概率统计中，我们将统计分析所研究的对象(通常为数量指标的取值)的全体称为总体，组成总体的基本单元称为个体，从总体中抽取若干个体组成的集合称为样本(或子样)，常用$\{X_1,\cdots,X_n\}$表示，其中n称为样本容量。

在统计分析中，我们总是从所研究的总体中抽取一组样本进行观测试验，对得到的实验数据即样本观察值进行分析整理，从中提取有关统计信息以了解样本的统计特性，并由此来推断或检验总体的统计规律性。

(二) 概率分布和经验分布

在实际问题的应用中，我们所研究的总体通常为数量指标，故可视为一个变量，对总体进行观测试验所得的数据即样本观察值可作为该变量的取值。由于各种随机因素的影响，总体作为变量，其取值带有不确定性即随机性，这种取值具有随机性的变量我们称为随机变量，并用概率来表示随机变量取值的可能性的大小。随机变量X的取值小于或等于实数x的概率记为$P\{X\leqslant x\}$，它为$[0,1]$上取值的x的实函数。

定义 2.2 我们称

$$F(x)=P\{X\leqslant x\},-\infty<x<\infty$$

为随机变量 X 的分布函数，记为 $X\sim F(x)$。当随机变量 X 的取值连续时，称为连续型随机变量，此时，其分布函数可表为

$$F(x)=\int_{-\infty}^{x}f(t)\mathrm{d}t,-\infty<x<\infty$$

其中 $f(x)$ 为 X 的密度函数；当随机变量 X 的取值仅为离散型数值 $x_1,x_2,\cdots,x_n,\cdots$，则称 X 为离散型随机变量，其分布函数可表为

$$F(x)=\sum_{i:x_i\leqslant x}P\{X=x_i\}=\sum_{i:x_i\leqslant x}p_i$$

其中

$$P\{X=x_i\}=p_i,\quad i=1,2,\cdots$$

为 X 的概率分布律。

随机变量的分布函数及相应的密度函数或概率分布律均给出了对应随机变量的概率分布，完全刻画了随机变量的随机性和统计规律性。在附表中我们列出了一些常用的分布。

定义 2.3 设数据 $x_1,\cdots,x_n$ 为一组来自总体 X 的相互独立的样本值，现将其从小到大重新排列为

$$x_{(1)}\leqslant x_{(2)}\leqslant\cdots\leqslant x_{(n)}$$

这称为 X 的顺序统计量 $x_{(1)},\cdots,x_{(n)}$。特别地，

$$x_{(1)}=\min_i\{x_i\},\ x_{(n)}=\max_i\{x_i\}$$

分别称为最小顺序统计量和最大顺序统计量。由上述顺序统计量可得到总体分布函数 $F(x)$ 的渐近统计估计，即样本值 $(x_1,\cdots,x_n)$ 的分布函数

$$F_n^*(x)=\begin{cases}0, & x<x_{(1)}\\ \dfrac{k}{n}, & x_{(k)}\leqslant x<x_{(k+1)},\quad(k=1,\cdots,n-1)\\ 1, & x\geqslant x_{(n)},\end{cases}$$

这称为总体 X 的经验分布函数。

当 $n\to\infty$ 时，$F_n^*(x)$ 以分布函数 $F(x)$ 为极限分布，故可用于对分布的统计假设检验。当 n 很大时，$F_n^*(x)$ 近似地等于 $F(x)$，与 $F(x)$ 有着类似的统计性质。

（三）数字特征和统计量

除了考虑完全刻画随机变量概率特性的分布函数及其密度、概率分布律外，我们还常用数字来表征随机变量的某些概率统计特征，这称为随机变量的数字特征。例如数学期望（又称均值）$E(X)$ 和方差 $D(X)$（又记为 $\mathrm{Var}(X)$）：

$$E(X)=\int_{-\infty}^{\infty} x\,\mathrm{d}F(x)=\int_{-\infty}^{\infty} x f(x)\,\mathrm{d}x\left(\text{或}\sum_{i=1}^{\infty} x_i p_i\right)$$

$$D(X)=E[(X-E(X))^2]=\int_{-\infty}^{\infty}(x-E(X))^2 f(x)\,\mathrm{d}x\left(\text{或}\sum_{i=1}^{\infty}(x_i-E(X))^2 p_i\right)$$

即为两个最常用的分别反映随机变量取值的平均程度和离散程度的数字特征。在附表中我们列出了常用分布相应的数学期望（均值）和方差的值。在表 2.1 中还列出了其他一些常用数字特征：分位数、中位数、标准差、变异系数、偏度，峰度、相关系数等等。

定义 2.4　在统计分析中，从总体中抽取一组样本$(X_1,\cdots,X_n)$，用以估计总体数字特征的样本函数$T=g(X_1,\cdots,X_n)$称为统计量，其中用来描述样本的某些基本统计特征的统计量称为样本数字特征（有时也简称为数字特征）。统计量服从的分布称为抽样分布。

样本数字特征是总体相应数字特征的估计值，实际上它是经验分布函数$F_n^*(x)$所对应的数字特征，对样本给出的统计信息起着简化浓缩作用。在表 2.1 中我们给出了一些常用的样本数字特征，它们分别描述了样本取值即实验数据的大致位置、离散程度、分布特征和相关特征等概率特性，同时也是总体相应统计参数（数字特征）的估计值。

表 2.1　常用样本数字特征表

	样本数字特征（统计量）	含义	相应的总体数字特征
位置特征参数	均值（Mean） $x=\frac{1}{n}\sum_{i=1}^{n}x_i$	数据取值的平均位置	$\mu=E(X)=\int_{-\infty}^{\infty}x\,\mathrm{d}F(x)$
	p—分位数（p-Quanlites） $x_p=x_{([np])}+(n+1)\left(p-\frac{[np]}{n+1}\right)\cdot\left[x_{([np]+1)}-x_{([np])}\right]$	在顺序统计量中，数据取值的相对位置	$\mu_p:F(\mu_p)\leqslant p$ 且 $F(\mu_p+0)>p$
	中位数（Median） $x_{\frac{1}{2}}=\begin{cases}x_{\left(\frac{n+1}{2}\right)}, & n\text{ 为奇数}\\ \left[x_{\left(\frac{n}{2}\right)}+x_{\left(\frac{n}{2}+1\right)}\right]/2, & n\text{ 为偶数}\end{cases}$	顺序统计量的中间值	$\mu_{\frac{1}{2}}:F(\mu_{\frac{1}{2}})\leqslant\frac{1}{2}$ 且 $F(\mu_{\frac{1}{2}}+0)>\frac{1}{2}$
	最大值（Maximum） $x_{(n)}=\max\{x_1,\cdots,x_n\}$	数据的最大值（最大顺序统计量）	
	最小值（Minimum） $x_{(1)}=\min\{x_1,\cdots,x_n\}$	数据的最小值（最小顺序统计量）	

续表

	样本数字特征(统计量)	含义	相应的总体数字特征
离散特征参数	方差(Variance) $s^2 = \frac{1}{n-1}\sum_{i=1}^{n}(x_i - \bar{x})^2$	以均值为中心的数据离散程度	$\sigma^2 = D(X)$ $= E[(X-E(X))^2]$
	标准差(Standard Deviation) $s = \sqrt{\frac{1}{n-1}\sum_{i=1}^{n}(x_i - \bar{x})^2}$	数据与均值间绝对偏差的平均	$\sigma = \sqrt{D(x)}$ $= \sqrt{E[(X-EX)^2]}$
	极差(Range) $R = x_{(n)} - x_{(1)}$	数据分布的范围	
	变异系数(Coefficient of Variation) $cv = (s/\lvert\bar{x}\rvert) \times 100\%$	数据与均值间相对离散程度	$CV = \frac{\sigma}{\lvert\mu\rvert} \times 100\%$
分布特征参数	偏度(Skewness) $b_s = \frac{1}{n}\sum_{i=1}^{n}(x_i - \bar{x})^3 \Big/ s^3$	数据分布的不对称性的度量	$S_k = \frac{E[(X-E(X))^3]}{\sigma^3}$
	峰度(Kurtoiss) $b_k = \frac{1}{n}\sum_{i=1}^{n}(x_i - \bar{x})^4 \Big/ s^4 - 3$	数据分布图形顶部的陡峭程度	$K_u = \frac{E[(X-E(X))^4]}{\sigma^4} - 3$
相关特征参数	相关系数(Correlation Coefficient) $r(j) = \frac{1}{n-j}\sum_{i=1}^{n-j}\left(\frac{x_i - \bar{x}}{s}\right)\left(\frac{x_{i+j} - \bar{x}}{s}\right)$ $j = 1, \cdots, k, \quad k \ll n$	数据在多次实验间存在的线性相关的强弱程度	$\rho(j) = \frac{\operatorname{cov}(X_i, X_{i+j})}{\sigma^2}$
	线性时关系数 (Time Correlation Coefficient) $r_{xt} = \frac{1}{n}\sum_{i=1}^{n}\left(\frac{x_i - \bar{x}}{s}\right)\sqrt{12}\left(\frac{i}{n} - \frac{1}{2}\right)$	数据 x_i 与时间 i 之间近似线性相关关系的强弱程度	

利用表 2.1 中公式,我们即可求出数据的基本统计参数即样本数字特征的值。但在计算常用的样本均值 $\bar{x}$ 和样本方差 s^2 时,通常采用下列递推算法:

1° $x_0 = 0, \quad s_0^2 = 0$;

2° 对 $i = 1, \cdots, n$,做

$$\bar{x}_i = \frac{i-1}{i}\bar{x}_{i-1} + \frac{1}{i}x_i = \bar{x}_{i-1} + \frac{1}{i}(x_i - \bar{x}_{i-1}),$$

$$s_i^2 = \frac{i-1}{i}\left[s_{i-1}^2 + \frac{1}{i}(x_i - \bar{x}_{i-1})^2\right]$$

3° $\bar{x} = \bar{x}_n, \quad s^2 = s_n^2$。

该递推算法可给出一系列中间值 $\bar{x}_i$ 和 s_i^2,避免了直接计算中 $\sum_i x_i^2$ 可能溢出的现象,也提高了计算的精度。

下面给出利用 R 软件求得常用样本数字特征的 R 语言函数。

R 编程应用

R 语言常用样本数字特征:

```
# 均值、方差、标准差
mean(x);var(x);sd(x)
# 最大值、最小值、极差
max(x);min(x);max(x)- min(x)
# 变异系数
100 *sd(x)/mean(x)
# 偏度、峰度
skewness(x);kurtosis(x)
# 协方差
cov( )
# 线性相关系数
cor(x,y,method = c("pearson","kendall","spearman"))
# 线性时关系数
1/n *sum((x - mean(x))/sd(x) *sqrt(12) *(length(x)/n - 1/2)
```

```
# 创建一个向量作为示例数据
> data <- c(10,15,20,25,30)
> mean(data)# 均值
[1] 20
> var(data)# 方差
[1] 62.5
> sd(data)# 标准差
[1] 7.905694
# 协方差函数
# 创建两个示例向量
> x <- c(1,2,3,4,5)
> y <- c(2,3,4,5,6)
# 计算两个向量的协方差
> covariance <- cov(x,y)
> print(covariance)
[1] 2.5
```

(四) 特征函数

上述数字特征一般只能反映概率分布的某些特征,而这里将介绍的特征函数,不仅可唯一确定其相应的概率分布,而且由于其良好的数学分析性质,它在矩的计算、确定随机变量的分布及极限理论等很多方面起着重要的作用。

定义 2.5 对随机变量 X,设 $X \sim F(x)$,我们称

$$\varphi(t) = E(e^{itX}) = \int_{-\infty}^{\infty} e^{itx} \, dF(x), -\infty < t < \infty$$

为 X 的特征函数,其中 $i = \sqrt{-1}$。

特别地,当 X 为连续型时,设其密度函数为 $f(x)$,则

$$\varphi(t) = E(e^{itX}) = \int_{-\infty}^{\infty} e^{itx} f(x) dx$$

而当 X 为离散型时,设其概率分布律为 $P\{X = x_k\} = p_k, k = 1,2,\cdots$,则

$$\varphi(t) = E(e^{itX}) = \sum_{k=1}^{\infty} e^{itx_k} p_k$$

一些常用分布的特征函数可参见附表。

特征函数的一些常用性质为:

定理 2.1(1)(唯一性定理) 任何随机变量的分布函数 $F(x)$ 与其特征函数 $\varphi(t)$ 形成一一对应关系;

(2) 若随机变量 X_1 与 X_2 相互独立,其特征函数分别为 $\varphi_{X_1}(t), \varphi_{X_2}(t)$,则 $X_1 + X_2$ 的特征函数为

$$\varphi_{X_1+X_2}(t) = \varphi_{X_1}(t)\varphi_{X_2}(t)$$

一般地，若 $X_1,\cdots,X_n$ 相互独立，且 $\varphi_{X_i}(t)$ 为 X_i 的特征函数，则 $X_1+\cdots+X_n$ 的特征函数为

$$\varphi_{X_1+\cdots+X_n}(t)=\varphi_{X_1}(t)\varphi_{X_2}(t)\cdots\varphi_{X_n}(t)$$

(3) 若随机变量 X 的 k 阶矩 $E(X^k)$ 存在，则有

$$E(X^k)=\frac{\varphi^{(k)}(0)}{i^k},\ (i=\sqrt{-1})$$

特别地，
$$E(X)=\varphi'(0)/i,\ D(X)=[\varphi'(0)]^2-\varphi''(0)$$

利用这些性质，我们往往可有效地解决一些概率统计问题，例如利用分布与特征函数的对应关系（见附表），只需求其特征函数即可确定随机变量所服从的分布，这往往是求随机变量分布的一个很有效的途径。

二、常用统计假设检验

样本数字特征反映了总体相应参数即总体数字特征的信息，不仅可作为总体相应参数的估计，还可用来对总体的参数及其他统计性质进行推断检验，从而判断有关统计假设的真伪，更好地了解总体的统计规律性。这里我们将简单介绍一下利用样本数字特征进行正态总体的参数假设检验和一些常用的非参数假设检验的方法。

设总体 $X\sim N(\mu,\sigma^2)$，$(x_1,\cdots,x_n)$ 为来自正态总体 X 的一组样本值。对于两个总体情形，设总体 X、Y 相互独立，且

$$X\sim N(\mu_1,\sigma_1^2),\ Y\sim N(\mu_2,\sigma_2^2)$$

而 $(x_1,\cdots,x_{n_1})$、$(y_1,\cdots,y_{n_2})$ 为分别来自总体 X、Y 的样本值。则由表 2.1 可计算其常用的样本数字特征，利用这些样本数字特征即可进行表 2.2 所列的有关正态总体参数 μ、σ^2 的各种统计假设检验。

表 2.2　正态总体参数假设检验

检验		原假设 H_0	检验统计量	统计量分布	拒绝域	备注
单个正态总体	均值	$\mu=\mu_0$ (σ^2 已知)	$u=\dfrac{\bar{x}-\mu_0}{\sigma/\sqrt{n}}$	$N(0,1)$	$\lvert u\rvert>u_{\frac{\alpha}{2}}$	u 检验法。对非正态数据 n 充分大(≥50)时亦适用
		$\mu=\mu_0$ (σ^2 未知)	$t=\dfrac{\bar{x}-\mu_0}{s/\sqrt{n}}$	$t(n-1)$	$\lvert t\rvert>t_{\frac{\alpha}{2}}$	t 检验法
	方差	$\sigma^2=\sigma_0^2$ (μ 未知)	$\chi^2=\dfrac{(n-1)s^2}{\sigma_0^2}$	$\chi^2(n-1)$	$\chi^2<\chi^2_{1-\frac{\alpha}{2}}$ 或 $\chi^2>\chi^2_{\frac{\alpha}{2}}$	χ^2 检验法
		$\sigma^2=\sigma_0^2$ (μ 已知)	$\chi^2=\dfrac{\sum_{i=1}^{n}(x_i-\mu)^2}{\sigma_0^2}$	$\chi^2(n)$	$\chi^2<\chi^2_{1-\frac{\alpha}{2}}$ 或 $\chi^2>\chi^2_{\frac{\alpha}{2}}$	χ^2 检验法

续表

检验		原假设 H_0	检验统计量	统计量分布	拒绝域	备注
两个正态总体	均值	$\mu_1=\mu_2$ (σ_1^2、σ_2^2 已知)	$u=\dfrac{\bar{x}-\bar{y}}{\sqrt{\sigma_1^2/n_1+\sigma_2^2/n_2}}$	$N(0,1)$	$\lvert u\rvert>u_{\frac{\alpha}{2}}$	u 检验法。对非正态总体 n_1、n_2 充分大时亦适用
		$\mu_1=\mu_2$ ($\sigma_1^2=\sigma_2^2=\sigma^2$ 未知)	$t=\dfrac{\bar{x}-\bar{y}}{s_w\sqrt{1/n_1+1/n_2}}$	$t(n_1+n_2-2)$	$\lvert t\rvert>t_{\frac{\alpha}{2}}$	t 检验法 $s_w=\sqrt{\dfrac{(n_1-1)s_1^2+(n_2-1)s_2^2}{n_1+n_2-2}}$
		$\mu_1=\mu_2$ (σ_1^2、σ_2^2 未知且可能不等)	$t=\dfrac{\bar{x}-\bar{y}}{\sqrt{s_1^2/n_1+s_2^2/n_2}}$	$t(v)$	$\lvert t\rvert>t_{\frac{\alpha}{2}}$	$v=\dfrac{(s_1^2/n_1+s_2^2/n_2)^2}{\dfrac{(s_1^2/n_1)^2}{n_1-1}+\dfrac{(s_2^2/n_2)^2}{n_2-1}}$ (取整)
	方差	$\sigma_1^2=\sigma_2^2$	$F=\dfrac{(n_1-1)s_1^2/n_1}{(n_2-1)s_2^2/n_2}$	$F(n_1-1, n_2-1)$	$F<F_{1-\frac{\alpha}{2}}$ 或 $F>F_{\frac{\alpha}{2}}$	F 检验法
		$\sigma_1^2=\sigma_2^2$ (较大样本)	$u=\dfrac{\ln F+(1/n_1-1/n_2)}{\sqrt{2(1/n_1+1/n_2)}}$ (F 同上)	$N(0,1)$ (近似)	$\lvert u\rvert>u_{\frac{\alpha}{2}}$	u 检验法。n_1、$n_2\geqslant 50$。对非正态总体亦适用

下面以方差未知时单样本和双样本正态总体均值或方差检验为例，介绍参数假设检验的 R 语言应用。

R 编程应用

（一）单样本正态总体均值的 t 检验

```
# 随机生成 20 个服从正态分布 N(100, 4)的数据
x = rnorm(20,100,4)
# 单样本总体均值的双侧 t 检验(H0:mu = 100)
t.test(x,mu = 100,alternative ="two.sided",
conf.level = 0.95)
# mu 表示待检验均值;alternative ="two.side"
双侧检验,"conf.level"置信区间水平
# 单样本总体均值的左侧 t 检验
t.test(x,mu = 100,alternative ="less",conf.
level = 0.95)
# alternative ="less"左侧检验,"greater"右侧
检验
```

```
双侧 t 检验输出主要结果:
        One Sample t - test
data: x
t = 0.48496, df = 19, p - value = 0.6332
alternative hypothesis:
  true mean is not equal to 100
# 结果说明:因为 t = 0.48496, 概率 P 值(p -
value)= 0.6332 > 0.05,则接受原假设 H0,认
为对应总体的均值等于 100。
```

（二）双样本正态总体方差比较的双侧检验

```
# 随机生成两组各 30 个服从正态分布数据
set.seed(123)
x <- rnorm(30, mean = 5, sd = 2) # 服从 N(5,2^2)
数据
y <- rnorm(30, mean = 6, sd = 2) # 服从 N(6,2^2)
数据# 双样本方差比较双侧检验
var.test(x, y, ratio = 1, alternative ="two.
sided",conf.level = 0.95) # ratio 方差比值
```

```
方差比较双侧检验主要输出结果:
    F test to compare two variances
data: x and y
F = 1.3799, num df = 29, denom df = 29,
p - value = 0.391
# 结果说明:因为 F = 1.3799, 概率 P 值(p -
value)= 0.391 > 0.05,则接受原假设 H0,认为
两组对应总体的方差相等。
```

（三）双样本正态总体均值比较的双侧检验(方差未知)

R 代码	输出结果

# 随机生成两组各 30 个服从正态分布数据 	
x <- rnorm(30, mean = 5, sd = 2) # 服从 N(5,2^2) 数据
y <- rnorm(30, mean = 6, sd = 2) # 服从 N(6,2^2) 数据# 双样本均值比较 t 检验(方差未知但相等)
result1 <- t.test(x, y, var.equal = TRUE)
# 显示假设检验结果 	
print(result1)
	双样本均值比较 t 检验主要输出结果:
	Two Sample t - test
	data: x and y
	t = - 3.0841, df = 58, p - value = 0.003125
	# 结果说明:因为 t – - 3.0841, 概率 P 值(p - value)= 0.003125 < 0.05,则拒绝原假设 H_0,认为两组对应总体的均值不相等。

注意:上述 R 编程应用中,由于示例数据是随机产生的随机数,故检验结果中的统计量的值(t 或 F)和 p-value 也会随所产生的随机数的不同而有差异。

我们在表 2.3 中列出了一些常用的非参数假设检验的方法及公式等,此时总体未必正态。由此,与正态参数假设检验的步骤类似,我们可进行分布拟合、分布比较、正态性、相关性、独立性等非参数统计假设检验。

表 2.3　非参数统计假设检验

检验	原假设 H_0	检验统计量	统计量分布	拒绝域	备注
分布	$F(x)=F_0(x)$	$\chi^2=\sum_{i=1}^{k}\frac{(n_i-np_i)^2}{np_i}$	$\chi^2(k-1)$ (渐近)	$\chi^2>\chi^2_\alpha$	χ^2 拟合优度检验法 $n_i\geqslant5, i=1,\cdots,k$
	$F(x)=F_0(x)$	$D_n=\sup_{-\infty<x<+\infty}\lvert F_n^*(x)-F_0(x)\rvert =\max_i\left\{\left\lvert F_0(x_{(i)})-\frac{i-1}{n}\right\rvert, \left\lvert F_0(x_{(i)})-\frac{i}{n}\right\rvert\right\}$	$Q(n)$ (K-S 分布)	$\sqrt{n}D_n>Q_\alpha$	柯尔莫哥洛夫-斯米洛夫(K-S)检验 $F_n^*(x)$ 为经验分布函数
	$F_1(x)=F_2(x)$	$D_n=\sup_{-\infty<x<+\infty}\lvert F_{n_1}^*(x)-F_{n_2}^*(x)\rvert$	$Q(n)$ (K-S 分布)	$\sqrt{n}D_n>Q_\alpha$	柯尔莫哥洛夫-斯米洛夫(K-S)检验 $n=n_1n_2/(n_1+n_2)$
	$a=0$ $(f_1(x)=f_2(x-a))$	$u=\frac{2I_1-n_1(n_1+n_2+1)}{\sqrt{n_1n_2(n_1+n_2+1)/3}}$	$N(0,1)$ (渐近)	$\lvert u\rvert>u_{\frac{\alpha}{2}}$	秩和检验。I_1 为第一组样本的秩和, n_1、$n_2\geqslant10$
正态性	$F(x)$为正态分布函数	$g_1=\sqrt{\frac{n}{6}}b_s$ $g_2=\sqrt{\frac{n}{24}}b_k$	$N(0,1)$ (渐近)	$\lvert g_1\rvert>u_{\frac{\alpha}{4}}$ 或 $\lvert g_2\rvert>u_{\frac{\alpha}{4}}$	偏度、峰度检验 $n\geqslant50$
独立性	X 与 Y 相互独立	$\chi^2=\sum_{i=1}^{r}\sum_{j=1}^{s}\frac{(n_{ij}-n_{i\cdot}n_{\cdot j}/n)^2}{n_{i\cdot}n_{\cdot j}/n}$	$\chi^2((r-1)\cdot(s-1))$ (渐近)	$\chi^2>\chi^2_\alpha$	列联表检验

续表

检验	原假设 H_0	检验统计量	统计量分布	拒绝域	备注
相关性	$\rho=\rho_0$	$t=\dfrac{(r-\rho_0)\sqrt{n-2}}{\sqrt{(1-r^2)(1-\rho_0)}}$	$t(n-2)$	$\|t\|>t_{\frac{\alpha}{2}}$	Samiuddin 检验 $r=\sum_{i=1}^{n}\dfrac{(x_i-\bar{x})(y_i-\bar{y})}{\sqrt{s_x^2 s_y^2}}$
	$\rho(j)=0$	$u=\sqrt{n-j}\,r(j)$	$N(0,1)$（接近）	$\|u\|>u_{\frac{\alpha}{2}}$	$n-j$ 充分大（$n-j\geqslant 50$）
	$\rho_1=\rho_2$	$u=\dfrac{z_1-z_2}{\sqrt{1/(n_1-3)+1/(n_2-3)}}$	$N(0,1)$	$\|u\|>u_{\frac{\alpha}{2}}$	z 变换检验。n_1、$n_2\geqslant 20$ $z_i=\ln\dfrac{1+r_i}{1-r_i}, i=1,2$

在表 2.2、表 2.3 中，我们列出了常用假设检验步骤中的要素。

例如，对 σ^2 已知的均值 μ 的显著性检验（双侧检验）

$$H_0(\text{原假设}):\mu=\mu_0;\quad H_1(\text{备择假设}):\mu\neq\mu_0$$

因样本均值 $\bar{x}$ 为总体均值 μ 的无偏估计：$E(\bar{x})=\mu$，故选取

$$u=\frac{\bar{x}-\mu_0}{\sigma/\sqrt{n}}$$

作为检验统计量。在原假设 H_0 成立时，u 服从标准正态分布 $N(0,1)$，则对给定的显著水平 α，由 $N(0,1)$ 表或数值计算法得 u 的临界值 $u_{\frac{\alpha}{2}}$，满足

$$P\{|u|>u_{\frac{\alpha}{2}}\}=\alpha$$

易知，该 $u_{\frac{\alpha}{2}}$ 也即 $N(0,1)$ 的 $\frac{\alpha}{2}$ 上侧分位数，当 $|u|>u_{\frac{\alpha}{2}}$ 时，概率为 α 的小概率事件在一次抽样试验中发生了，根据经验推断原理，这通常是不可能的，故可拒绝接受原假设 H_0，即认为 μ 与 μ_0 有显著差异。否则，若 $|u|<u_{\frac{\alpha}{2}}$，则不拒绝 H_0，即认为 μ 与 μ_0 无显著差异。

对于非显著性检验（单侧检验），例如需检验

$$H_0:\mu=\mu_0;\quad H_1:\mu>\mu_0$$

时，检验统计量 u 不变，只需相应地将拒绝接受原假设 H_0 的拒绝域变为 $W_R=\{u:u>u_\alpha\}$ 即可，其中 u_α 为单边临界值，即满足 $P\{u>u_\alpha\}=\alpha$ 的 $N(0,1)$ 的 α 分位数。对于表中列出的各种检验，我们可类似处理。有关这方面的内容，读者可参阅有关数理统计参考书，如参考文献[6]等。

三、随机向量的数字特征及其检验

前面我们简要介绍了一维情形时随机变量对应总体的数字特征及其假设检验，但在实际问题中，有些随机现象是由多个随机因素造成的，需同时考虑多个随机变量。

定义 2.6 我们将 n 个随机变量 $X_1,\cdots,X_n$ 构成的向量 $X=(X_1,\cdots,X_n)'$ 称为 n 维随机向量，其概率分布称为 n 元分布。与随机变量类似，我们定义 n 维随机向量 $X=(X_l,\cdots,X_n)'$ 的分布函数为

$$F(x_1,\cdots,x_n)=P\{X_1\leqslant x_1,\cdots,X_n\leqslant x_n\}$$

根据随机向量取值的不同，我们将常用随机向量分为连续型和离散型两种主要类型，这里我们仅考虑常用的连续型随机向量。

定义 2.7 对 $X=(X_1,\cdots,X_n)'$，若存在非负可积函数 $f(x_1,\cdots,x_n)$，使得对任意实数 $x_1,\cdots,x_n$，有

$$F(x_1,\cdots,x_n)=\int_{-\infty}^{x_1}\int_{-\infty}^{x_2}\cdots\int_{-\infty}^{x_n}f(u_1,u_2,\cdots,u_n)\mathrm{d}u_1\mathrm{d}u_2\cdots\mathrm{d}u_n$$

则称 $X=(X_1,\cdots,X_n)'$ 为 n 维连续型随机向量，而称 $f(x_1,\cdots,x_n)$ 为 X 的 n 维联合密度函数。

对于 n 维随机向量，我们也可用多元数字特征（向量或矩阵）来表征随机向量的某些概率特性，其中最常用的有均值向量、协方差矩阵和相关系数阵，可由随机向量各分量的数学期望（均值）及分量之间的协方差、相关系数来得到（见表 2.4）。在实际应用中，所考虑的多维总体总对应于一个多维随机向量 X，其数字特征一般是未知的。此时，与一维情形类似，我们可从总体 $X=(X_1,\cdots,X_n)'$ 中抽取一组样本观测值向量

$$X^{(i)}=(x_{1i},x_{2i},\cdots,x_{ni})',\quad i=1,\cdots,N$$

其中 $x_{k1},x_{k2},\cdots,x_{kN}$ 为 X 的第 k 个分量 X_k 的观测值。现用 $\bar{x}_k$、s_k^2 分别表示 X_k 的样本均值、样本方差，即

$$\bar{x}_k=\frac{1}{N}\sum_{i=1}^{N}x_{ki},\ s_k^2=\frac{1}{N-1}\sum_{i=1}^{N}(x_{ki}-\bar{x}_k)^2$$

并用 s_{kl} 表示分量 X_k 与 X_l 间相关性度量的样本协方差：

$$s_{kl}=\frac{1}{N-1}\sum_{i=1}^{N}(x_{ki}-\bar{x}_k)(x_{li}-\bar{x}_l)$$

注意：当 $k=l$ 时，$s_{kk}=s_k^2$ 即为样本方差。再用下列 r_{kl} 表示分量 X_k 与 X_l 之间线性相关程度的无量纲的样本相关系数：

$$r_{kl}=\frac{s_{kl}}{\sqrt{s_{kk}}\sqrt{s_{ll}}}=\frac{\sum_{i=1}^{N}(x_{ki}-\bar{x}_k)(x_{li}-\bar{x}_l)}{\sqrt{\sum_{i=1}^{N}(x_{ki}-\bar{x}_k)^2}\sqrt{\sum_{i=1}^{N}(x_{li}-\bar{x}_l)^2}}$$

由此即可得到样本均值向量 $\overline{X}$、样本协方差矩阵 S 和样本相关系数矩阵 R 等随机向量的常用样本数字特征，可用于估计多维总体的相应数字特征。我们在表 2.4 中列出了这些常用样本数字特征及相应总体的数字特征。

表 2.4　多维总体的常用样本数字特征表

多元样本数字特征	含　义	相应的多维总体的数字特征
均值向量 $\overline{X}=\frac{1}{N}\sum_{i=1}^{N}X^{(i)}=(\bar{x}_1,\cdots,\bar{x}_n)'\quad\left(\bar{x}_k=\frac{1}{N}\sum_{i=1}^{N}x_{ki}\right)$	多维样本观察值取值的平均程度	$E(X)=(E(X_1),\cdots,E(X_n))'=(\mu_1,\cdots,\mu_n)'$ （$\mu_k=E(X_k)$ 为 X_k 的数学期望）
协方差矩阵 $S=\frac{1}{N}\sum_{i=1}^{N}(X^{(i)}-\overline{X})(X^{(i)}-\overline{X})'=(s_{kl})_{n\times n}$ $\left(s_{kl}=\sum_{i=1}^{N}(x_{ki}-\bar{x}_k)(x_{li}-\bar{x}_l)\right)$	表示 X 的各分量的方差及各分量之间线性相关程度的度量	$\Sigma=\mathrm{Cov}(X)=(\mathrm{cov}(X_k,X_l))_{n\times n}=(\sigma_{kl})_{n\times n}$ （$\sigma_{kl}=\mathrm{cov}(X_k,X_l)=E[(X_k-E(X_k))\cdot(X_l-E(X_l))]$ 为 X_k 与 X_l 的协方差）。
相关系数矩阵 $R=(r_{rl})_{n\times n}=\begin{bmatrix}1 & r_{12} & \cdots & r_{1n}\\ r_{21} & 1 & \cdots & r_{2n}\\ \vdots & \vdots & & \vdots\\ r_{n1} & r_{n2} & \cdots & 1\end{bmatrix}$ $\left(r_{kl}=\frac{s_{kl}}{\sqrt{s_{kk}/s_{ll}}}=\frac{\sum_{i=1}^{N}(x_{ki}-\bar{x}_k)(x_{li}-\bar{x}_l)}{\sqrt{\sum_{i=1}^{N}(x_{ki}-\bar{x}_k)^2}\sqrt{\sum_{i=1}^{N}(x_{li}-\bar{x}_l)^2}}\right)$	表示 X 的各分量之间线性相关程度的度量，且与各分量的测量单位无关（为标准化的协方差矩阵）	$P=(\rho_{kl})_{n\times n}=\begin{bmatrix}1 & \rho_{12} & \cdots & \rho_{1n}\\ \rho_{21} & 1 & \cdots & \rho_{2n}\\ \vdots & \vdots & & \vdots\\ \rho_{n1} & \rho_{n2} & \cdots & 1\end{bmatrix}$ $\left(\rho_{kl}=\frac{\sigma_{kl}}{\sqrt{\sigma_{kk}/\sigma_{ll}}}=\frac{\mathrm{cov}(X_k,X_l)}{\sqrt{D(X_k)}\sqrt{D(X_l)}}\right.$ 为 X_k 与 X_l 之间的相关系数）

在 n 维随机向量中，最常用的分布为 n 维正态分布，其联合密度为

$$f(x)=\frac{1}{(2\pi)^{\frac{n}{2}}\mid\Sigma\mid^{\frac{1}{2}}}\exp\left\{-\frac{1}{2}(x-\mu)'\Sigma^{-1}(x-\mu)\right\}$$

其中 $x=(x_1,\cdots,x_n)'$，而参数 $\mu=(\mu_1,\cdots,\mu_n)'$ 和 $\Sigma=(\sigma_{ij})_{n\times n}$ 分别为该正态随机向量的均值向量和协方差矩阵，通常记为

$$X=(X_1,\cdots,X_n)'\sim N(\mu,\Sigma)$$

在多元统计分析中，n 维正态分布起着非常重要的作用，许多实际问题的分布通常是多元正态分布或近似正态分布，或虽然本身不是正态分布，但其样本均值向量近似于多元正态分布。多元正态分布具有线性变换下的正态不变性，这即设

$$X\sim N(\mu,\Sigma)$$

$A_{n\times n}$ 为实数矩阵，$b_{n\times 1}$ 为实向量，则

$$Z=AX+b\sim N(A\mu+b,A\Sigma A')$$

下面我们考虑多维正态总体的参数估计及假设检验。设 n 维正态总体 $X\sim N(\mu,\Sigma)$，从中抽取一组样本观察值向量

$$X^{(i)}=(x_{1i},\cdots,x_{ni})',\quad i=1,\cdots,N$$

则其样本均值向量、样本协方差阵$(\overline{X},S)$：

$$\overline{X}=\frac{1}{N}\sum_{i=1}^{N}X^{(i)}=(\bar{x}_1,\cdots,\bar{x}_n)'$$

$$S=\frac{1}{N-1}\sum_{i=1}^{N}(X^{(i)}-\overline{X})(X^{(i)}-\overline{X})'=(s_{ij})_{n\times n}$$

不仅为其总体参数(μ,Σ)的矩估计，也为其极大似然估计。同时利用$\overline{X}$、S可对正态总体的均值向量μ、协方差矩阵Σ进行有关统计假设的检验，其主要步骤的要素如表2.5所示，由此即可与一维情形类似地进行多维正态总体参数的检验。有关这方面内容，读者还可参阅参考书目[6][7]等。

表2.5　多维正态总体的参数假设检验

检验		原假设 H_0	检验统计量	统计量的分布	拒绝域
单个多维正态总体	均值向量	$\mu=\mu_0$ (Σ 已知)	$Q=N(\overline{X}-\mu_0)'\Sigma^{-1}(\overline{X}-\mu_0)$	$\chi^2(n)$	$Q>\chi^2_\alpha(n)$
		$\mu=\mu_0$ (Σ 未知)	$F=\frac{N-n}{n}(\overline{X}-\mu_0)'S^{-1}(\overline{X}-\mu_0)$	$F(n,N-n)$	$F>F_\alpha(n,N-n)$
	协方差矩阵	$\Sigma=\Sigma_0$	$\Lambda=-2\ln\lambda$ $\left(\lambda=\left(\frac{e}{N}\right)^{\frac{Nn}{2}}\lvert NS\Sigma_0^{-1}\rvert^{\frac{N}{2}}\cdot\exp\left\{-\frac{1}{2}\mathrm{tr}(NS\Sigma_0^{-1})\right\}\right)$	$\chi^2\left(\frac{1}{2}n(n+1)\right)$ (渐近)	$\Lambda>\chi_\alpha\left(\frac{1}{2}n(n+1)\right)$
两个多维正态总体	均值向量	$\mu_1=\mu_2$ ($\Sigma_1=\Sigma_2=\Sigma$ 已知)	$Q=\frac{N_1N_2}{N_1+N_2}(\overline{X}_1-\overline{X}_2)'\cdot\Sigma^{-1}(\overline{X}_1-\overline{X}_2)$	$\chi^2(n)$	$Q>\chi^2_\alpha(n)$
		$\mu_1=\mu_2$ ($\Sigma_1=\Sigma_2=\Sigma$ 未知)	$F=N^*(\overline{X}_1-\overline{X}_2)'(N_1S_1+N_2S_2)^{-1}(\overline{X}_1-\overline{X}_2)$ $\left(N^*=\frac{N_1N_2(N_1+N_2-n-1)}{n(N_1+N_1)}\right)$	$F(n,N_1+N_2-n-1)$	$F>F_\alpha(n,N_1+N_2-n-1)$
	协方差矩阵	$\Sigma_1=\Sigma_2=\cdots=\Sigma_k$ ($k(\geqslant 2)$个总体)	$\Lambda^*=-2\beta\ln\lambda^*$①	$\chi^2\left(\frac{1}{2}n(n+1)\cdot(k-1)\right)$(渐近)	$\Lambda^*>\chi^2_\alpha\left(\frac{1}{2}n(n+1)\cdot(k-1)\right)$

注：① 其中

$$\beta=\begin{cases}1-\dfrac{2n^2+3n-1}{6(n+1)(k-1)}\left(\displaystyle\sum_{i=1}^{k}\frac{1}{N_i-1}-\frac{1}{N-k}\right), & \text{当 } N_i \text{ 不全相等时}(i=1,\cdots,k)\\ 1-\dfrac{(2n^2+3n-1)(k+1)}{6(n+1)(n-k)}, & \text{当 } N_1=N_2=\cdots=N_k \text{ 时}\left(N=\displaystyle\sum_{i=1}^{k}N_i\right).\end{cases}$$

$$\lambda^* = \frac{\prod_{i=1}^{k} |N_i S_i|^{\frac{N_i-1}{2}}}{\left|\sum_{i=1}^{k} N_i S_i\right|^{\frac{N-k}{2}}} \cdot \frac{(N-k)^{\frac{(N-k)n}{2}}}{\prod_{i=1}^{k} (N_i-1)^{\frac{(N_i-1)k}{2}}}$$

第2节　分布函数与分位数的计算

在上述假设检验及其他统计分析中，我们常要计算分布函数 $F(x)$ 及其 α-分位数 x_α（也即上述检验临界值）。以往常采用将相应数表存在计算机内，需要时调用，但这样做需占据太多内存且结果不完整。目前常采用数值计算法和近似公式法，将其计算程序存在计算机内，需要时即可调用计算。下面我们讨论这方面的问题。

一、分布函数与分位数的一般数值计算

由分布函数的定义知，分布函数一般可表为积分形式：

$$F(x) = \int_{-\infty}^{x} f(t)\,\mathrm{d}t$$

故其计算可归结为无穷积分或级数的计算。这样，各种函数逼近法，如 Taylor 展式逼近、切比雪夫逼近、连分式逼近等，各种数值积分法，如 Newton-Cotes 积分法、Gauss 积分法等，均可用于分布函数 $F(x)$ 的数值计算。

再考虑满足 $\alpha = 1 - F(x_\alpha)$ 的上侧概率分位数或分布函数的分位数 x_α 的计算，由其定义知可归结为求解非线性方程 $\alpha - (1 - F(x_\alpha)) = 0$ 的根。由此，非线性方程的各种求根法，如二分法、牛顿法、迭代法等都可用来求分位数。这里我们再介绍一个用于求分位数的迭代算法。

设 $F(x)$ 为分位数 x_α 对应的分布函数，对给定 x_0，由

$$(1-\alpha) - F(x_0) = F(x_\alpha) - F(x_0) = \int_{x_0}^{x_\alpha} f(t)\,\mathrm{d}t$$

可导出 x_α 的 Taylor 展式：

$$x_\alpha = x_0 + \sum_{k=1}^{\infty} \frac{c_k(x_0)}{f^k(x_0)k!}(1 - \alpha - F(x_0))^k$$

其中 $c_k(x)(k=1,2,\cdots)$ 由下列公式确定：

$$\begin{cases} c_1(x) = 1, \quad c_2(x) = -\dfrac{f'(x)}{f(x)}, \\ c_{k+1}(x) = -k\dfrac{f'(x)}{f(x)}c_k(x) + \dfrac{\mathrm{d}}{\mathrm{d}x}(c_k(x)), (k=1,2,\cdots)。 \end{cases}$$

取 Taylor 展式的有限项即可得到具有较高精度的分位数的迭代算法：

$$x_{n+1}=x_n+\sum_{k=1}^{m}\frac{c_k(x_n)}{k!}\left[\frac{1-\alpha-F(x_n)}{f(x_n)}\right]^k \tag{2.1}$$

易知,当 $m=1$ 时,该迭代算法与牛顿迭代法相同。

上述用于分布函数与分位数的各种数值计算法,我们在第一章均已作过介绍。这些数值方法虽然一般行之有效,但在实际应用时往往耗费机时较多,有时,其收敛性及数值稳定性还较差,因此人们在实用中常采用基于各种分布的特性或相互关系的精度较高的近似计算公式。下面我们着重介绍常用分布的分布函数和分位数的近似公式,这些公式一般具有精度较高、使用简便等特点,故较为实用。

二、常用分布的分布函数与分位数计算

这里,我们主要利用常用分布的特点导出一些较简单的近似公式,或利用这些分布间的关系,着重计算一些最基本的分布函数及其分位数,再解决其他分布的计算问题。

(一) 正态分布 $N(\mu,\sigma^2)$

定义 2.8 正态分布(normal distribution)为最常用的分布,其密度函数和分布函数分别为

$$f(x)=\frac{1}{\sqrt{2\pi}\sigma}e^{-\frac{(x-\mu)^2}{2\sigma^2}},\ -\infty<x<+\infty$$

$$F(x)=\int_{-\infty}^{x}f(t)\mathrm{d}t=\int_{-\infty}^{x}\frac{1}{\sqrt{2\pi}\sigma}e^{-\frac{(t-\mu)^2}{2\sigma^2}}\mathrm{d}t$$

其中 $\mu,\sigma^2>0$ 为参数,记为 $N(\mu,\sigma^2)$。特别地,当 $\mu=0,\sigma^2=1$ 时,称之为标准正态分布,记为 $N(0,1)$,其密度函数和分布函数分别为

$$\varphi(x)=\frac{1}{\sqrt{2\pi}}e^{-\frac{x^2}{2}},\ -\infty<x<+\infty$$

$$\Phi(x)=\int_{-\infty}^{x}\varphi(t)\mathrm{d}t=\int_{-\infty}^{x}\frac{1}{\sqrt{2\pi}}e^{-\frac{t^2}{2}}\mathrm{d}t$$

易知,若 $X\sim N(\mu,\sigma^2)$,则

$$U=\frac{X-\mu}{\sigma}\sim N(0,1)$$

故我们只需计算标准正态分布 $\Phi(x)$ 的值,而对一般正态分布 $N(\mu,\sigma^2)$,其分布函数为

$$F(x)=\Phi\left(\frac{x-\mu}{\sigma}\right)$$

利用常用的误差函数

$$\mathrm{Erf}(x)=\frac{2}{\sqrt{\pi}}\int_{0}^{x}e^{-t^2}\mathrm{d}t\quad(x\geqslant 0)$$

通过变换，得

$$\mathrm{Erf}(x)=2[\Phi(\sqrt{2}x)-0.5],\quad (x\geqslant 0)$$

则 $N(0,1)$ 的分布函数 $\Phi(x)$ 可表为

$$\Phi(x)=\begin{cases}0.5\left[1+\mathrm{Erf}\left(\dfrac{x}{\sqrt{2}}\right)\right], & (x\geqslant 0)\\ 0.5\left[1-\mathrm{Erf}\left(\dfrac{|x|}{\sqrt{2}}\right)\right], & (x<0)\end{cases}$$

利用上列关系式我们即可通过 $\mathrm{Erf}(x)$ 的近似计算公式来求得 $\Phi(x)$ 的近似值。

(1) 利用分部积分公式，可得 $\mathrm{Erf}(x)$ 的展式

$$\mathrm{Erf}(x)=\frac{2}{\sqrt{\pi}}\mathrm{e}^{-x^2}\left(x+\frac{2}{3!!}x^3+\frac{2^2}{5!!}x^5+\frac{2^3}{7!!}x^7+\cdots\right)$$

取其前 n 项计算 $\mathrm{Erf}(x)$，由此即可得 $\Phi(x)$ 的近似值。

(2)
$$\mathrm{Erf}(x)\approx 1-\left(1+\sum_{i=1}^{4}a_i x^i\right)^{-4}$$

其中

$$a_1=0.196\,854\quad a_2=0.115\,194$$
$$a_3=0.000\,344\quad a_4=0.019\,527$$

由此导出的 $\Phi(x)$ 的最大绝对误差为 2.5×10^{-4}，在计算精度要求不高时为一个简单实用的近似公式。

(3)
$$\mathrm{Erf}(x)=\begin{cases}2\varphi(x)\left(\dfrac{x}{1-}\dfrac{x^2}{3+}\dfrac{2x^2}{5-}\dfrac{3x^2}{7+}\cdots\right), & 0\leqslant x\leqslant 3\\ 1-2\varphi(x)\left(\dfrac{1}{x+}\dfrac{1}{x+}\dfrac{2}{x+}\dfrac{3}{x+}\dfrac{4}{x+}\cdots\right), & x>3\end{cases}$$

其中 $\varphi(x)=\dfrac{1}{\sqrt{2\pi}}\mathrm{e}^{-\frac{x^2}{2}}$。上述连分式若取到 28 项，则由此导出的 $\Phi(x)$ 的最大绝对误差为 10^{-14}。

在计算 $N(0,1)$ 的 α 分位数 u_α 时，可用下列方法：

(1)
$$u_\alpha=\begin{cases}u'_\beta, & \text{当 } 0<\alpha<0.5 \text{ 时}, \beta=\alpha\\ 0, & \text{当 } \alpha=0.5 \text{ 时}\\ -u'_\beta, & \text{当 } 0.5<\alpha<1 \text{ 时}, \beta=1-\alpha\end{cases}$$

① 当精度要求不高时，可取

$$u'_\beta\approx y-\sum_{i=0}^{2}c_i y^i\Big/\left(1+\sum_{i=1}^{3}d_i y^i\right),\ y=(-2\ln\beta)^{\frac{1}{2}}$$

其中

$$c_0=2.515\,517\quad d_1=1.432\,788$$
$$c_1=0.802\,853\quad d_2=0.189\,269$$
$$c_2=0.010\,328\quad d_3=0.001\,308$$

该近似公式的最大绝对误差为 4.4×10^{-4}。

② 当精度要求较高时，可取

$$u'_\beta=\left(y\sum_{i=0}^{10}b_iy_i\right)^{\frac{1}{2}},\quad y=-\ln[4\beta(1-\beta)]$$

其中

$$\begin{aligned}
&b_0=0.157\,079\,628\,8\times10, && b_1=0.370\,698\,790\,6\times10^{-1}\\
&b_2=-0.836\,435\,358\,9\times10^{-3}, && b_3=-0.225\,094\,717\,6\times10^{-3}\\
&b_4=0.684\,121\,829\,9\times10^{-5}, && b_5=0.582\,423\,851\,5\times10^{-5}\\
&b_6=-0.104\,527\,497\,0\times10^{-5}, && b_7=0.836\,093\,701\,7\times10^{-7}\\
&b_8=-0.323\,108\,127\,7\times10^{-8}, && b_9=0.365\,776\,303\,6\times10^{-10}\\
&b_{10}=0.693\,623\,398\,2\times10^{-12},
\end{aligned}$$

该近似公式的最大相对误差为 1.2×10^{-8}。

(2) 利用分位数迭代算法对分位数初值进行改善。

对给定的分位数初值 u_0，由分位数展式知，u_α 可表为

$$u_\alpha=u_0+\sum_{k=1}^{\infty}\frac{c_k(u_0)}{k!}\left[\frac{1-\alpha-\Phi(u_0)}{\varphi(u_0)}\right]^k$$

其中 $\Phi(x)$、$\varphi(x)$ 分别为 $N(0,1)$ 的分布函数和分布密度。

在实用中，我们可根据精度要求取其前 n 项进行计算，其迭代算法的步骤为：

1° $x=(1-\alpha-\Phi(u_0))/\varphi(u_0)$，　$u_n=c_nx/n$；

2° 对 $k=n-1,n-2,\cdots,1$，做

$$u_k=(u_{k+1}+c_k)x/k$$

3° $u_\alpha=u_0+u_1$。

其中 $$c_1=1,c_2=u_0,\cdots,c_{k+1}=-kc_k(u_0)\left[\frac{\varphi'(u_0)}{\varphi(u_0)}\right]+c'_k(u_0),\cdots,$$

由该算法可得非常精确的分位数 u_α。

(二) Γ 分布 $G(\alpha,\beta)$

定义 2.9 Γ 分布(Gamma distribution)的分布密度 $f_\Gamma(x;\alpha,\beta)$ 和分布函数 $G(x;\alpha,\beta)$ 分别为

$$f_\Gamma(x;\alpha,\beta)=\frac{\beta^\alpha}{\Gamma(\alpha)}x^{\alpha-1}\mathrm{e}^{-\beta x},\quad (x\geqslant0)$$

$$G(x;\alpha,\beta)=\int_0^x f_\Gamma(t;\alpha,\beta)\mathrm{d}t\quad (x\geqslant0)$$

其中系数 $\alpha>0,\beta>0$，而 $\Gamma(\alpha)$ 为 Γ 函数：

$$\Gamma(\alpha)=\int_0^\infty x^{\alpha-1}\mathrm{e}^{-x}\mathrm{d}x$$

我们首先列出 Γ 函数 $\Gamma(\alpha)$ 的主要性质：

(1) $\Gamma(\alpha)=(\alpha-1)\Gamma(\alpha-1)$；

当 α 为正整数 n 时，有：$\Gamma(n)=(n-1)!$；

(2) $\Gamma(1)=1, \Gamma\left(\frac{1}{2}\right)=\sqrt{\pi}$。

对于 Γ 函数 $\Gamma(x)$，其计算方法主要有

(1) 利用 $\Gamma(z+1)$ 的近似计算公式：

$$\Gamma(z+1) \approx (z+5.5)^{z+0.5} \mathrm{e}^{-(z+5.5)} \sqrt{2\pi}\left(1+\sum_{i=1}^{6} \frac{c_i}{z+i}\right), \quad (z>0)$$

则

$$\Gamma(x)=\begin{cases}\Gamma(z+1), & \text{当 } x \geqslant 1 \text{ 时，取 } x=z+1 \\ \Gamma(z+1)/z, & \text{当 } 0<x<1 \text{ 时，取 } x=z,\end{cases}$$

其中

$$\begin{aligned} c_1 &= 76.180\,091\,73, & c_2 &= -86.505\,320\,33 \\ c_3 &= 24.014\,098\,22, & c_4 &= -1.231\,795\,16 \\ c_5 &= 0.120\,858 \times 10^{-2}, & c_6 &= -0.536\,382 \times 10^{-5} \end{aligned}$$

(2) 利用 $\ln\Gamma(x)$ 的近似公式：

$$\ln\Gamma(x)=\begin{cases}(x-0.5)\ln x - x + \frac{1}{2}\ln(2\pi) + \sum_{i=0}^{3} a_i x^{-(2i+1)}, & x \geqslant 7 \\ \Gamma(x+n)/[x(x+1)\cdots(x+n-1)], & \\ (\text{直至 } n \text{ 满足 } x+n \geqslant 7) & 0<x<7\end{cases}$$

其中

$$\begin{aligned} a_0 &= 0.083\,333\,33, & a_1 &= 0.277\,777\,8 \times 10^{-2}, \\ a_2 &= 0.595\,238\,1 \times 10^{-3}, & a_3 &= 0.793\,650\,8 \times 10^{-3} \end{aligned}$$

此外，当 $x=n+1$ 为较小正整数时，可直接用 $\Gamma(n+1)=n!$ 来计算。

上述 Γ 函数的算法，不仅用来计算 Γ 函数的值，还可用于计算 Beta 函数的值：

$$B(a,b)=\int_0^1 x^{a-1}(1-x)^{b-1}\mathrm{d}x=\frac{\Gamma(a)\Gamma(b)}{\Gamma(a+b)}$$

下面考虑计算 Γ 分布的分布函数 $G(x;\alpha,1)$。

(1) 利用 $G(x;\alpha,1)$ 的递推公式。

若令

$$U_x(\alpha)=x^{\alpha}\mathrm{e}^{-x}/\Gamma(\alpha)$$

则由分部积分法即可得到 $G(x;\alpha,1)$ 对 α 的递推公式：

$$\begin{cases} G(x;\alpha+1,1)=G(x;\alpha,1)-\frac{1}{\alpha}U_x(\alpha) \\ U_x(\alpha+1)=\frac{x}{\alpha}U_x(\alpha) \end{cases} \tag{2.2}$$

由此，只要给出 $G(x;\alpha,1)$、$U_x(\alpha)$ 的初值，即可求得 Γ 分布的分布函数和密度函数

$$f_\Gamma(x;\alpha,1)=U_x(\alpha)/x$$

的近似值。

(2) 利用 $G(x;\alpha,1)$ 的级数展开式：

$$G(x;\alpha,1)=x^\alpha e^{-x}\sum_{k=0}^{\infty}\frac{x^k}{\Gamma(\alpha+1+k)}$$

当级数中的某项如第 n 项与前 n 项之和相比已很小时，即可取其前 n 项为所求的近似值。

(3) 利用 $G(x;\alpha,1)$ 的连分式：

$$G(x;\alpha,1)=1-\frac{1}{\Gamma(\alpha)}x^\alpha e^{-x}\left(\frac{1}{x+}\ \frac{1-\alpha}{1+}\ \frac{1}{x+}\ \frac{2-\alpha}{1+}\ \frac{2}{x+}\cdots\frac{n-\alpha}{1+}\ \frac{n}{x+}\cdots\right)\quad (x>0)$$

在实际计算中，当 $x<\alpha+1$ 时，用级数展式法计算收敛快；当 $x\geqslant a+1$ 时，用连分式展式计算收敛快。

另外，一些常用分布或函数可由 Γ 分布导出，如

(1) 指数分布 $E(1)$：

Γ 分布 $G(1,1)$ 即为 $\lambda=1$ 的指数分布 $E(1)$：$f(x)=e^{-x}$，$(x\geqslant 0)$；

(2) 泊松分布 $P(\lambda)$：

$$\sum_{k=0}^{n-1}\frac{\lambda^k}{k!}e^{-\lambda}=1-G(\lambda;n,1);$$

(3) χ^2 分布 $\chi^2(n)$：

$$H(x;n)=G\left(\frac{x}{2};\frac{n}{2},1\right),$$

其中

$$H(x;n)=\int_0^x\frac{1}{2\Gamma\left(\frac{n}{2}\right)}e^{-\frac{t}{2}}\left(\frac{t}{2}\right)^{\frac{n}{2}-1}dt\quad (x\geqslant 0)$$

为 $\chi^2(n)$ 的分布函数；

(4) 误差函数 $\mathrm{Erf}(x)$

$$\mathrm{Erf}(x)=\frac{2}{\sqrt{\pi}}\int_0^x e^{-t^2}dt=G\left(x^2;\frac{1}{2},1\right)$$

对于 Γ 分布，我们还有下列性质：

若随机变量 $X_1,\cdots,X_n$ 相互独立，且同服从 Γ 分布 $G(1,1)$，则

$$\sum_{i=1}^{n}X_i\sim G(n,1)$$

(三) Beta 分布 $I(a,b)$

定义 2.10　Beta 分布(Beta distribution)的分布密度 $f_B(x;a,b)$和分布函数 $I_x(a,b)$分别为

$$f_B(x;a,b)=\frac{1}{B(a,b)}x^{a-1}(1-x)^{b-1},\quad (x\in[0,1])$$

$$I_x(a,b)=\int_0^x f_B(t;a,b)\mathrm{d}t,\quad (x\in[0,1])$$

其中参数 $a>0,b>0$,而 $B(a,b)$为 Beta 函数:

$$B(a,b)=\int_0^1 x^{a-1}(1-x)^{b-1}\mathrm{d}x$$

由 Beta 函数的性质

$$B(a,b)=\frac{\Gamma(a)\Gamma(b)}{\Gamma(a+b)}$$

即可利用前面 Γ 函数的算法来求 Beta 函数 $B(a,b)$的值。

下面考虑其分布函数 $I_x(a,b)$的计算。

(1) 利用 $I_x(a,b)$的递推公式。

若令

$$U_x(a,b)=\frac{1}{B(a,b)}x^a(1-x)^b$$

对 $I_x(a,b)$我们可得下列递推公式:

$$\begin{cases} I_x(a+1,b)=I_x(a,b)-\dfrac{1}{a}U_x(a,b) \\ I_x(a,b+1)=I_x(a,b)+\dfrac{1}{b}U_x(a,b) \\ U_x(a+1,b)=U_x(a,b)\ \dfrac{a+b}{a}x \\ U_x(a,b+1)=U_x(a,b)\ \dfrac{a+b}{b}(1-x), \end{cases} \tag{2.3}$$

其初值可按表 2.6 选取:

表 2.6　$I_x(a,b)$的初值表

(a,b)	(整,整)	(整,非)	(非,整)	(非,非)
$I_x(a_0,b_0)$	x	$1-\sqrt{1-x}$	$\sqrt{x}$	$1-\frac{2}{\pi}\mathrm{arctg}\sqrt{\frac{1-x}{x}}$
$U_x(a_0,b_0)$	$x(1-x)$	$\frac{1}{2}x\sqrt{1-x}$	$\frac{1}{2}\sqrt{x}(1-x)$	$\frac{1}{\pi}\sqrt{x(1-x)}$

注:这里的初值表主要用于由 Beta 分布来计算 t 分布、F 分布、二项分布时初值的选取。

表 2.6 中(整,非)表示 a、b 分别取整数、非整数,而

$$a_0=\begin{cases}1, & a\text{ 为整数时}\\ \dfrac{1}{2} & a\text{ 为非整数时}\end{cases}\qquad b_0=\begin{cases}1, & b\text{ 为整数时}\\ \dfrac{1}{2} & b\text{ 为非整数时}\end{cases}$$

例如，当参数 a 为整数、b 为非整数时，即$(a,b)=$(整，非)时，其初值取为：

$$I_x\left(1,\frac{1}{2}\right)=1-\sqrt{1-x}\,,\ U_x\left(1,\frac{1}{2}\right)=\frac{1}{2}x\sqrt{1-x}$$

由上述递推公式即可求得 $I_x(a,b)$，同时还可求得其密度

$$f_B(x;a,b)=\frac{U_x(a,b)}{x(1-x)}$$

(2) 利用连分式逼近得到 $I_x(a,b)$的连分式表达式：

$$I_x(a,b)=\frac{x^a(1-x)^b}{aB(a,b)}\left(\frac{1}{1+}\frac{c_1}{1+}\frac{c_2}{1+}\cdots\right),\quad (0\leqslant x\leqslant 1)$$

其中

$$c_{2i}=i(b-i)x/[(a+2i-1)(a+2i)]\qquad (i=1,2,\cdots)$$
$$c_{2i+1}=-(a+i)(a+b+i)x/[(a+2i)(a+2i+1)]\quad (i=0,1,\cdots)$$

而 $B(a,b)$为 Beta 函数在(a,b)的值。实际计算时，当 $x<(a-1)/(a+b-2)$时，用上列连分式的前 n 项进行计算；当 $x\geqslant(a-1)/(a+b-2)$时，计算时可先利用

$$I_x(a,b)=1-I_{1-x}(a,b)$$

当计算 Beta 分布的 α 位数 x_α 时，可用下列算法：

当 $\alpha<10^{-6}$ 或 $\alpha>1-10^{-6}$ 时，$x_\alpha\approx\alpha$；

又

$$x_\alpha=\begin{cases}(1-\alpha)^{1/a}, & \text{当 } a=\dfrac{1}{2}\text{ 或 } a\geqslant 1,\text{ 而 } b=1\text{ 时}\\ 1-\alpha^{1/b}, & \text{当 } a=1,\text{而 } b=\dfrac{1}{2}\text{ 或 } b\geqslant 1\text{ 时}\\ \dfrac{1}{2}[1-\cos((1-\alpha)\pi)], & \text{当 } a=\dfrac{1}{2},b=\dfrac{1}{2}\text{ 时}\end{cases}$$

当 a、b 为其他值时，可用分位数的迭代算法，其初值可取

$$\begin{cases}x_0=a/(a+bF)\\ F=\left(\dfrac{(1-c)(1-d)+u_\alpha[(1-c)^2d+(1-d)^2c-cdu_\alpha^2]^{1/2}}{(1-d)^2-du_\alpha^2}\right)^3\end{cases}$$

其中

$$c=\frac{1}{9b},\ d=\frac{1}{9a}$$

而 u_α 为 $N(0,1)$的 α 分位数。

Beta 分布不仅本身很重要，而且一些常用分布可由 Beta 分布导出，如

(1) 二项分布 $B(n,p)$：

$$\sum_{k=m}^{n} C_n^k p^k (1-p)^{n-k} = I_p(m, n-m+1)$$

(2) 负二项分布：

$$\sum_{k=m}^{n} C_{n+k-1}^k p^k (1-p)^k = I_p(m, n)$$

(3) t 分布 $t(n)$：令

$$y = \frac{x^2}{n + x^2}$$

则

$$T(x;n) = 0.5 + 0.5\text{sign}(x) I_y\left(\frac{n}{2}, \frac{1}{2}\right)$$

(4) F 分布 $F(n_1, n_2)$：令

$$y = \frac{n_1 x}{n_2 + n_1 x}$$

则

$$F(x;n_1,n_2) = I_y\left(\frac{n_1}{2}, \frac{n_2}{2}\right)$$

这样，我们即可利用 Beta 分布的算法来导出上述分布的算法。

(四) 二项分布 $B(n,p)$

定义 2.11　二项分布(binomial distribution)为常用离散型分布，其分布律和分布函数分别为

$$P\{X=k\} = C_n^k p^k (1-p)^{n-k},\ k=0,1,\cdots,n$$

$$F\{x;n,p\} = \sum_{k=0}^{x} C_n^k p^k (1-p)^{n-k},\ x=0,1,\cdots,n$$

其中 $0<p<1$，n 为正整数，通常记为 $B(n,p)$。

在计算二项分布的分布函数 $F(x;n,p)$ 时，可用下列方法：

(1) 由 Beta 分布的分布函数 $I_x(a,b)$ 导出：

$$F(x;n,p) = I_p(0, x+1)$$

(2) 利用正态近似公式：设 $\Phi(x)$ 为 $N(0,1)$ 的分布函数，则

$$F(x;n,p) \approx I - \Phi(u) \tag{2.4}$$

其中

$$u=\frac{\left(1-\frac{1}{9(n-x)}\right)F^{1/3}-\left(1-\frac{1}{9(x+1)}\right)}{\left(\frac{F^{2/3}}{9(n-x)}+\frac{1}{9(x+1)}\right)^{\frac{1}{2}}},\quad F=\frac{(n-x)p}{(x+1)(1-p)}$$

计算结果表明，np 越大，用上述公式进行计算时误差越小，而当 n 较小时，可直接用其定义公式进行计算。

在实际计算中，当 n 较小时，用 Beta 分布导出法效果较好，当 n 较大时，可用

$$F(x;n,p)\approx\Phi\left(\frac{x-np}{\sqrt{np(1-p)}}\right)$$

而当 n 很大时，用(2.4)正态近似公式法较好。

(五) 泊松分布 $P(\lambda)$

定义 2.12 泊松分布(Poisson distribution)也为常用离散型分布，其分布律和分布函数分别为

$$P\{X=k\}=\frac{\lambda^k}{k!}e^{-\lambda},\ k=0,1,2,\cdots$$

$$F(x;\lambda)=\sum_{k=0}^{x}\frac{\lambda^k}{k!}e^{-\lambda},\ x=0,1,2,\cdots$$

其中参数 $\lambda>0$，通常记之为 $P(\lambda)$。

计算泊松分布 $P(\lambda)$ 的分布函数的方法有

(1) 由 Γ 分布的分布函数 $G(x;\alpha,1)$ 导出：

$$F(x;\lambda)=1-G(\lambda;x+1,1)$$

(2) 利用正态近似公式：

$$F(x;\lambda)\approx\Phi(u)$$

其中

$$u=a[2y\ln(y/\lambda)+2(\lambda-y)]^{\frac{1}{2}}/|y-\lambda|$$

$$a=y+\frac{1}{6}-\lambda+\frac{0.02}{x+1},\ y=x+0.5。$$

上述近似公式一般用于 x 较大时(如 $x\geqslant 10$)，当 x 较小时可直接由定义 2.12 进行计算。

当 $n\to+\infty$，$p\to 0$，$np\to\lambda$(常数)时，二项分布 $B(n,p)$ 趋近于泊松分布 $P(\lambda)$。另外，泊松分布与指数分布也有关。如果到达间隔时间是独立的，且具有均值为 1 的指数分布，则发生在区间$(0,\lambda)$内到达次数，具有泊松分布 $P(\lambda)$。这即若$\{Y_i\}$是独立的均值为 1 的指数分布列，则满足

$$\sum_{i=1}^{X}Y_i\leqslant\lambda<\sum_{i=1}^{X+1}Y_i$$

的 X 具有泊松分布 $P(\lambda)$，该性质在第三章中用于产生泊松分布的随机数。

(六) χ^2 分布 $\chi^2(n)$

定义 2.13 χ^2 分布(Chi-square distribution),又称为卡方分布,其密度函数和分布函数分别为

$$f_{\chi^2}(x;n)=\left[2\Gamma\left(\frac{n}{2}\right)\right]^{-1}\left(\frac{x}{2}\right)^{\frac{n}{2}-1}\mathrm{e}^{-\frac{x}{2}},\quad (x>0)$$

$$H(x;n)=\int_0^x f_{\chi^2}(t;n)\mathrm{d}t,\quad (x\geqslant 0)$$

其中 n 为 χ^2 分布的自由度,记为 $\chi^2(n)$ 分布。

若随机变量 $X_1,\cdots,X_n$ 相互独立且均服从 $N(0,1)$,则有

$$\chi^2=\sum_{i=1}^n X_i^2\sim\chi^2(n)$$

反之,对较大的 n,若 $\chi^2\sim\chi^2(n)$分布,则近似地有

$$\sqrt{2\chi^2}-\sqrt{2n^2-1}\sim N(0,1)$$

计算 $\chi^2(n)$分布的分布函数 $H(x;n)$时,可用下列方法:

(1) 由 Γ 分布 $G(x;\alpha,1)$导出:

$$H(x;n)=G\left(\frac{x}{2};\frac{n}{2},1\right)$$

(2) 直接用 $H(x;n)$的递推公式:

$$\begin{cases}H(x;n+2)=H(x;n)-\dfrac{2}{n}U_x(n)\\ U_x(n+2)=\dfrac{x}{n}U_x(n)\end{cases}\tag{2.5}$$

而初值可取为:

$$\begin{cases}H(x;1)=2\Phi(\sqrt{x})-1,\ U_x(1)=\sqrt{\dfrac{x}{2\pi}}\mathrm{e}^{-\frac{x}{2}}\\ H(x;2)=1-\mathrm{e}^{-\frac{x}{2}},\ U_x(2)=\dfrac{x}{2}\mathrm{e}^{-\frac{x}{2}}\end{cases}$$

其中 $\Phi(x)$为 $N(0,1)$的分布函数。由此即可求得 $H(x;n)$及其密度函数

$$f_{\chi^2}(x;n)=U_x(n)/x$$

在计算 $\chi^2(n)$分布的 α 分位数 $\chi_\alpha^2(n)$时,我们有

当 $n\leqslant 2$ 时,

$$\chi_\alpha^2(1)=u_{\alpha/2}^2,\ \chi_\alpha^2(2)=-2\ln\alpha$$

当 $n\geqslant 3$ 时,

$$\chi_\alpha^2(n)\approx\tilde{\chi}_\alpha^2(n)=n\left(1-\frac{2}{9n}+u_\alpha\sqrt{\frac{2}{9n}}\right)^3$$

此时，为得到更精确的结果，可将 $\tilde{\chi}_{\alpha}^{2}(n)$作初值，进行下列迭式：

$$x_{i+1}=x_i-\frac{H(x_i,n)-(1-\alpha)}{f_{\chi^2}(x_i,n)},\quad (i=0,1,2,\cdots)$$

其中 $H(x;n)$、$f_{\chi^2}(x;n)$分别为 $\chi^2(n)$分布的分布函数及密度；

当 $n\geqslant 30$ 时，

$$\chi_{\alpha}^{2}(n)\approx\frac{1}{2}(\sqrt{2n-1}+u_{\alpha})^{2}$$

其中 u_α 为 $N(0,1)$的 α 分位数。

（七）t 分布 $t(n)$

定义 2.14 t 分布(t distribution)，又称为学生分布，其分布密度和分布函数分别为

$$f_T(x;n)=\left[\sqrt{n}B\left(\frac{1}{2},\frac{n}{2}\right)\right]^{-1}\left(1+\frac{x^2}{n}\right)^{-\frac{n+1}{2}},x\in\boldsymbol{R}$$

$$T(x;n)=\int_{-\infty}^{x}f_T(t;n)\mathrm{d}t,x\in\boldsymbol{R}$$

其中 n 为 t 分布的自由度，$B(a,b)$为 Beta 函数，该分布记为 $t(n)$。

若随机变量 $X\sim N(0,1)$，随机变量 $X\sim\chi^2(n)$，且 X 与 Y 相互独立，则

$$T=\frac{X}{\sqrt{Y/n}}\sim t(n)$$

计算 t 分布的分布函数 $T(x;n)$，可用下列方法

(1) 由 Beta 分布的 $I_x(a,b)$导出：令

$$y=\frac{x^2}{n+x^2}$$

则

$$T(x;n)=\begin{cases}0.5+0.5I_y\left(\frac{1}{2},\frac{n}{2}\right), & x\geqslant 0\\ 0.5-0.5I_y\left(\frac{1}{2},\frac{n}{2}\right), & x<0。\end{cases}$$

(2) 直接利用递推公式

$$\begin{cases}I_x\left(\frac{1}{2},a+1\right)=I_x\left(\frac{1}{2},a\right)+\frac{1}{a}U_x\left(\frac{1}{2},a\right)\\ U_x\left(\frac{1}{2},a+1\right)=U_x\left(\frac{1}{2},a\right)\left(1+\frac{1}{2a}\right)(1-x)\end{cases}$$

其初值为：当 n 为奇数时，

$$I_x\left(\frac{1}{2},\frac{1}{2}\right)=1-\frac{2}{\pi}\text{arctg}\sqrt{\frac{1-x}{x}}\text{, }U_x\left(\frac{1}{2},\frac{1}{2}\right)=\frac{1}{\pi}\sqrt{x(1-x)}$$

当 n 为偶数时，

$$I_x\left(\frac{1}{2},1\right)=\sqrt{x}\text{, }U_x\left(\frac{1}{2},\frac{1}{2}\right)=\frac{1}{2}\sqrt{x}(1-x)$$

则有

$$T(t;n)=0.5+\frac{1}{2}\text{sign}(t)I_x\left(\frac{1}{2},\frac{n}{2}\right),\quad x=\frac{t^2}{n+t^2}$$

计算 t 分布的 α 分位数 $t_\alpha(n)$ 时，可用下列方法：

(1) 由 Beta 分布 $I_x\left(\frac{1}{2},\frac{n}{2}\right)$ 的分位数 x_α 导出：

$$t_\alpha(n)=\text{sign}(0.5-\alpha)\left(\frac{nx_{\alpha^*}}{1-x_{\alpha^*}}\right)^{\frac{1}{2}},\quad \alpha^*=1-\text{sign}(0.5-\alpha)(1-2\alpha)$$

(2) 由 $t_\alpha(n)$ 的近似公式求得。

$n\leqslant 2$ 时，

$$t_\alpha(1)=\text{tg}\left[\pi\left(\frac{1}{2}-\alpha\right)\right]\text{, }t_\alpha(2)=\left[\frac{2(1-2\alpha)^2}{1-(1-2\alpha)^2}\right]^{\frac{1}{2}}$$

$n\geqslant 3$ 时，令

$$d(n,\alpha)=\left(1-\frac{1}{4n}\right)^2-\frac{u_\alpha^2}{2n}$$

则

$$t_\alpha(n)\approx\tilde{t}_\alpha(n)=\begin{cases}u_\alpha/\sqrt{d(n,\alpha)}, & d(n,\alpha)>0.5\\ \sqrt{n}\left[\dfrac{\Gamma\left(\dfrac{n+1}{2}\right)}{\sqrt{\pi}\alpha n\Gamma\left(\dfrac{n}{2}\right)}\right]^{\frac{1}{n}}, & d(n,\alpha)\leqslant 0.5\end{cases}$$

如以 $\tilde{t}_\alpha(n)$ 为初值 x_0，利用 Newton 迭代公式

$$x_{i+1}=x_i-\frac{T(x_i;n)-(1-\alpha)}{f_T(x_i;n)},\quad (i=0,1,\cdots)$$

进行迭代，则可得到较精确的结果。

$n\geqslant 30$ 时，令 $t_\alpha(n)\approx u_\alpha$，其中 u_α 为 $N(0,1)$ 的 α 分位数。

(八) F 分布 $F(n_1,n_2)$

定义 2.15 F 分布(F distribution)的分布密度和分布函数分别为

$$f_F(x;n_1,n_2)=\left[B\left(\frac{n_1}{2},\frac{n_2}{2}\right)\right]^{-1}\left(\frac{n_1}{n_2}\right)^{\frac{n_1}{2}}x^{\frac{n_1}{2}-1}\left(1+\frac{n_1x}{n_2}\right)^{-\frac{n_1+n_2}{2}},\quad (x>0)$$

$$F(x;n_1,n_2)=\int_0^x f_F(t;n_1,n_2)\mathrm{d}t,\quad (x>0)$$

其中 n_1,n_2 为 F 分布的第一、第二自由度,记为 $F(n_1,n_2)$分布。

计算 F 分布的分布函数 $F(x;n_1,n_2)$时,一般利用 F 分布与 Beta 分布的关系式:令

$$y=\frac{n_1x}{n_2+n_1x}$$

则

$$F(x;n_1,n_2)=I_y\left(\frac{n_1}{2},\frac{n_2}{2}\right)$$

这样,即可直接由 Beta 分布中 $I_x(a,b)$、$U_x(a,b)$的递推公式(2.3)来计算

$$I_x\left(\frac{n_1}{2},\frac{n_2}{2}\right)、\quad U_x\left(\frac{n_1}{2},\frac{n_2}{2}\right)$$

其初值将由

$$(a,b)=\left(\frac{n_1}{2},\frac{n_2}{2}\right)$$

即根据 n_1、n_2 的奇偶性由初值表所给定。由此即可求得:

$$F(t;n_1,n_2)=I_x\left(\frac{n_1}{2},\frac{n_2}{2}\right),\quad f_F(t;n_1,n_2)=U_x\left(\frac{n_1}{2},\frac{n_2}{2}\right)$$

其中

$$x=\frac{n_1t}{n_2+n_1t}$$

计算 F 分布的 α 分位数 $F_\alpha(n_1,n_2)$的方法主要有

(1) 由 Beta 分布 $I\left(\frac{n_1}{2},\frac{n_2}{2}\right)$的分位数 x_α 得出:

$$F_\alpha(n_1,n_2)=\frac{n_2x_\alpha}{n_2(1-x_\alpha)}$$

(2) 由 $F_\alpha(n_1,n_2)$的近似计算公式所得:

对 $F\sim F(n_1,n_2)$,我们有

$$U=\frac{[(1-b)F^{1/3}-(1-a)]}{(bF^{2/3}+a)^{1/2}}\sim N(0,1)$$

由此即可得：

$$F_\alpha(n_1,n_2)\approx\widetilde{F}_\alpha=\begin{cases}\left[\left((1-a)(1-b)+u_\alpha\sqrt{(1-a)^2b+ad}\right)/d\right]^3, & d>0.8\\ \left[2n_2^{n_1/2-1}\Big/\left(B\left(\frac{n_1}{2},\frac{n_2}{2}\right)\alpha n_1^{n_2/2}\right)\right]^{2/n_2}, & d\leqslant 0.8\end{cases}$$

其中

$$d=(1-b)^2-bu_\alpha^2,\quad a=\frac{2}{9n_1},\quad b=\frac{2}{9n_2}$$

而 u_α 为 $N(0,1)$ 的 α 分位数。

如以 $\widetilde{F}_\alpha$ 为初值 x_0，利用 Newton 迭代公式

$$x_{i+1}=x_i-\frac{F(x_i;n_1,n_2)-(1-\alpha)}{f_F(x_i;n_1,n_2)},\quad i=0,1,2,\cdots$$

进行迭代，可得到较精确的结果。

R 编程应用

R 语言中，可用内置函数进行各种标准分布的(累积)分布函数、概率函数、密度函数和分位数的计算，只需要在各分布的分布名称加上不同前缀即可表示不同的函数名，如表 2.7 所示，而 R 语言中各分布的名称表示如表 2.8 所示。

表 2.7　R 语言中概率类函数一览表

函数类别	函数名称	示　例
分布函数	p+分布名称( )	pnorm(x,mean = 0,sd = 1)标准正态分布在 x 的分布函数值
密度函数	d+分布名称( )	dnorm(x,mean = 0,sd = 1)标准正态分布在 x 的密度函数值
累积概率函数	p+分布名称( )	pbinom(x, size, prob)二项分布在 x 点的累积概率值
概率函数(单点概率)	d+分布名称( )	dbinom(x, size, prob)二项分布在 x 点的概率值
分位数	q+分布名称( )	qnorm(p, mean = 0, sd = 1)标准正态分布概率为 p 的分位数

表 2.8　R 语言中各分布的名称表示

分布	*R* 中的名称表示	附加参数说明
正态分布	norm(x, mean =, sd =)	mean =均值 μ;sd =标准差 σ
Γ 分布	gamma(x,shape =,scale =)	shape =形状参数 α, scale =尺度参数 $1/\lambda$
Beta 分布	beta(x,shape1 =, shape2 =, ncp =)	shape1 =参数 a;shape2 =参数 b;ncp =非中心参数,默认 0
χ^2 分布	chisq(x,df, ncp =)	df,自由度;ncp =非中心参数,默认 0
t 分布	t(x, df, ncp)	df,自由度;ncp =非中心参数,默认 0

续表

分布	R 中的名称表示	附加参数说明
F 分布	f(x,df1, df2, ncp)	df1,第一自由度;df2,第二自由度;ncp 非中心参数,默认 0
指数分布	exp(x, lambda)	Lambda, 参数,均值的倒数
均匀分布	unif(x,min,max)	min =,非零区间下限;max =,非零区间上限
威布尔分布	Weibull(x,shape =,scale =)	shape =形状参数 a, scale =尺度参数 b
二项分布	binom(x, size, prob)	size,试验总次数 n;prob,事件发生概率 p
负二项分布	nbinom(x, size, prob)	size,试验总次数 n;prob,事件发生概率 p
泊松分布	pois(x,lambda)	lambda ,参数,即均值
超几何分布	hyper(x,m,n,k)	m,不合格数;n,合格数;k, 抽样数
几何分布	geom(x, size, prob)	size,试验总次数 n;prob,事件发生概率 p

习题二

1. 试推导下列用于计算样本的均值 $\bar{x}$、样本方差 s^2 的递推算法公式：

$$\bar{x}_i = \bar{x}_{i-1} + \frac{1}{i}(x_i - \bar{x}_{i-1})$$

$$s_i^2 = \frac{i-1}{i}\left[s_{i-1}^2 + \frac{1}{i}(x_i - \bar{x}_{i-1})^2\right]$$

其中 $\bar{x}_i$、s_i^2 是 $x_1, x_2, \cdots, x_i$ 对应的样本均值、样本方差。

2. 证明误差函数 $\mathrm{Erf}(x)$ 与 $N(0,1)$ 的分布函数 $\Phi(x)$ 的关系式：

$$\mathrm{Erf}(x) \triangleq \frac{2}{\sqrt{x}}\int_0^x \mathrm{e}^{-t^2}\,\mathrm{d}t = 2[\Phi(\sqrt{2}x) - 0.5] \quad (x \geqslant 0)$$

3. 证明 Γ 函数

$$\Gamma(a) = \int_0^{\infty} x^{a-1}\mathrm{e}^{-x}\,\mathrm{d}x$$

具有下列性质：

(1) $\Gamma(a) = (a-1)\Gamma(a-1)$;

(2) $\Gamma(1) = 1$, $\Gamma\left(\frac{1}{2}\right) = \sqrt{\pi}$。

4. 推导 Γ 分布的分布函数 $G(x;\alpha,1)$ 的递推公式；

$$\begin{cases} G(x;\alpha+1,1) = G(x;\alpha,1) - \dfrac{1}{\alpha}U_x(\alpha) \\ U_x(\alpha+1) = \dfrac{x}{\alpha}U_x(\alpha) \end{cases}$$

其中

$$U_x(\alpha)=\frac{1}{\Gamma(\alpha)}x^{\alpha}\mathrm{e}^{-x}$$

5. 证明$\chi^2(n)$分布与Γ分布$\Gamma(\alpha,\beta)$的下列关系式：

$$H(x;n)=G\left(\frac{x}{2};\frac{n}{2},1\right)$$

其中$H(x;n)$、$G(x;\alpha,1)$分别为$\chi^2(n)$分布、$\Gamma(\alpha,1)$分布的分布函数。

6. 证明Γ分布的可加性：若$X_1\sim\Gamma(\alpha_1,1)$，$X_2\sim\Gamma(\alpha_2,1)$，则

$$X_1+X_2\sim\Gamma(\alpha_1+\alpha_2,1)$$

7. 推导Beta分布与t分布、F分布的关系式：

$$T(x;n)=\begin{cases}\dfrac{1}{2}+\dfrac{1}{2}I_y\left(\dfrac{n}{2},\dfrac{1}{2}\right), & x\geqslant 0\\ \dfrac{1}{2}-\dfrac{1}{2}I_y\left(\dfrac{n}{2},\dfrac{1}{2}\right), & x<0,\end{cases}\quad\left(y=\frac{x^2}{n+x^2}\right);$$

$$F(x;n_1,n_2)=I_z\left(\frac{n_1}{2},\frac{n_2}{2}\right),\qquad\left(z=\frac{n_1x}{n_2+n_1x}\right),$$

其中$I_x(a,b)$、$T(x;n)$、$F(x;n_1,n_2)$分别为Beta分布、$t(n)$分布、$F(n_1,n_2)$分布的分布函数。

8. 编制计算Beta分布函数的程序，并由此计算t分布、F分布的分布函数。

第三章

随机数与蒙特卡罗模拟法

统计模拟法，又称蒙特卡罗(Monte Carlo)法或随机模拟法，是利用计算机产生各种不同分布随机变量的抽样序列，通过统计试验来模拟给定问题的概率统计模型，从而求出给定问题数值解的统计估计值。其求解的主要步骤有：

(1) 根据给定实际问题的特点，构造便于在计算机上进行统计模拟的概率模型；

(2) 根据概率模型特点，设计、使用降低方差的各类方法以加速模拟结果的收敛；

(3) 给出概率模型中所需的各种不同分布随机变量的抽样方法；

(4) 在计算机上进行统计模拟试验，并对模拟结果进行统计分析处理，从而给出问题数值解的渐近统计估计值。

这里给出的统计模拟步骤组成了统计模拟方法研究的一些主要方面，如模拟概率模型的构造，统计模拟方法的基本理论，各种不同分布随机变量的产生和统计检验方法，以及统计模拟法的实际应用等。

蒙特卡罗法用于数值近似计算已有百年历史，以往因模拟工具的限制，很少用来解决实际问题。随着科学技术特别是电子计算机的飞速发展，许多用传统的物理试验或数学方法难以处理的复杂问题，如核物理中质点运动方程，大型系统的模拟试验及可靠性分析、多元统计分析、医学技术中的诊断分析等等，运用统计模拟方法，往往能得到有效的处理和解决。目前，蒙特卡罗法借助于电子计算机这一强有力的模拟工具，在人类社会的很多领域有着越来越广泛的应用。

第1节　随机变量抽样法

在统计分析中，产生给定分布的随机数又称为对服从给定分布的随机变量进行抽样，其产生方法称为抽样方法。而由均匀(分布的)随机数，通过适当变换，即可产生任意给定分布随机数。

R 编程应用

R 语言中用其对应分布的随机数函数来生成 n 个服从该分布的随机数。其随机数函数名称表示为对应分布名称加 r 前缀，即

r+ 分布名称(n,参数 1,参数 2,…)

其中 n 表示所生成的随机数的个数，而各常用分布的分布名称和参数见第二章第 2 节的表 2.8。

例如 `rnorm(20,mean = 5,sd = 8)`表示生成 20 个服从正态分布 $N(5,8^2)$的随机数。

另外用 `sample(x,n,p)`表示从 x 中抽取 n 个样本随机数，对应概率为 p。

根据这些 R 函数，可以直接产生一些常见分布的随机数。

但对于一些不常见分布，则可采用下面介绍的一些抽样方法产生随机数，这些方法通过均匀随机数的变换实现随机变量抽样。

一、求逆抽样法(直接抽样法)

求逆抽样法或称直接抽样法是利用均匀随机数 γ，并通过给定分布函数的逆 $F^{-1}(\gamma)$来得到给定分布随机数的抽样法。其主要依据为下列概率统计中的理论结果。

定理 3.1 设 $F(x)$为一连续的分布函数，则

(1) 若 $X\sim F(x)$，则 $R=F(x)\sim U[0,1]$；

(2) 若 $R\sim U[0,1]$，则 $X=F^{-1}(R)\sim F(x)$。

其中

$$F^{-1}(y)=\inf\{x:F(x)\geqslant y\}\quad(0\leqslant y\leqslant 1)$$

称为 $F(x)$的逆。(证略)

据此定理，生成均匀随机数 γ 后，由 $\gamma=F(x)$所能解出的

$$x=F^{-1}(\gamma)$$

即为具有给定分布 $F(x)$的随机数 x 的求逆抽样公式。显然，当 $F(x)$的逆 $F^{-1}(x)$易求时，该抽样法用起来很方便。实用中，通常还采用 $F^{-1}(x)$的近似公式。

例 3.1 用求逆抽样法产生指数分布

$$f(x)=\lambda e^{-\lambda x},\quad(x\geqslant 0)$$

的随机数，其中 $\lambda>0$ 为参数。

解：指数分布的分布函数为

$$F(x)=1-e^{-\lambda x},\quad(x\geqslant 0)$$

则对均匀随机数 γ，由

$$\gamma=1-e^{-\lambda x}$$

解得

$$x=-\frac{1}{\lambda}\ln(1-\gamma)。$$

又因 γ 和$(1-\gamma)$均服从$[0,1)$上的均匀分布，故

$$x=-\frac{1}{\lambda}\ln\gamma$$

即为指数分布的求逆抽样公式，在产生均匀随机数 γ 后，由该公式即得指数分布的随机数 x。

在表 3.1 中我们给出了一些连续分布的求逆抽样公式。

表 3.1　常用连续型分布的抽样公式表

X 的分布函数 $F(x)$	X 的密度 $f(x)$	抽样公式 $x=F^{-1}(\gamma)$	X 的取值区间	备注
$\frac{x-b}{a}$	$\frac{1}{\|a\|}$	$a\gamma+b$	$[b,\ a+b]$ $[b+a,\ b]$	$a>0$ $a<0$
$x^{\frac{1}{n}}$	$\frac{1}{n}x^{\frac{1}{n}-1}$	γ^n	$[0,\ 1]$	
x^n	nx^{n-1}	$\gamma^{\frac{1}{n}}$	$[0,\ 1]$	
$1-e^{-\lambda x}$	$\lambda e^{-\lambda x}$	$-\frac{1}{\lambda}\ln\gamma$	$[0,\ \infty)$	$\lambda>0$
$\frac{\ln x}{\ln\lambda}$	$\frac{1}{x\ln\lambda}$	λ^γ	$[1,\ \lambda]$	$\lambda>1$
$\frac{1}{\pi}\arcsin x$	$\frac{2}{\pi\sqrt{1-x^2}}$	$\sin(\pi\gamma)$	$[0,\ 1]$	
$\frac{1}{\pi}\mathrm{arctg}x+\frac{1}{2}$	$\frac{1}{\pi(1+x^2)}$	$\mathrm{tg}\left[\pi\left(\gamma-\frac{1}{2}\right)\right]$	$(-\infty,\ \infty)$	
$\sin x$	$\cos x$	$\arcsin\gamma$	$\left[0,\ \frac{\pi}{2}\right]$	

对于离散型分布,我们也有与定理 3.1 类似的结论。

定理 3.2　设 $F(x)$ 为对应于离散型分布(设 $x_1<x_2<\cdots$)

$$\begin{bmatrix} x_1, & x_2, & \cdots & x_i, & \cdots \\ p_1, & p_2, & \cdots & p_i, & \cdots \end{bmatrix}$$

的分布函数,又设 $\gamma\sim U[0,1]$。当 x_i 满足

$$F(x_{i-1})<\gamma\leqslant F(x_i),\ i=1,2,\cdots$$

时,取 $X=x_i$,则 $X\sim F(x)$。

证明:不妨取 $x_0<x_1$,并定义 $F(x_0)=0$,则 X 的分布函数为

$$\begin{aligned} P\{X\leqslant x_i\} &= \sum_{k=1}^{i}P\{X=x_k\} \\ &= \sum_{k=1}^{i}P\{F(x_{k-1})<\gamma\leqslant F(x_k)\} \\ &= \sum_{k=1}^{i}(P\{\gamma\leqslant F(x_k)\}-P\{\gamma\leqslant F(x_{k-1})\}) \\ &= \sum_{k=1}^{i}[F(x_k)-F(x_{k-1})] \\ &= F(x_i)-F(x_0)=F(x_i) \end{aligned}$$

即 $X\sim F(x)$。(证毕)

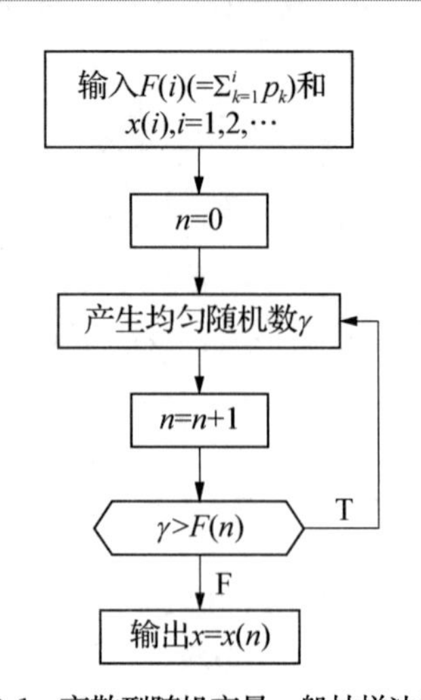

图 3.1　离散型随机变量一般抽样法框图

由该定理,我们可得离散型随机变量的一般抽样法:

首先由均匀随机数$\{\gamma_i\}$中依次选取γ_i，求满足

$$F(x_{n-1}) < \gamma_i \leqslant F(x_n)$$

的n值，即可得随机变量X的抽样值$x=x_n$。

该算法的框图如图 3.1 所示。

例 3.2 给出一个有效算法以模拟分布为

$$P\{X=1\}=0.3, P\{X=2\}=0.2, P\{X=3\}=0.35, P\{X=4\}=0.15$$

的随机变量的值。

R 编程应用

```
# 定义概率分布
probabilities <- c(0.3,0.2,0.35,0.15)
# 定义随机变量 X 的可能取值
values <- 1:4
# 使用 sample 函数模拟随机变量 X 的值
simulate_random_variable <- function(n) {
sample(values,size = n,replace = TRUE,prob = probabilities)
}
# 模拟 10 次随机变量 X 的值
set.seed(123) # 设置随机种子以便结果可复现
simulations <- simulate_random_variable(10)
  print(simulations)
## 模拟结果
[1] 3 2 1 4 4 3 1 4 1 1
```

二、变换抽样法

变换抽样法是利用一般的变换关系，如随机变量或向量的函数变换来得到给定分布的随机数的抽样法。

下面我们引用概率统计中的有关结果：

定理 3.3 (1) 设随机变量X具有密度$f(x)$，又$Y=g(X)$对应的$g(x)$其逆函数$g^{-1}(x)$存在且有连续的一阶导数，则$Y=g(X)$的密度为

$$f_Y(y)=f(g^{-1}(y))\,|[g^{-1}(y)]'|$$

(2) 设随机向量(X,Y)具有联合密度$f(x,y)$，对$U=g_1(X,Y)$，$V=g_2(X,Y)$，考虑其对应的函数变换

$$\begin{cases} u=g_1(x,y) \\ v=g_2(x,y) \end{cases}$$

若其逆变换

$$\begin{cases} x = h_1(u,v) \\ y = h_2(u,v) \end{cases}$$

唯一存在且具有一阶连续偏导数，则(U,V)的联合密度为

$$f_{(U,V)}(u,v) = f(h_1(u,v),h_2(u,v)) \mid J \mid$$

其中J为函数变换的Jacobi行列式

$$J = \left|\frac{\partial(x,y)}{\partial(u,v)}\right| = \begin{vmatrix} \frac{\partial x}{\partial u} & \frac{\partial x}{\partial v} \\ \frac{\partial y}{\partial u} & \frac{\partial y}{\partial v} \end{vmatrix}$$

由上述定理，如对一维情形，若已知具有密度$f(x)$的随机变量X的抽样法，要产生具有$f_Y(y)$的随机变量Y的抽样值，只需找出y与x的变换关系$y=g(x)$（要求$g^{-1}(x)$存在），并确认$Y=g(X)$的密度确为$f_Y(y)$，则可先产生X的随机数x，再由变换公式$y=g(x)$得到Y的随机数y。对于二维情形，可类似地应用定理3.3相应结果。

下面我们来看一个二维情形的变换抽样法例子。

例3.3 用变换抽样法产生标准正态随机数。

解：设γ_1,γ_2为均匀随机数，则γ_1,γ_2相互独立，且有

$$(\gamma_1,\gamma_2) \sim f(\gamma_1,\gamma_2) = 1, \quad (0 \leqslant \gamma_1、\gamma_2 \leqslant 1)$$

现作变换

$$\begin{cases} u_1 = \sqrt{-2\ln\gamma_1}\cos(2\pi\gamma_2) \\ u_2 = \sqrt{-2\ln\gamma_1}\sin(2\pi\gamma_2) \end{cases} \tag{3.1}$$

则其逆变换为

$$\begin{cases} \gamma_1 = \exp\left\{-\frac{1}{2}(u_1^2+u_2^2)\right\} \\ \gamma_2 = \frac{1}{2\pi}\text{arctg}\left(\frac{u_2}{u_1}\right) \end{cases}$$

而

$$\mid J \mid = \begin{vmatrix} \frac{\partial\gamma_1}{\partial u_1} & \frac{\partial\gamma_1}{\partial u_2} \\ \frac{\partial\gamma_2}{\partial u_1} & \frac{\partial\gamma_2}{\partial u_2} \end{vmatrix} = \begin{vmatrix} -u_1 e^{-\frac{1}{2}(u_1^2+u_2^2)}, & -u_2 e^{-\frac{1}{2}(u_1^2+u_2^2)} \\ -\frac{1}{2\pi}\frac{u_1}{u_1^2+u_2^2}, & \frac{1}{2\pi}\frac{u_2}{u_1^2+u_2^2} \end{vmatrix} = \frac{1}{2\pi}\exp\left\{-\frac{1}{2}(u_1^2+u_2^2)\right\}$$

由定理3.3知，u_1、u_2的联合分布密度为

$$g(u_1,u_2) = f(\gamma_1,\gamma_2) \mid J \mid = \frac{1}{2\pi}\exp\left\{-\frac{1}{2}(u_1^2+u_2^2)\right\} = \frac{1}{\sqrt{2\pi}}e^{-\frac{u_1^2}{2}}\frac{1}{\sqrt{2\pi}}e^{-\frac{u_2^2}{2}}$$

显然，u_1、u_2相互独立且均服从标准正态分布$N(0,1)$，由此即可根据变换抽样公式(3.1)，由均匀随机数γ_1、γ_2来产生标准正态随机数u_1、u_2。

由该例还可知,当 x、y 为均匀随机数 γ_1、γ_2 时,其变换

$$u=g_1(\gamma_1,\gamma_2)、\quad v=g_2(\gamma_1,\gamma_2)$$

所服从的联合密度为

$$g(u,v)=|J|=\left|\frac{\partial(\gamma_1,\gamma_2)}{\partial(u,v)}\right|$$

我们常利用该关系来得到二维情形的变换抽样法。

下面我们再给出几个利用均匀随机数之和、积、商分布的变换结果。

(1) n 个均匀随机数 γ_i 之和

$$S_n=\sum_{i=1}^{n}\gamma_i$$

的密度为

$$f_S(x)=\frac{1}{(n-1)!}\sum_{i=0}^{[x]}(-1)^i C_n^i (x-i)^{n-1} \tag{3.2}$$

(2) n 个均匀随机数 γ_i 之积

$$Y_n=\prod_{i=1}^{n}\gamma_i$$

的密度为

$$f_Y(x)=(-\ln x)^{n-1}/(n-1)!,\quad 0\leqslant x\leqslant 1$$

(3) 均匀随机数 γ_1、γ_2 之商 $X=\gamma_2/\gamma_1$ 的密度为

$$f_X(x)=\begin{cases}0, & x\leqslant 0\\ \dfrac{1}{2}, & 0<x\leqslant 1\\ \dfrac{1}{2x^2}, & x>1\end{cases}$$

(4) n 个均匀随机数的对数之和 $Z_n=-\sum_{i=1}^{n}\ln\gamma_i=-\ln\left(\prod_{i=1}^{n}\gamma_i\right)$ 的密度为

$$f_Z(x)=\frac{1}{\Gamma(n)}x^{n-1}e^{-n},\ (x\geqslant 0)$$

其中 $\Gamma(n)=(n-1)!$。

利用上述结果,我们可得到有关已知分布的抽样值,例如,设已知 X 服从(3.2)式的密度,则用

$$x=\sum_{i=1}^{n}\gamma_i$$

可得到 X 的抽样值。

三、舍选抽样法

(一) 一般舍选抽样法

舍选抽样法是满足一定检验条件进行舍选变换以得到给定分布随机数的抽样方法。该法由 Von Neumann 于 1951 年所提出，由于其方法灵活、计算简单、使用方便而得到较广泛的应用。

定理 3.4 设随机向量(X,Y)的联合密度为$g(x,y)$，又$h(x)$在Y的定义域上取值，则按图 3.2 的算法框图进行抽样所得的抽样值z的密度为

$$f_Z(x)=L\int_{-\infty}^{h(x)}g(x,y)\mathrm{d}y$$

其中

$$L=[\int_{-\infty}^{\infty}(\int_{-\infty}^{h(x)}g(x,y)\mathrm{d}y)\mathrm{d}x]^{-1}$$

为常数。

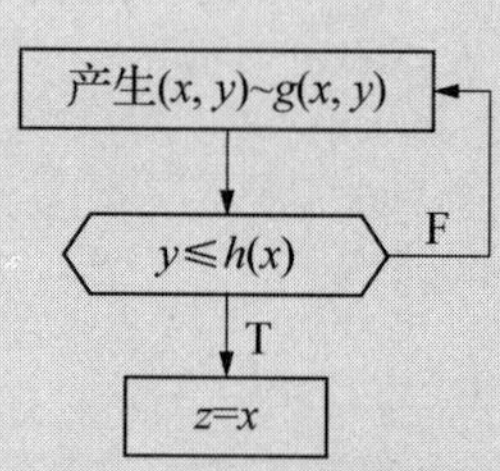

产生(x, y)~g(x, y)

y≤h(x)

F

T

z=x

图 3.2 一般舍选抽样框图

证明：

$$\begin{aligned}P\{Z\leqslant x\}&=P\{X\leqslant x\mid Y\leqslant h(x)\}=P\{X\leqslant x,Y\leqslant h(x)\}/P\{Y\leqslant h(x)\}\\&=\int_{-\infty}^{x}\left(\int_{-\infty}^{h(u)}g(u,v)\mathrm{d}v\right)\mathrm{d}u\Big/\int_{-\infty}^{\infty}\left(\int_{-\infty}^{h(u)}g(u,v)\mathrm{d}v\right)\mathrm{d}u\\&=\int_{-\infty}^{x}\left(L\int_{-\infty}^{h(u)}g(u,v)\mathrm{d}v\right)\mathrm{d}u\end{aligned}$$

则

$$f_Z(x)=(P\{Z\leqslant x\})'=L\int_{-\infty}^{h(x)}g(x,y)\mathrm{d}y$$

其中

$$L=[\int_{-\infty}^{\infty}(\int_{-\infty}^{h(x)}g(x,y)\mathrm{d}y)\mathrm{d}x]^{-1}\quad(\text{证毕})$$

在定理中，若X与Y相互独立，且$X\sim g_1(x)$，$Y\sim g_2(x)$，则按图 3.3 抽样过程所得的抽样值z的密度相应地变为

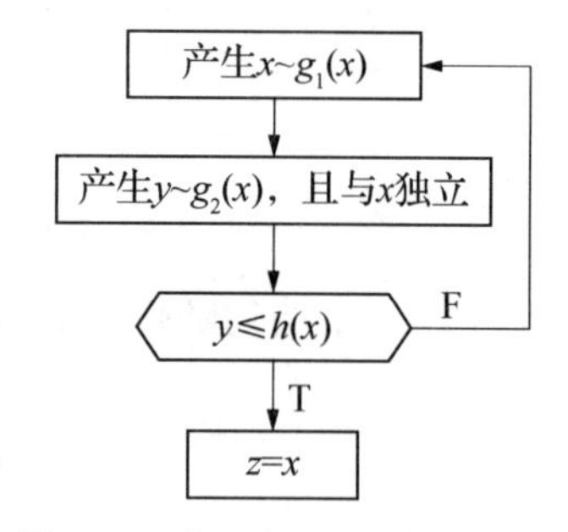

图 3.3 独立变量舍选抽样框图

$$f_Z(x)=Lg_1(x)\int_{-\infty}^{h(x)}g_2(y)\mathrm{d}y\qquad(3.3)$$

其中

$$L=[\int_{-\infty}^{\infty}g_1(x)(\int_{-\infty}^{h(x)}g_2(y)\mathrm{d}y)\mathrm{d}x]^{-1}$$

由此可知，舍选抽样即将符合条件$y\leqslant h(x)$的x选出，作为要求的随机数，而将不符合条件的x舍去。显然，选出的元素越多，舍选抽样法的效率越高，我们将选取一个随机数$z=x$的概率

$$p=P\{y\leqslant h(x)\}=\int_{-\infty}^{\infty}\left(\int_{-\infty}^{h(x)}g(x,y)\mathrm{d}y\right)\mathrm{d}x=1/L$$

称为舍选抽样的效率。p 越大，说明算法的计算量越小，效率也就越高。

下面我们考虑舍选抽样的两种特殊情形。

（二）简单分布的舍选抽样

简单分布是指其密度 $f(x)$ 在有限区域 $[a,b]$ 上定义且为有界的分布。设待抽样的随机变量 Z 具有简单分布，则其密度 $f(x)$ 在 $[a,b]$ 上取有限值，取 $f(x)$ 的上界

$$f_0=\sup_{a\leqslant x\leqslant b}f(x)$$

并令

$$X=a+(b-a)\gamma_1,\quad Y=f_0\gamma_2$$

则

$$X\sim g_1(x)=\frac{1}{b-a},\quad (x\in[a,b])$$

$$Y\sim g_2(x)=\frac{1}{f_0},\quad (x\in[0,f_0])$$

令 $h(x)=f(x)$，利用定理 3.4，由图 3.4 所示舍选抽样过程所得的抽样值的密度为

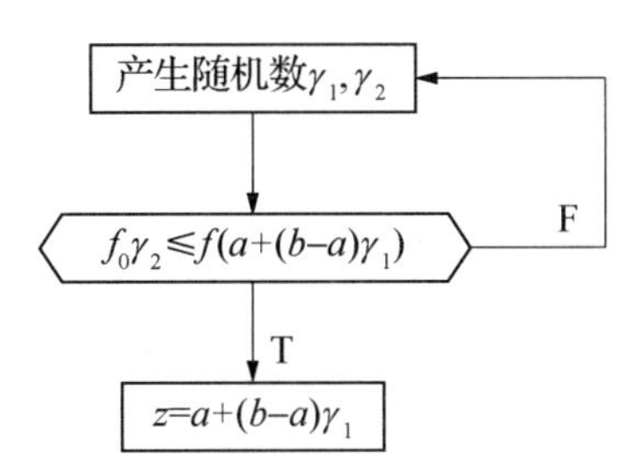

图 3.4　简单分布的舍选抽样框图

$$f_Z(x)=Lg_1(x)\int_{-\infty}^{f(x)}g_2(y)\mathrm{d}y=L\frac{1}{(b-a)}\int_0^{f(x)}\frac{1}{f_0}\mathrm{d}y=L\frac{1}{(b-a)f_0}f(x)=f(x)$$

由 $L=(b-a)f_0$ 知，其抽样效率为

$$p=\frac{1}{L}=\frac{1}{(b-a)f_0}$$

此时舍选抽样的直观意义如图 3.5 所示，在边长 f_0 和 $(b-a)$ 的矩形内，任投一点 S（即 $(a+(b-a)\gamma_1,f_0\gamma_2)$），若该点（如 S_1）落在曲线 $f(x)$ 的下面，即

$$f_0\gamma_2\leqslant f(a+(b-a)\gamma_1)$$

则以该点的横坐标作为 Z 的抽样值，否则（如 S_2），则拒绝该点，进行新的抽样试验。

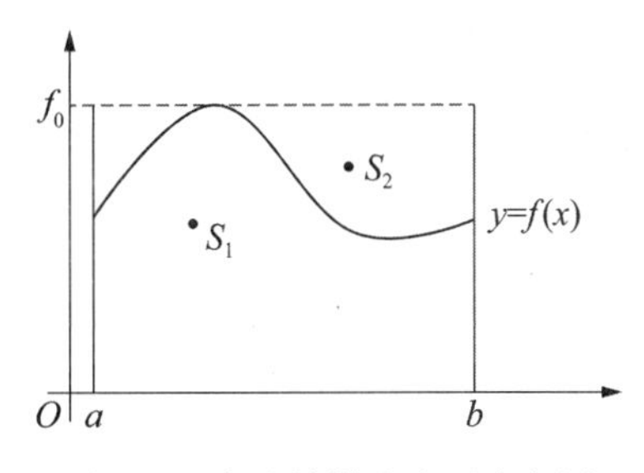

图 3.5　舍选抽样法直观意义图

例 3.4 用舍选抽样法产生下列分布的抽样值。

$$f(x)=\frac{12}{(3+2\sqrt{3})\pi}\left(\frac{\pi}{4}+\frac{2\sqrt{3}}{3}\sqrt{1-x^2}\right)\quad(0\leqslant x\leqslant 1)$$

解:由于 $f(x)$ 为在 $[0,1]$ 上取值的简单分布,而

$$f_0=\sup_{x\in[0,1]}f(x)=\frac{12}{(3+2\sqrt{3})\pi}\left(\frac{\pi}{4}+\frac{2\sqrt{3}}{3}\right)$$

故由简单分布的舍选抽样法可得该分布的抽样过程如图 3.6 所示,其抽样效率为

$$p=1/f_0\approx 0.872$$

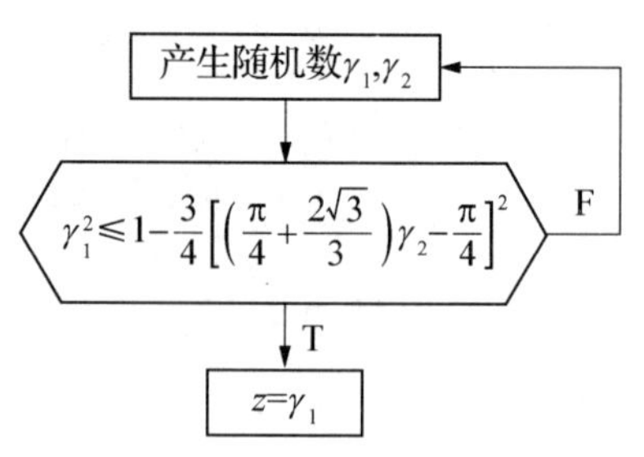

图 3.6 例 3.4 舍选抽样框图

(三) 乘积分布的舍选抽样

设待抽样的随机变量 Z 的密度 $f(x)$ 可分解为乘积形式:

$$f(x)=Lh(x)g(x)$$

其中 $0\leqslant h(x)\leqslant 1$,$g(x)$ 为分布密度函数。这即对应于定理 3.4 中(见(3.3)式)$g_2(x)$ 为均匀分布密度的情形,故在其对应算法框图中产生均匀随机数即可。此时,抽样效率为 $p=1/L$。

例 3.5 用舍选抽样法产生下列半正态分布的抽样值。

$$f(x)=\sqrt{\frac{2}{\pi}}\mathrm{e}^{-\frac{1}{2}x^2},\quad(x\geqslant 0)$$

解:由于半正态密度 $f(x)$ 可分解为

$$f(x)=\sqrt{\frac{2\mathrm{e}}{\pi}}\cdot\mathrm{e}^{-\frac{1}{2}(x-1)^2}\cdot\mathrm{e}^{-x},\quad(x\geqslant 0)$$

取

$$L=\sqrt{\frac{2\mathrm{e}}{\pi}},\ h(x)=\mathrm{e}^{-\frac{1}{2}(x-1)^2},\ g(x)=\mathrm{e}^{-x},(x\geqslant 0)$$

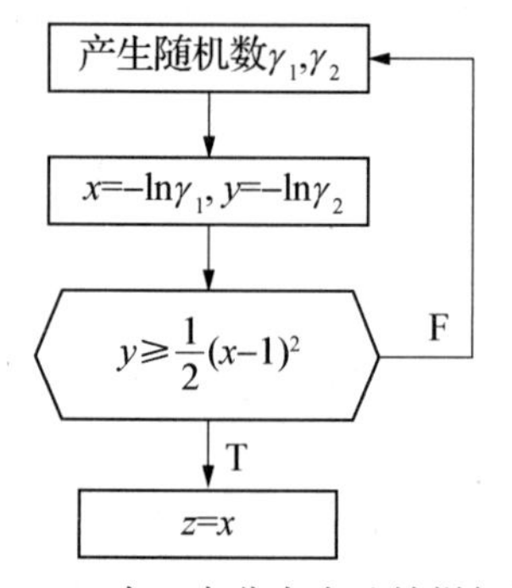

图 3.7 半正态分布舍选抽样框图

其中 $g(x)$ 为 $\lambda=1$ 的指数分布密度。利用指数分布的求逆抽样公式即可得下列半正态分布的抽样过程(如图 3.7 所示),

其中舍选条件因

$$\gamma_2\leqslant\mathrm{e}^{-\frac{1}{2}(x-1)^2}$$

可化为

$$-\ln\gamma_2\geqslant\frac{1}{2}(x-1)^2$$

所得。

乘积分布的舍选抽样法还可如下应用：

设要抽样的随机变量的密度为 $f(x)$，我们可先构造一尽量简单的 $f(x)$ 的上界函数 $M(x)$：$f(x) \leqslant M(x)$，并将 $M(x)$ 化为密度函数形式：

$$g(x) = \frac{1}{L}M(x)$$

其中

$$L = \int_{-\infty}^{\infty} M(x)\mathrm{d}x$$

则有

$$f(x) = Lh(x)g(x),(h(x) = f(x)/M(x))$$

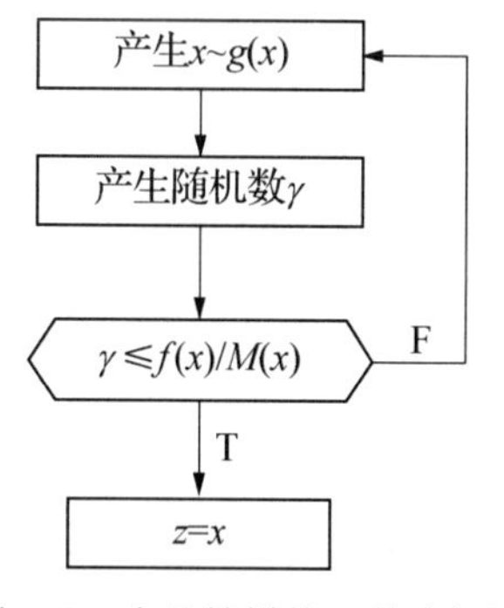

图 3.8　舍选抽样修正算法框图

由此即可得图 3.8 所示的舍选抽样算法。其抽样效率为

$$p = 1/L = 1/(\int_{-\infty}^{\infty} M(x)\mathrm{d}x)$$

四、值序抽样法

值序抽样法是通过排序而得到的抽样法。

设 $X_1, X_2, \cdots, X_n$ 为独立同分布随机变量，$X_{(1)}, \cdots, X_{(n)}$ 为其顺序统计量，即当 $(X_1, \cdots, X_n)$ 取值为 $(x_1, \cdots, x_n)$ 时，$(X_{(1)}, \cdots, X_{(n)})$ 的值总取为由 $(x_1, \cdots, x_n)$ 从小到大重排后得到的序列 $x_{(1)}, x_{(2)}, \cdots, x_{(n)}$。此时 $X_{(i)}(i=1,2,\cdots,n)$ 的密度和分布函数分别为

$$f_i^{(n)}(x) = \frac{n!}{(i-1)!\ (n-i)!}[F(x)]^{i-1}[1-F(x)]^{n-i}f(x)$$

$$F_i^{(n)}(x) = \frac{n!}{(i-1)!\ (n-i)!}\int_0^{F(x)} t^{i-1}(1-t)^{n-i}\mathrm{d}t$$

其中 $f(x)$、$F(x)$ 是 $X_i(i=1,\cdots,n)$ 的密度和分布函数。

特别地，当 $X_1, \cdots, X_n$ 相互独立同服从均匀分布 $U[0,1]$ 时

$$f_i^{(n)}(x) = \frac{n!}{(i-1)!\ (n-i)!}x^{i-1}(1-x)^{n-i} \quad (0 \leqslant x \leqslant 1) \tag{3.4}$$

值序抽样法可用于产生 Beta 分布的随机数。

例 3.6　设 X 服从 Beta 分布 $I(a,b)$，其密度为

$$f(x) = \frac{1}{B(a,b)}x^{a-1}(1-x)^{b-1}, (0 \leqslant x \leqslant 1)$$

其中 $a>0, b>0, B(a,b)$ 为 Beta 函数。试求 a、b 均为整数时 X 的抽样值。

解：当 a、b 均为整数时，将上列 Beta 分布的密度函数形式与(3.4)式比较，即可得 a、b 均为整数时 Beta 分布的值序抽样法：

先产生相互独立的均匀分布随机数 $\gamma_1,\cdots,\gamma_n$，将它们按递增顺序排为 $\gamma_{(1)}\leqslant\gamma_{(2)}\leqslant\cdots\leqslant\gamma_{(n)}$，则

$$\gamma_{(1)}=\min_i\{\gamma_i\}\sim I(1,n);$$
$$\gamma_{(k)}\sim I(k,n-k+1),\quad(k=2,\cdots,n-1);$$
$$\gamma_{(n)}=\min_i\{\gamma_i\}\sim I(n,1)$$

借助目前计算机的快速排序算法，适当选取 n,k，即可得到参数为整数的 Beta 分布的抽样。

五、复合抽样法

复合抽样法是1954年由 Kahn 提出的抽样方法，待抽样分布为下列复合分布

$$f(x)=\int_{-\infty}^{\infty}f_2(x|y)\mathrm{d}F_1(y)\left(=\int_{-\infty}^{\infty}f_2(x|y)f_1(y)\mathrm{d}y\right)\tag{3.5}$$

其中 $F_1(y)$ 为分布函数，$f_2(x|y)$ 为取定时的条件分布密度。其抽样算法为

1° 产生 Y 的抽样值 $y\sim F_1(y)$（密度 $f_1(y)$）；

2° 产生抽样值，$x_y\sim f_2(x|y)$；

3° 取 $z=x_y$。

则所产生的 z 的密度为

$$f(x)=\int_{-\infty}^{\infty}f_2(x|y)\mathrm{d}F_1(y)\left(=\int_{-\infty}^{\infty}f_2(x|y)f_1(y)\mathrm{d}y\right)$$

例 3.7 试用复合抽样法产生下列 Laplace 分布的抽样值：

$$f(x)=\frac{1}{2}\mathrm{e}^{-|x|},\quad -\infty<x<\infty\tag{3.6}$$

解：易知，标准 Laplace 分布的密度(3.6)式可表为下列复合分布形式：

$$f(x)=\int_{-\infty}^{\infty}f_2(x+y)f_1(y)\mathrm{d}y$$

其中 $f_1(y)$、$f_2(x)$ 均为 $\lambda=1$ 的指数分布：$\lambda\mathrm{e}^{-\lambda x}(x\geqslant0)$。则有：

$$y=-\ln\gamma_1\sim f_1(y);$$
$$x_y+y=-\ln\gamma_2\sim f_2(x+y)$$

故所求复合抽样公式为：

$$z=x_y=-\ln\gamma_2-y=\ln\gamma_1-\ln\gamma_2=\ln\left(\frac{\gamma_1}{\gamma_2}\right)$$

在复合分布密度(3.6)式中，若取

$$F_1(y)=\sum_{k\leqslant y}p_k$$

则复合分布表现为加分布的形式：

$$f(x)=\sum_{k=1}^{n}f_2(x|k)p_k=\sum_{k=1}^{n}p_kf_k(x) \tag{3.7}$$

其中

$$p_k\geqslant 0 \text{ 且} \sum_{k=1}^{n}p_k=1$$

而 $f_k(x)=f_2(x|k)$ 为相应于 k 的分布密度。这即 $f(x)$ 可表示为 n 个子分布密度 $f_k(x)$ 的概率和，则其相应的复合抽样算法为：

1° 产生 $y\sim$ 离散分布 $P\{Y=k\}=p_k,\quad k=1,\cdots,n$；

2° 产生 $x_y\sim f_y(x)$；

3° 取 $z=x_y$。

则有

$$z\sim f(x)=\sum_{k=1}^{n}p_kf_k(x)$$

事实上，此时 $Z=z$ 的分布函数为

$$F(x)=P\{Z\leqslant x\}=P\left\{(Z\leqslant x)\cap(\bigcup_{k=1}^{n}(Y=k))\right\}=\sum_{k=1}^{n}P\{(Z\leqslant x)\cap(Y=k)\}$$

$$=\sum_{k=1}^{n}P\{Z\leqslant x\mid Y=k\}P\{Y=k\}=\sum_{k=1}^{n}p_kF_k(x)$$

故

$$Z=z\sim f(x)=\sum_{k=1}^{n}p_kf_k(x)$$

六、近似抽样法

上面讨论的几种抽样法不含系统误差，在理论上是精确的，但在实际应用中，常会出现抽样效率较低或运算量太大等缺陷，因此我们还常采用近似抽样法。近似抽样法虽然含有系统误差，但在实际模拟中，一般不影响结果的精度，且通常具有抽样效率高、运算量较小等特点。

近似抽样法主要有以下三种形式：分布近似法、函数近似法、概率近似法。

（一）分布近似法

分布近似法是对已知分布的密度 $f(x)$（或分布函数 $F(x)$）进行近似，即确定其近似分布 $\tilde{f}(x)\approx f(x)$，再对近似分布 $\tilde{f}(x)$ 产生抽样值来替代原分布的抽样值 z。

该法中最常见的有阶梯近似：

$$\tilde{f}(x)=\int_{x_{i-1}}^{x_i}f(x)\mathrm{d}x=F(x_i)-F(x_{i-1}),\ x_{i-1}\leqslant x\leqslant x_i,\quad (i=1,2,\cdots,n)$$

和线性近似：

$$\tilde{f}(x)=c\left[f_{i-1}+\frac{x-x_{i-1}}{x_i-x_{i-1}}(f_i-f_{i-1})\right],\ x_{i-1}\leqslant x\leqslant x_i,\ (i=1,2,\cdots,n)$$

其中 $x_0,x_1,\cdots,x_n$ 为任意分点，$f_i=f(x_i)(i=0,1,\cdots,n)$ 为相应的密度函数值，c 为密度化因子。则其抽样法分别为

$$z=x_{i-1}+\frac{\gamma-\tilde{F}(x_{i-1})}{\tilde{F}(x_i)-\tilde{F}(x_{i-1})}(x_i-x_{i-1}),\ 当\ \tilde{F}(x_{i-1})<\gamma\leqslant\tilde{F}(x_i)$$

(其中 $\tilde{F}(x)$ 为近似分布的分布函数。)和图 3.9 框图所示的抽样法。

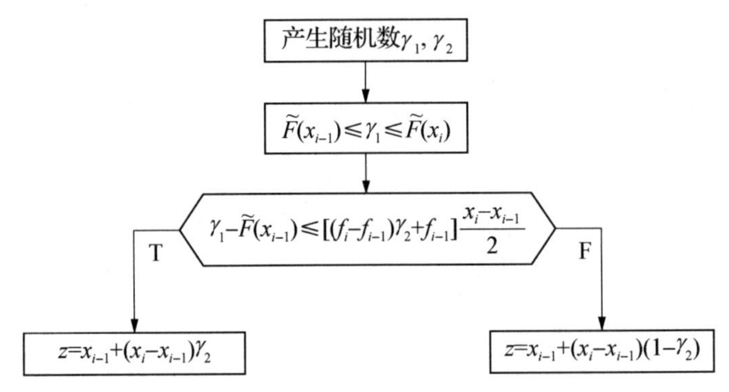

图 3.9　分布近似法的抽样程序框图

(二) 函数近似法

函数近似法是根据求逆抽样法，对于待抽样分布函数的逆函数 $F^{-1}(\gamma)$ 给出近似计算法，再用 $F^{-1}(\gamma)$ 的近似值来替代 $z=F^{-1}(\gamma)$ 的值。该法与分布近似法类似，主要是用于求逆抽样中逆函数 $F^{-1}(\gamma)$ 不易求出的情形。

例如，通常 $F^{-1}(\gamma)$ 具有以下性质：

当 $\gamma\to 0$ 时，$F^{-1}(\gamma)\to-\infty$，当 $\gamma\to 1$ 时，$F^{-1}(\gamma)\to\infty$。

则可利用最小二乘法拟合曲线 $F^{-1}(\gamma)$，取拟合函数为

$$F^{-1}(\gamma)=a+b\gamma+c\gamma^2+\alpha(1-\gamma)^2\ln\gamma+\beta\gamma^2\ln(1-\gamma) \tag{3.8}$$

这对非常广泛的一类分布函数是可行的，其中系数 a、b、c、α、β 由曲线拟合法来确定。当然对 $F^{-1}(\gamma)$ 也可采用有理分式逼近、多项式逼近等近似函数法。

例 3.8　用近似抽样拟合式(3.8)来产生标准正态分布的抽样值。

解：这即拟合 $N(0,1)$ 的分布函数 $\Phi(x)$ 的逆 $\Phi^{-1}(\gamma)$，满足

$$\gamma=\Phi(\Phi^{-1}(\gamma))=\int_{-\infty}^{\Phi^{-1}(\gamma)}\frac{1}{\sqrt{2\pi}}e^{-\frac{x^2}{2}}dx$$

取点 $\gamma_k=k/200,k=1,2,\cdots,199$，根据(3.8)式用逐步回归法得其近似抽样公式为

$$u=-0.8368(1+2\gamma)+0.3315[(1-\gamma)^2\ln\gamma-\gamma^2\ln(1-\gamma)]$$

对正态分布的函数近似法，即对正态分布函数的逆函数的有理逼近结果讨论较多，这里再给出其中较好的一种。

例 3.9(Hasting 有理逼近法)　用有理近似法来产生标准正态分布的抽样值。

解：这即 Hasting 有理逼近法，其算法为

1° 先产生随机数 γ，再构造 $x=\sqrt{-2\ln\gamma}$；

2° 取

$$u=x-\frac{a_0+a_1x+a_2x^2}{1+b_1x+b_2x^2+b_3x^3}$$

其中

$$a_0=2.515\,517,\quad a_1=0.802\,853,\quad a_2=0.010\,328$$
$$b_1=1.432\,788,\quad b_2=0.189\,269,\quad b_3=0.001\,308$$

用该近似法进行抽样，其抽样值的误差小于 10^{-4}。

(三) 概率近似法

概率近似法是利用概率统计中的原理，当待抽样分布为渐近分布 $f_n(x)$ 的极限分布时，对足够大的 n，产生渐近分布 $f_n(x)$ 的抽样值 z_n 作为原分布的抽样值的近似。显然，该法与前两种近似法类似，只是不一定要给出渐出分布 $f_n(x)$ 的具体形式，而只需产生的抽样值 z_n 的分布之极限分布为待抽样分布即可。

例 3.10　用概率近似法产生 $N(0,1)$ 的抽样值。

解：根据概率统计中的中心极限定理，因对随机数 γ，有

$$E(\gamma)=\frac{1}{2},\quad D(\gamma)=\frac{1}{12}$$

则取随机数 $\gamma_1,\cdots,\gamma_n$，有

$$u_n=\left(\sum_{i=1}^{n}\gamma_i-\frac{n}{2}\right)\Big/\sqrt{\frac{n}{12}}\sim N(0,1)\quad(\text{渐近})$$

因此，当 n 足够大时，便可将 u_n 作为 $N(0,1)$ 的概率近似抽样值。

在实际应用中，常取 $n=6$ 或 $n=12$(注意，γ 与 $1-\gamma$ 均为均匀随机数)：

$n=6$ 时，$u=\sqrt{2}\sum_{i=1}^{3}(\gamma_{2i}-\gamma_{2i-1})$；　$n=12$ 时，$u=\sum_{i=1}^{6}(\gamma_{2i}-\gamma_{2i-1})$。

七、经验(分布)抽样法

上述几种抽样法均为待抽样分布已知时产生其抽样值的一般抽样方法，而经验抽样法是在待抽样分布未知时，直接由其观测数据或经验分布函数来产生其抽样值的抽样方法。

在已知待抽样分布的原始观测数据为 $x_1,x_2,\cdots,x_n$ 时，经验抽样算法的步骤为：

1° 将 $x_1,x_2,\cdots,x_n$ 依从小到大排成顺序统计量的值：

$$x_{(1)} \leqslant x_{(2)} \leqslant \cdots \leqslant x_{(n)}$$

2° 产生随机数 γ；

3° $l=[(n-1)\gamma]+1$，其中$[x]$为对 x 取整；

4° $x=x_{(l)}+[(n-1)\gamma-l+1](x_{(l+1)}-x_{(l)})$。

由此产生的 $x\sim$经验分布函数 $F_n^*(x)$，即为所需抽样值。

由概率统计的理论知，若 $F_n^*(x)$为待抽样分布 $F(x)$的经验分布函数，则当 $n\to\infty$时，

$$F_n^*(x)\to F(x)$$

即当 n 足够大时，$F_n^*(x)$为 $F(x)$的近似分布。虽然上述经验抽样算法未求出其经验分布函数 $F_n^*(x)$，而是由其观测数据直接得到抽样过程，但所产生的抽样值 $x\sim F_n^*(x)$，即近似服从待抽样分布。显然该抽样法较为简便，产生的抽样值的取值区间为$[x_{(1)},x_{(n)}]$。

若已知待抽样分布的 n 个观测数据在 k 个分划区间

$$[a_0,a_1],(a_1,a_2],\cdots,(a_{k-1},a_k]$$

中的频数分别为 $n_1,n_2,\cdots,n_k$，$\left(\sum_{i=1}^{k}n_i=n\right)$，则由这些分组频数即可得到待抽样分布的经验分布函数，由此即可实现其经验抽样。

其算法步骤为：

1° 求经验分布函 $F_n^*(x)$；

$$F_n^*(a_i)=\left(\sum_{j=1}^{i}n_j\right)\Big/n,\quad i=1,\cdots,k$$

2° 产生均匀随机数 γ；

3° 求非负整数 $I(0\leqslant I\leqslant k-1)$，使得

$$F_n^*(a_I)<\gamma\leqslant F_n^*(a_{I+1})$$

4° 取
$$x=a_I+\frac{\gamma-F_n^*(a_I)}{F_n^*(a_{I+1})-F_n^*(a_I)}(a_{I+1}-a_I)$$

则所产生的 $x\sim F_n^*(x)$，即为待抽样分布的近似抽样值，其取值区间为$[a_0,a_k]$。

八、常用分布的抽样法

上述各种一般抽样法目前已广泛应用于产生常用随机变量即常用分布的抽样中，而一种好的常用分布的抽样往往是综合运用多种抽样法，并充分利用该分布本身的特性。线上资源中就可以得到我们以列表形式分别就常用连续型分布和离散型分布给出的抽样算法，这些算法可作为上节一般抽样法的实际应用。在这些算法表示中，用 γ 或 γ_i 表示均匀随机数，用 u 或 u_i 表示标准正态 $N(0,1)$的随机数。

第2节 随机数的检验

在计算机上用数学方法产生的服从某一特定分布的伪随机数序列在投入使用之前，首先要通过随机数的各类统计检验。

设随机变量 X 具有连续的分布函数 $F(x)$，则随机变量 $R=F(X)$ 在 $[0,1)$ 上服从均匀分布。对于离散型随机变量也有类似性质。因此只要能对均匀随机数 R 进行统计检验，即可检验一般的随机变量。所以我们下面只讨论均匀随机数的检验。

设 $\gamma_1,\gamma_2,\cdots,\gamma_n$ 为某个均匀随机序列，则主要的目标为检验 $\gamma_1,\gamma_2,\cdots,\gamma_n$ 是否为相互独立且同均匀分布的随机数序列。

一、检验均匀性

(一) 参数检验

参数检验即检验 $\{\gamma_i\}$，$i=1,2,\cdots,n$ 的总体分布参数是否与均匀分布参数一致。对于 $R\sim U[0,1]$ 有

$$E(R)=\frac{1}{2},\quad E(R^2)=\frac{1}{3},\quad D(R)=\frac{1}{12}$$

相应地，由 $\{\gamma_i\}$ 得到的 $E(R)$、$E(R^2)$ 和 $D(R)$ 的子样估计值为

$$\bar{r}=\frac{1}{n}\sum_{i=1}^{n}r_i,\quad \bar{r}^2=\frac{1}{n}\sum_{i=1}^{n}r_i{}^2,\quad s^2=\frac{1}{n}\sum_{i=1}^{n}(r_i-\bar{r})^2$$

因为 $\gamma_1,\gamma_2,\cdots,\gamma_n$ 相互独立。则由中心极限定理可建立如下统计量并给出相应原假设

$$\text{在 } H_0:E(R)=\frac{1}{2}\text{ 下，}\quad u_1=\frac{\bar{r}-1/2}{\sqrt{3/12n}}\sim N(0,1)(\text{渐近})；$$

$$\text{在 } H_0:E(R^2)=\frac{1}{3}\text{ 下，}\quad u_2=\frac{\bar{r}^2-1/3}{\sqrt{3/45n}}\sim N(0,1)(\text{渐近})；$$

$$\text{在 } H_0:D(R)=\frac{1}{12}\text{ 下，}\quad u_3=\frac{s^2-1/12}{\sqrt{1/180n}}\sim N(0,1)(\text{渐近})。$$

此时给定 α，当检验的概率 P 值 $<\alpha$ 时，即可拒绝原假设 H_0。

(二) Pearson 的 χ^2 拟合优度检验

Pearson 的 χ^2 拟合优度检验即检验 $\{\gamma_i\}$ 是否来自均匀分布。

应检验的假设检验问题为

$$H_0:\{\gamma_i\}\text{ 服从均匀分布 }U[0,1];\quad H_1:\{\gamma_i\}\text{ 不服从均匀分布 }U[0,1]$$

假定已将区间 $[0,1]$ 等分成 k 个小区间 $I_j=\left(\frac{j-1}{k},\quad\frac{j}{k}\right)$，即 $[0,1]=\bigcup_{j=1}^{k}I_j$。

设$\{\gamma_i\}$中有n_j个落入区间$I_j, j=1,2,\cdots,k$。由均匀性假设，γ_i落入区间I_j的概率为

$$p_j=\frac{1}{k}, \quad j=1,2,\cdots,k$$

因此可得 Pearsonχ^2 统计量为

$$\chi^2=\sum_{j=1}^{k}\frac{(n_j-np_j)^2}{np_j}\sim\chi^2(k-1) \quad (渐近)$$

对给定α，当检验的概率P值$<\alpha$时，即可拒绝原假设H_0，认为$\{\gamma_i\}$不服从均匀分布。

（三）Kolmogorov-Smirnov 检验

Kolmogorov-Smirnov 检验即检验$\{\gamma_i\}$是否来自均匀分布。

应检验的假设检验问题为

$$H_0:\{\gamma_i\}\text{ 服从均匀分布 }U[0,1]; \quad H_1:\{\gamma_i\}\text{ 不服从均匀分布 }U[0,1]$$

记$U(0,1)$的分布函数为$F_0(x)$，记序列$\{\gamma_i\}$的累计频数分布为$F_1(x)$。构造统计量D为$F_0(x)$与$F_1(x)$的最大差距值，定义如下

$$D=\max_{1\leqslant i\leqslant n}|F_0(\gamma_{(i)})-F_1(\gamma_{(i)})|$$

对给定α，当检验的概率P值$<\alpha$时，则拒绝H_0，认为$\{\gamma_i\}$不服从均匀分布。

例 3.11 应用 R 软件随机生成服从均匀分布和正态分布的两个样本，并进行两样本 K-S 非参数检验，检验其对应总体分布是否有显著差异。

R 编程应用

```
# 安装 KS 包
install.packages("ks")
# 加载 KS 包
library(ks)
# 设置随机种子以便结果可重复
set.seed(2023)
# 生成两个随机样本
sample1 <- runif(500,0,1)  # 第一个样本来自均匀分布 U(0,1)
sample2 <- rnorm(500)      # 第二个样本来自正态分布 N(0,1)
sample2 <- (sample2 - min(sample2))/(max(sample2) - min(sample2))  # 标准化到
[0,1]区间
# 进行两样本 KS 检验
ks_test_result <- ks.test(sample1,sample2)
print(ks_test_result)
## 两样本 KS 检验输出结果:
            Asymptotic two - sample Kolmogorov-Smirnov test
data: sample1 and sample2
D = 0.384,p - value < 2.2e - 16
alternative hypothesis: two - sided
```

由该 K-S 检验输出结果知，统计量$D=0.384$，概率P值(p-value)$<2.2\times10^{-16}$，故拒绝零假设H_0，即认为 sample1 和 sample2 所对应总体有显著差异，即不是来自相同的分布。

二、检验独立性

(一) 自相关性检验

衡量两个随机变量之间的线性相关关系可以使用相关系数(correlation coefficient)。类似的想法同样可以扩展到序列不同位置之间的项。对于序列$\{\gamma_i\}$我们可以考虑

$$(\gamma_1,\gamma_2),(\gamma_2,\gamma_3),\cdots,(\gamma_{n-2},\gamma_{n-1}),(\gamma_{n-1},\gamma_n)$$

之间的相关性。同样我们可以计算每个数和其 k 个位置之前的数

$$(\gamma_1,\gamma_{1+k}),(\gamma_2,\gamma_{2+k}),\cdots,(\gamma_{n-k-1},\gamma_{n-1}),(\gamma_{n-k},\gamma_n)$$

之间的相关性,这就是滞后 k 自相关(auto-correlation of lag k)。

对于序列 $\gamma_1,\gamma_2,\cdots,\gamma_n$ 滞后自相关函数为

$$\hat{\rho}_k=\frac{1}{n-k}\sum_{i=1}^{n-k}(\gamma_i-\bar{\gamma})(\gamma_{i+k}-\bar{\gamma})/s^2,\quad (k=1,\cdots,n-1)$$

当 n 充分大时(此时认为 $n-k$ 也充分大),在 $\rho=0$ 下有

$$Z=\hat{\rho}_k\sqrt{n-k}\sim N(0,1)\quad (渐近)$$

由此可进行 Z 检验。

一般独立性检验会在均匀性检验之后进行,因此可以使用 1/2、1/12 代替 $\hat{\rho}_j$ 中的 $\bar{\gamma}$、s^2,简化上述 $\hat{\rho}_k$ 的计算

$$\hat{\rho}_k=\left[\frac{1}{n-k}\sum_{i=1}^{n-k}\gamma_i\gamma_{i+k}-(\bar{\gamma})^2\right]\Big/s^2=\frac{12}{n-k}\sum_{i=1}^{n-k}\gamma_i\gamma_{i+k}-3,\quad k=1,2,\cdots$$

自相关性检验是用于检测序列数据中各项之间的相关性的一种统计方法。在时间序列分析中,自相关性表示时间序列中相邻观测值之间的相关性程度。如果时间序列数据存在自相关性,那么当前观测值可能与之前的观测值相关联,这可能会影响建模和预测的准确性。

自相关性检验通常包括以下步骤:

(1) 自相关性图形分析

通过绘制自相关函数图(ACF,Autocorrelation Function)来观察不同滞后阶的自相关系数。自相关函数图显示了不同滞后阶的自相关系数,可以帮助我们了解时间序列数据中的自相关结构。

(2) 统计检验

常用的自相关性检验方法包括 Ljung-Box 检验和 Durbin-Watson 检验。

Ljung-Box 检验(也称为 LB 检验)是基于时间序列数据的自相关函数,用于检验序列数据中的自相关性的常用统计检验,其检验统计量公式为

$$Q=n(n+2)\sum_{k=1}^{h}\frac{\hat{\rho}_k^2}{n-k}$$

其中 n 是时间序列数据的长度，h 是要考虑的滞后阶数。在零假设 H_0（即时间序列数据中不存在自相关性，即白噪声）下，统计量 Q 的近似分布是自由度为 h 的 χ^2 分布。当检验的 p 值小于显著性水平，则可以拒绝零假设 H_0，认为时间序列数据存在显著的自相关性。

(3) 白噪声检验

白噪声是指时间序列数据中的随机误差项之间没有相关性。因此，白噪声检验可以作为自相关性检验的一种简单方法。常用的白噪声检验方法包括 Ljung-Box 检验和 Durbin-Watson 检验。

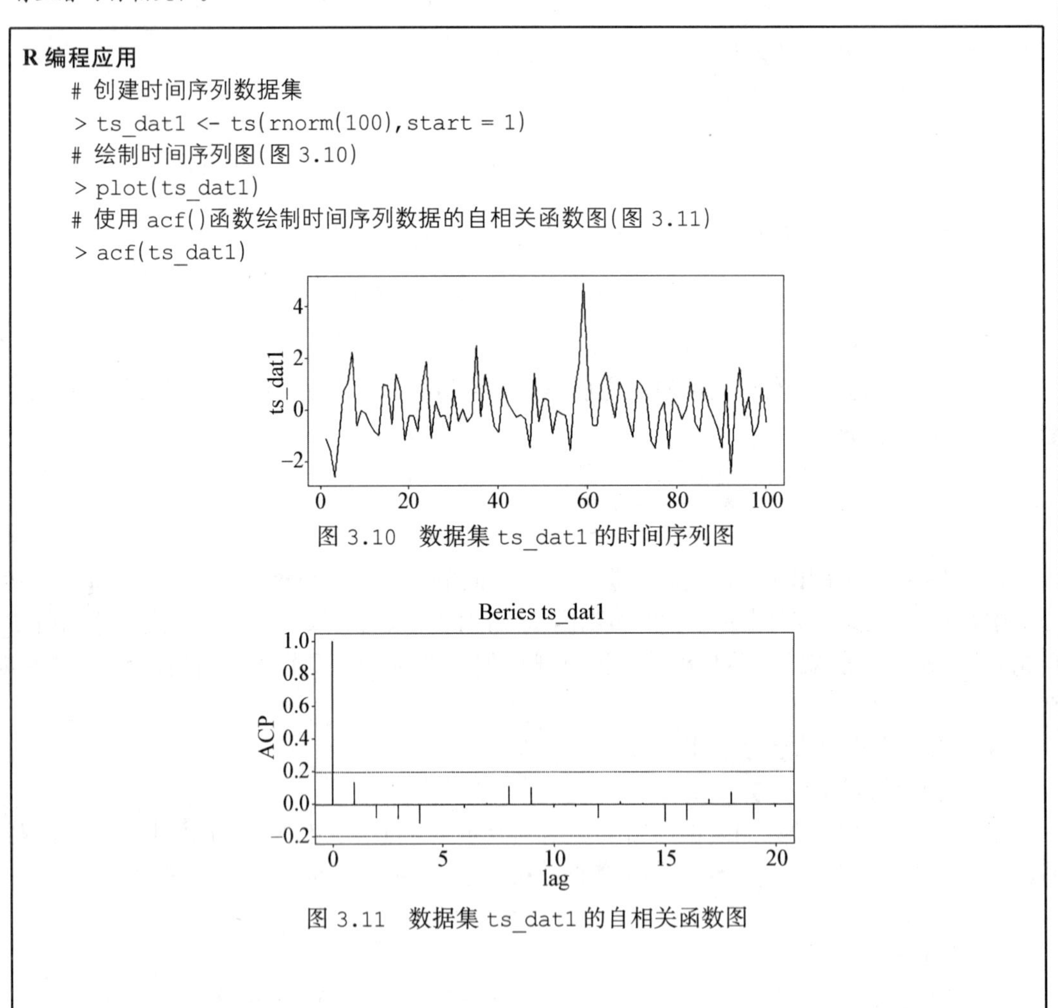

例 3.12 对一个由 100 个标准正态随机数生成的时间序列数据集，试利用 R 编程应用，检验其是否有显著的自相关性。

R 编程应用

```
# 创建时间序列数据集
> ts_dat1 <- ts(rnorm(100),start = 1)
# 绘制时间序列图(图 3.10)
> plot(ts_dat1)
# 使用 acf()函数绘制时间序列数据的自相关函数图(图 3.11)
> acf(ts_dat1)
```


图 3.10 数据集 ts_dat1 的时间序列图

图 3.11 数据集 ts_dat1 的自相关函数图

```
# 进行白噪声检验(Ljung - Box 自相关性检验)
 > Box.test(ts_dat1,lag = 1,type ="Ljung - Box")
## 输出检验结果
                    Box - Ljung test
data: ts_dat1
X - squared = 1.8944,df = 1,p - value = 0.1687
```

在上述 R 语言编程中，首先用 acf()函数绘制时间序列数据的自相关函数图，以观察时间序列数据中不同滞后阶的自相关性。再用 Box.test()函数进行白噪声检验，其中 lag = 1 指定了滞后阶数，type ="Ljung - Box"表示使用 Ljung - Box 检验法

由上述输出结果知，Ljung-Box 检验的检验统计量 $Q=1.894\ 4$，检验概率 P 值(p-value)$=0.168\ 7>0.05$，故接受零假设 H_0，认为该组标准正态随机数的时间序列数据集 ts_dat1 不存在显著的自相关性，其数据符合白噪声模型。

(二) 游程检验

游程检验是按序列$\{\gamma_i\}$的先后顺序，检验其连贯现象是否异常的检验法。把随机序列$\{\gamma_i\}$按一定规则分成 k 类，并将夹在异类元素间的同类元素组成的子列称为一个游程(run)，游程中所含元素个数称为游程长，出现游程长为 i 的游程数记为 R_i，则游程总数

$$R=\sum_{i=1}^{n}R_i$$

构成进行游程检验的统计量。

1. 正负游程检验

在正负游程检验中，一个游程(run)被定义为一系列连续的相同符号的观测值构成的序列。正游程是一系列连续的正值或 1，而负游程是一系列连续的负值或 0。游程的长度是该序列中连续相同符号的数量。

正负游程检验(runs of sign test)是一种用于检验数据序列中正负趋势是否是随机的统计方法，其基本思想是比较实际观测到的游程的模式与随机独立序列中预期游程的分布是否有显著差异，如果序列是随机的，则正负游程的出现应当符合某种随机模式。

检验时，首先计算序列中正游程和负游程的数量，从而得到实际游程总数；再根据理论计算在随机序列中预期的游程总数；然后使用统计检验方法(如计算卡方统计量或大样本时的 Z 统计量)来比较实际游程总数与预期游程总数之间的差异。其常用的 Z 检验公式为：

$$Z=\frac{R-E(R)}{\sqrt{D(R)}}\xrightarrow{L}N(0,1)$$

其中 R 是观测到的游程总数；$E(R)$是游程总数的期望值；$D(R)$是游程总数的方差：

$$D(R)=\frac{(n1+n2+1)(n1+n2-1)}{n-1}$$

而 $n1$、$n2$、n 分别是序列中正值(或 1)、负值(或 0)、总观测值的数量。

如果检验结果的概率 P 值$<\alpha=0.05$，拒绝零假设 H_0，则差异显著，即认为序列不具有

随机性。

正负游程检验是一种简单但有效的非参数检验方法，可用于检验二元序列的随机性。它在许多领域，如金融、生物统计学和通信领域中都有应用。

例 3.13 对序列

$$1,-1,1,-1,1,1,-1,-1,1,-1$$

试利用 R 语言编程，应用正负游程检验法检验其是否具有随机性？

R 编程应用

在 R 语言中，可以使用 lawstat 程序包的 runs.test( )函数执行正负游程检验。

```
# 安装并加载 lawstat 包
> install.packages("lawstat")
> library(lawstat)
# 创建示例数据
> data <- c(1,-1,1,-1,1,1,-1,-1,1,-1)
# 进行正负游程检验
> result <- runs.test(data)
> print(result) # 显示检验结果
```

```
## 输出检验结果：
                Runs Test
data:  data
statistic = 1.3416, runs = 8, n1 = 5,
n2 = 5, n = 10,
p - value = 0.1797
alternative hypothesis: nonrandomness
```

由上述 R 编程的输出结果知，正负游程检验的检验统计量 $Q=1.341\,6$，检验概率 P 值(p-value)$=0.179\,7>0.05$，故接受零假设 H_0，认为该组序列数据具有随机性。

2. 增减游程检验

增减游程检验是一种用于检验数据序列是否随机分布的统计检验方法。如果将 $\{\gamma_i\}$依$(\gamma_i-\gamma_{i-1})$的正、负分为增、减两类，以表示$\{\gamma_i\}$的增减及其长度变化规律，这样的游程检验就是增减游程检验。该检验主要用于评估数据序列中的上升和下降趋势是否是随机的。在增减游程检验中，一个“游程”(run)被定义为一系列连续的递增或递减的观测值构成的序列，游程的长度是该序列中连续递增或递减的数量。通过比较实际观测到的增减游程的模式与随机独立序列中预期增减游程的分布，可以检验评估数据序列的随机性。

增减游程检验的基本思想类似于正负游程检验，但是增减游程检验专注于数据序列中的上升和下降趋势。其检验步骤也类似，常用的卡方统计量和 Z 检验公式也相同。如果检验结果差异显著，拒绝零假设，即认为序列不具有随机性。

在 R 语言中，我们可以使用 lawstat 程序包的 runs.test()函数执行增减游程检验。

(三) 扑克检验

扑克检验(poker test)也是一种用于检验序列是否有随机性的统计方法。它通过将序列数据分成不同的组合(例如将数据分成 4 位一组，每一组代表一张扑克牌)，并计算每种组合的频数来检验数据的随机性。如果数据符合随机性假设，那么各种组合的频数应该大致相等。检验时，扑克检验将序列等长分组，每组数串作为一副“扑克手牌”，不同的数字作为“花色”，基于此构造卡方检验统计量来判断不同的“花色组合”在序列中数串的出现频率是否和预期的随机序列相同。

例如考察一组已生成的序列随机数均为四位小数，则可将“花色”(不同组合)分为以下 5 种情形(见表 3.2 中列(1))，该组序列各随机数的不同“花色”出现的频率 q_k 如表中列(2)所示，序列若随机时其各“花色”对应的概率 p_k 如表中列(3)所示。应检验该组序列数据是否具有随机性？

表 3.2　“扑克手牌”不同的“花色”出现频率与对应概率表

(1)“花色”k	(2) 实际频率 q_k	(3) 对应的概率 p_k
四位小数中四个位置上数字全部相同	q_1	$p_1=\frac{10}{10}\times\frac{1}{10}\times\frac{1}{10}\times\frac{1}{10}\times\frac{4!}{4!\ 0!}=0.001$
四位小数中有三个位置上数字相同	q_2	$p_2=\frac{10}{10}\times\frac{1}{10}\times\frac{1}{10}\times\frac{9}{10}\times\frac{4!}{3!\ 1!}=0.036$
四位小数中各有两个位置上数字相同	q_3	$p_3=\frac{10}{10}\times\frac{1}{10}\times\frac{9}{10}\times\frac{1}{10}\times\frac{4!}{2\times2!2!}=0.027$
四位小数中仅有两个位置上数字相同	q_4	$p_4=\frac{10}{10}\times\frac{1}{10}\times\frac{9}{10}\times\frac{8}{10}\times\frac{4!}{2!2!}=0.432$
四位小数中每个位置数字均不相同	q_5	$p_5=\frac{10}{10}\times\frac{9}{10}\times\frac{8}{10}\times\frac{7}{10}\times\frac{4!}{4!}=0.504$

则应检验如下假设：

H_0：该随机数序列是随机的；　H_1：该随机数序列不具有随机性

检验统计量为 Pearson 的 χ^2 统计量：

$$\chi^2=\sum_{k=1}^{5}\frac{(O_k-E_k)^2}{E_k}\sim\chi^2(4)$$

其中实际频数 $O_k=nq_k$，理论频数 $E_k=np_k$，$k=1,2,\cdots,5$；n 为该序列中数据的个数。对给定显著性水平 α，计算该统计量的值及对应显著性概率 P 值，或者检验临界值(拒绝域)，即可得出假设检验结论。当检验结果显著时，即概率 P 值 $<\alpha$，拒绝原假设，认为该组随机数序列数据不具有随机性。

除上述检验外，还有其他的随机性检验，而每一种检验都是针对某种特定的“非随机模式”是否存在做出判断，都具有一定的局限性，所以没有任何特定有限测试组合可以完全理想地确定某一序列是否随机。随机数常涉及信息安全问题，对于重要的实际应用场景，需要满足相关的标准规范才能正式推向使用。

第3节 随机模拟法(蒙特卡罗法)

一、随机模拟法及其特点

随机模拟法，又称蒙特卡罗(Monte-Carlo)法，是一种基于计算机的分析方法，它采用统计抽样技术，通过利用随机数序列作为模型的输入，获得数学方程或模型解的概率近似值。该法是由 Von Neumann 等于 1946 年在电子计算机上利用随机抽样模拟中子连锁反应时提出的并以摩纳哥的赌场为它命名为“Monte Carlo”。但随机模拟法的基本思想的运用由来已久。早在 17 世纪，人们就将随机试验所得的频率作为所求概率的近似值，而与随机试验相联系的掷硬币、掷骰子就是最早的概率模型。1777 年法国的 Buffon 提出的用随机投针试验计算的方法则是古代应用该法基本思想的典型例子。

近几十年来，随着电子计算机的产生和飞速发展，人们才有意识、广泛地、系统地应用随机抽样试验来解决数学物理问题，特别是一些传统的数学物理方法难以解决的实际问题。例如蒙特卡罗法可以用于计算贝叶斯推断中的积分，特别是对于高维空间中的复杂分布。通过蒙特卡罗采样，可以估计后验分布，从而进行概率推断和参数估计；也可用于解决优化问题，例如在神经网络训练中，通过蒙特卡罗采样来估计梯度，从而优化模型参数；在大数据研究中，蒙特卡罗方法可以用于生成随机样本、模拟随机事件和评估风险；例如，在风险管理领域，可以使用蒙特卡罗方法来评估金融产品的风险暴露；还可以用于建立模拟模型，对复杂系统进行仿真和预测，例如，在传播模型中，可以使用蒙特卡罗方法来模拟疾病传播的过程。在人工智能中，蒙特卡罗方法也可以用于决策分析，特别是在强化学习和决策树中，通过蒙特卡罗模拟不同决策路径的结果，可以帮助优化决策策略。而通过使用蒙特卡罗方法，我们可以更好地处理大规模数据和复杂系统，从而推动人工智能和大数据领域的发展。

又如在统计研究中，如果我们感兴趣的是连续随机变量 X 的函数 $h(X)$ 的期望 $E\{h(X)\}$。记 X 的概率密度函数为 f，$h(X)$关于 f 的期望为 μ，当 $X_1, X_2, \cdots, X_n$ 相互独立均服从 f 时，根据 Kolmogorov 强大数定律，我们可以用一个样本平均值来近似 μ：

$$\hat{\mu}_{MC} = \frac{1}{n}\sum_{i=1}^{n} h(X_i) \to \int h(x) f(x) \mathrm{d}x = \mu (n \to \infty)$$

更进一步，令

$$v(X) = [h(X) - \mu]^2$$

并假设 $h^2(X)$在 f 下有有限的期望值。则 $\hat{\mu}_{MC}$ 的抽样方差为

$$\sigma^2 / n = E\{v(X)/n\}$$

可用上述类似的随机模拟法来估计 σ^2：

$$\hat{var}(\hat{\mu}_{MC}) = \frac{1}{n-1}\sum_{i=1}^{n} [h(X_i) - \hat{\mu}_{MC}]^2$$

当σ^2存在时，根据中心极限定理可知，n很大时$\hat{\mu}_{MC}$近似服从正态分布。对置信水平$1-\alpha$，有置信区间

$$\left(\hat{\mu}_{MC}-\frac{\sigma u_{\alpha/2}}{\sqrt{n}},\quad \hat{\mu}_{MC}+\frac{\sigma u_{\alpha/2}}{\sqrt{n}}\right)$$

其中，σ为X的标准差，$u_{\alpha/2}$为正态分布上侧$\alpha/2$分位数。其收敛到所求解的收敛速度的阶为$O\left(\frac{1}{\sqrt{n}}\right)$。虽然在解决一、二维问题时该收敛速度与其他数值方法相比是较低的，但由于其误差和收敛速度仅与标准差σ、样本容量n有关，而与样本元素所在空间的维数等无关，采用蒙特卡罗法处理这种高维问题时具有其他方法不具备的优越性。

总之，与一般的计算方法相比，随机模拟法，即蒙特卡罗法具有一些突出的优点，这主要体现在：

(1) 随机模拟法的方法及其程序结构较为简单。

(2) 该法误差和收敛速度与问题的维数无关，故在处理高维问题时具有独到的有效性。

(3) 对于随机性问题，无需将其转化为确定性问题，而具有直接模拟求解的能力，其解也更接近于实际问题。

最后需要注意的是，随机模拟法即蒙特卡罗法的收敛是概率意义下的收敛。这即在该法应用中，虽然不能讲其误差不超过某个值，但能指出其误差以接近1的概率不超过某个界限，这与一般数值方法的收敛或一致收敛是很不相同的。同时其误差也是概率误差，常可用随机变量的标准差或方差来度量。

例3.14(Buffon投针问题)　随机投针是法国学者Buffon于1777年提出的用于求出圆周率π而设计的概率模型。设平面上画有距离为d的平行线束，现向该平面随机投掷一长为$l(l\leqslant d)$的针，试根据针与任一平行线相交的概率来求π的近似值。

解：以x表示针投到平面上时，针的中点到最近的平行直线的距离，v表示针与该平行线的夹角，显然x、v分别为区间$[0,d/2]$、$[0,\pi]$上的均匀随机变量，且针与平行线相交的充要条件为

$$x\leqslant\frac{l}{2}\sin v,\quad 0\leqslant x\leqslant d/2,\quad 0\leqslant v\leqslant\pi$$

故针与平行线相交的概率为

$$p=\frac{\int_0^{\pi}\frac{l}{2}\sin v\,\mathrm{d}v}{\pi d/2}=\frac{2l}{\pi d}$$

现将该投针试验重复N次，设针与平行线相交m次，则由频率的稳定性知，当N充分大时，

$$p\approx\frac{m}{N}$$

即

$$\frac{m}{N}\approx\frac{2l}{\pi d}$$

故用随机投针试验来求π值的公式为

$$\pi \approx \frac{2lN}{dm}$$

下面，我们利用 R 语言编程，按照上述原理即可得到模拟该试验的算法来求 π 的近似值。

R 编程应用

```
set.seed(2023)
d <- 1 # 平行线间距
l <- 0.8 # 针长度
n <- 100000 # 投针总次数
a <- runif(n,0,1/2) # 投针的中心落位(只考虑靠近平行线一侧且可能与平行线相交的情形)
theta <- runif(n,0,pi) # 投针与平行线夹角
cross <- ifelse(a <= sin (theta) *(1/2),1,0) # 判断是否相交
p_hat <- (sum(cross)/n) *(1/d) # 考虑投针落位可能与平行线不相交的情况 *(1/d)
pi_hat <- (2 * l)/(p_hat *d) # 估计 pi
## 输出 π 的估计值
> pi_hat
[1] 3.140161
```

由上述模拟运算结果可知，所求 π 的近似值为 3.140 161。

二、随机模拟法的在积分计算中应用

定积分的近似计算是随机模拟法最早成功应用的问题之一。由于一般的数值积分法计算量随积分重数的增加而急剧增大以至于难以解决。而随机模拟法计算积分的误差与积分重数无关，且方法简单易用。下面介绍随机模拟法计算定积分的两种具体方法。

(一) 随机投点法

设要计算的定积分为

$$I = \int_0^1 g(x)\mathrm{d}x$$

其中 $g(x)$在$[0,1]$上连续且 $0 \leqslant g(x) \leqslant 1$，则其积分 I 就等于曲边梯形面积。现向单位正方形内随机投点(γ_1, γ_2)，则随机点落在 $y = g(x)$下面的条件为

$$\gamma_2 \leqslant g(\gamma_1)$$

相应地，其概率为

$$P\{\gamma_2 \leqslant g(\gamma_1)\} = \int_0^1 (\int_0^{g(x)} \mathrm{d}y)\mathrm{d}x = \int_0^1 g(x)\mathrm{d}x$$

由此即可将 N 次随机投点试验中，随机点落在 $y = g(x)$下方区域 G 内的频率$\frac{m}{N}$作为所求积分 I 的近似值，即

$$\hat{I} = \frac{m}{N}$$

若所求积分为

$$I=\int_a^b g(x)\mathrm{d}x$$

其中 a、b 有限，且 $g(x)$ 在 $[a,b]$ 内有界。

设 $L\leqslant g(x)\leqslant M$，则可首先作变量变换 $x=a+(b-a)y$，则有

$$I=\int_a^b g(x)\mathrm{d}x=(M-L)(b-a)\int_0^1 g^*(y)\mathrm{d}y+L(b-a)$$

其中

$$g^*(y)=\frac{1}{M-L}[g(a+(b-a)y)-L]$$

且有

$$0\leqslant g^*(y)\leqslant 1$$

对

$$\int_0^1 g^*(y)\mathrm{d}y$$

用上述随机投点法即可得其积分近似值，设为 $\hat{T}$，则

$$I=\int_a^b g(x)\mathrm{d}x\approx(M-L)(b-a)\hat{T}+L(b-a)$$

上述随机投点法所得的积分近似值 $\hat{I}$，其误差为

$$\varepsilon=\lambda_\alpha\sigma/\sqrt{N}$$

其中标准差 σ 近似估计为

$$\hat{\sigma}=\sqrt{\hat{I}(1-\hat{I})}$$

例 3.15　试用随机投点法计算

$$I=\int_0^1 \mathrm{e}^x\mathrm{d}x$$

的值。

解：令 $g(x)=\mathrm{e}^x$，$g(x)$ 在 $[0,1]$ 上有 $1\leqslant g(x)\leqslant \mathrm{e}$。则

$$g^*(y)=\frac{1}{\mathrm{e}-1}(\mathrm{e}^y-1)$$

在单位正方形内随机投点 (γ_1,γ_2) 共 n 次，设落入曲边梯形中的点个数为 m，则

$$\hat{I}=(\mathrm{e}-1)\times\frac{m}{n}+1$$

可以计算理论方差

$$\sigma^2=P\{\gamma_2\leqslant g^*(\gamma_1)\}(1-P\{\gamma_2\leqslant g^*(\gamma_1)\})=\frac{\mathrm{e}-2}{\mathrm{e}-1}\times\left(1-\frac{\mathrm{e}-2}{\mathrm{e}-1}\right)\approx 0.243\,2$$

下面我们利用 R 语言编程，用随机投点法来求出积分 I 的值和其方差的估计值。

R编程应用	## 输出运行结果

a <- 0
b <- 1
M <- exp(1)
L <- exp(0)
set.seed(2023)
R_x <- runif(10000) # [0,1]*[0,1]上的随机点的横坐标
R_y <- runif(10000) # [0,1]*[0,1]上的随机点的纵坐标
t <- (1 / (M - L)) * (exp(a + (b - a) * R_x) - L)
under <- ifelse(R_y <= t,1,0) # 判断随机点是否落在曲边梯形内
I_true <- exp(1) - 1 # 积分真值
I <- (M - L) * (b - a) * mean(under) + L * (b - a)
# 计算积分值 	
D <- var(under) # 实际方差
	> I_true(积分真值)
	[1] 1.718282
	> I(积分近似值)
	[1] 1.718585
	> D(积分的方差)
	[1] 0.2433331

由上述R编程的模拟运算结果可知，所求 I 的积分近似值为1.718 585，其积分的实际方差为0.243 333 1。

（二）平均值法

考虑用平均值法来求积分

$$I=\int_a^b g(x)\mathrm{d}x$$

的近似值，其中 $g(x)$ 为 $[a,b]$ 上的可积函数。

首先由概率统计知识，设 $\{X_i\}$ 为 $[a,b]$ 上相互独立，且均服从 $f(x)$ 的随机变量序列，令

$$g^*(x)=g(x)/f(x)$$

则 $\{g^*(X_i)\}$ 也为独立同分布随机变量序列，且有

$$E[g^*(X)]=\int_a^b g^*(x)f(x)\mathrm{d}x=\int_a^b g(x)\mathrm{d}x=I$$

若取

$$\tilde{I}=\frac{1}{N}\sum_{i=1}^{N}g^*(X_i)$$

则由强大数定理知

$$P\left\{\lim_{N\to\infty}\frac{1}{N}\sum_{i=1}^{N}g^*(X_i)=E[g^*(X)]\right\}=P\{\lim_{N\to\infty}\tilde{I}=I\}=1$$

即 $\tilde{I}$ 将以概率1收敛于

$$I=\int_a^b g(x)\mathrm{d}x$$

平均值法就是用

$$\tilde{I}=\frac{1}{N}\sum_{i=1}^{N}g^{*}(X_{i})$$

作为

$$I=\int_{a}^{b}g(x)\mathrm{d}x$$

的近似值。

在实际应用中，一般先选取一抽样简单易行的分布密度 $f(x)$，使得对 $a\leqslant x\leqslant b$，$g(x)\neq 0$ 时，$f(x)\neq 0$，并取

$$g^{*}(X)=\begin{cases}\dfrac{g(x)}{f(x)}, & f(x)\neq 0\\ 0, & f(x)=0\end{cases}$$

则有

$$I=\int_{a}^{b}g(x)\mathrm{d}x=\int_{a}^{b}g^{*}(x)f(x)\mathrm{d}x$$

由此即可得平均值法求解的步骤：

1° 产生随机数 $x_{i}\sim f(x),\quad i=1,\cdots,N$

2° $$I\approx\tilde{I}=\frac{1}{N}\sum_{i=1}^{N}g^{*}(x_{i})$$

特别地，当 a、b 为有限值时，$f(x)$可取为$[a,b]$上的均匀分布：

$$f(x)=\frac{1}{b-a},\quad (x\in[a,b])$$

则有

$$I=\int_{a}^{b}g(x)\mathrm{d}x=(b-a)\int_{a}^{b}g(x)\frac{1}{b-a}\mathrm{d}x$$

其算法步骤相应地变为：

1° 产生（均匀）随机数，$\gamma_{1},\gamma_{2},\cdots,\gamma_{N}$；

2° $$I\approx\tilde{I}=(b-a)\cdot\frac{1}{N}\sum_{i=1}^{N}g(\gamma_{i})$$

上述积分近似值的误差为

$$\varepsilon=\lambda_{\alpha}\sigma/\sqrt{N}$$

其中标准差 σ 的近似估计为

$$\tilde{\sigma}=\left[\frac{1}{N}\sum_{i=1}^{N}(g^{*}(x_{i})-\tilde{I})^{2}\right]^{\frac{1}{2}}$$

一般而言，平均值法较随机投点法适用范围更广、误差亦较低。

三、降低方差的常用技巧

最后我们考虑如何利用降低方差的技巧来提高随机模拟的精度。由前面提到的误差公式可知，应用随机模拟法（即 Monte Carlo 法）的概率误差为

$$\varepsilon = \lambda_\alpha \sigma / \sqrt{N}$$

显然，当给定置信水平 α 后，误差 ε 由 σ 和 $\sqrt{N}$ 决定。故要提高模拟的精度，要么增加试验次数 N，要么改进概型和抽样方法，降低试验方差。在 σ 固定时，要提高精度一位数字，需将试验次数增加 100 倍，显然以此来提高精度是不太合适的。因此研究降低方差的各种技巧，对于提高模拟估计精度，显得尤为重要。

降低试验方差的各种抽样技巧中，常用的主要有 Kahn 于 1954 年提出的统计估计抽样、重要抽样、分层抽样、控制变量抽样和 Hammereley 等于 1956 年提出的对偶变量抽样等方法。下面我们分别予以简要介绍。

（一）统计估计抽样

为了降低方差，对于随机模拟中的各个随机变量，若能确定其统计估计量的，就尽量不再对这些随机变量进行随机抽样，而用其统计估计量（如期望值）来代替该随机变量。

例如，设 $Z = \sum_{i=1}^{N} X_i$ 为 N 个独立同分布的随机变量 X_i 之和组成，其中 N 也为非负整数随机变量，则有

$$E(Z) = \sum_{k=0}^{\infty} E\{Z \mid N=k\} P\{N=k\} = \sum_{k=0}^{\infty} kE(X) P\{N=k\} = E(N)E(X)$$

$$\begin{aligned} E(Z^2) &= \sum_{k=0}^{\infty} E\{Z^2 \mid N=k\} P\{N=k\} = \sum_{k=0}^{\infty} [kE(X^2) + k(k-1)(E(X))^2] P\{N=k\} \\ &= E(N)D(X) + E(N^2)(E(X))^2 \end{aligned}$$

现同时对随机变量 N 及各个 X 进行抽样，得到 Z 的子样 Z_j，其方差为

$$D(Z_j) = E(Z^2) - (E(Z))^2 = E(N)D(X) + (E(X))^2 D(N)$$

而当随机变量 X 的期望值 $E(X)$ 已知时，即可利用

$$\tilde{Z} = N \cdot E(X)$$

来只对随机变量 N 进行抽样，此时其抽样子样 $\tilde{Z}_j$ 的方差为

$$D(\tilde{Z}_j) = (E(X))^2 D(N) = D(Z_j) - E(N)D(X) < D(Z_j)$$

而 $\tilde{Z}_j$ 与 Z_j 均为 $E(Z)$ 的无偏估计。

（二）重要抽样

重要抽样不是按给定的分布进行抽样，而是按修改后的分布来进行抽样，即在关键之处抽

较多的样本，从而在样本总数 N 确定时得到较好的抽样效果。例如在进行积分的随机模拟计算时，将整个积分域上的均匀抽样改变为在对积分值贡献大的重要区域上抽取较多的样本。

以计算定积分

$$I=\int_0^1 f(x)\mathrm{d}x$$

为例，考虑引入适当的随机变量 Y，其密度为 $p(x)$，则对 I 可用下列 I_n 来近似计算：

$$I=\int_0^1 f(x)\mathrm{d}x=\int_0^1 \frac{f(x)}{p(x)}\cdot p(x)\mathrm{d}x=E\left[\frac{f(Y)}{p(Y)}\right]\approx\frac{1}{n}\sum_{i=1}^{n}\left[\frac{f(y_i)}{p(y_i)}\right]\triangleq I_n$$

其中 $y_i, i=1,\cdots,n$ 为 Y 的抽样值，其分布为 $p(x)$，而非[0,1]区间上的均匀随机数。此时，I_n 的方差

$$D(I_n)=\frac{1}{n}\int_0^1\left[\frac{f(x)}{p(x)}-I\right]^2 p(x)\mathrm{d}x$$

若能选取适当的 $p(x)$，即可使 $D(I_n)$降低。特别地，若取

$$p(x)=\frac{1}{I}f(x)$$

则有 $D(I_n)=0$，但在实际模拟中，由于 I 未知，一般选取尽量接近于 $f(x)$的 $p(x)$，即可使方差降低。

例 3.16　试用重要抽样法来模拟计算下列积分的值

$$I=\int_0^1 \mathrm{e}^x\,\mathrm{d}x$$

解：

因为

$$\mathrm{e}^x=1+x+\frac{x^2}{2!}+\frac{x^3}{3!}+\cdots$$

则可取与 e^x 相近的函数 $1+x$ 的密度化函数

$$p(x)=\frac{2}{3}(1+x)\quad(0<x<1)$$

作为重要抽样分布。故其重要抽样法求积分值的计算步骤为：

1° 产生均匀随机数 $\gamma_i, i=1,\cdots,n$；

2° 利用变换抽样法产生从 $p(x)$的随机数 y_i：

$$y_i=\sqrt{1+3\gamma_i}-1,\quad i=1,\cdots,n$$

3° 利用重要抽样积分公式求 I 的近似值 I_n：

$$I_n=\frac{1}{n}\sum_{i=1}^{n}\frac{f(y_i)}{p(y_i)}=\frac{3}{2n}\sum_{i=1}^{n}\frac{\mathrm{e}^{y_i}}{1+y_i}$$

此时，重要抽样法的方差为

$$D(I_n)=\frac{9}{4n}D\left(\frac{\mathrm{e}^Y}{1+Y}\right)\approx\frac{1}{n}\times 0.0605$$

作为比较，若用一般均匀抽样，其积分值

$$I_n^* = \frac{1}{n}\sum_{i=1}^{n} e^{\gamma_i}$$

的方差为

$$D(I_n^*) = \frac{1}{n}D(e^R) \approx \frac{1}{n} \times 0.2420$$

下面我们利用R语言编程，用重要抽样法来求出 I 的值和该积分的方差实际值。

R 编程应用	R 软件运行的结果
I <- exp(1) - 1 set.seed(2023) n <- 10000 inv <- function(y) sqrt(1 + 3 *y) - 1 y <- inv(runif(n)) fp <- exp(y) / (2/3 *(1 + y)) I_n <- mean(fp) D <- var(fp)	> I(积分真值) [1] 1.718282 > I_n(积分近似值) [1] 1.715259 > D(方差) [1] 0.02661192

由上述R编程的重要抽样法运算结果可知，所求 I 的积分近似值为1.715 259，其积分的实际方差为0.026 611 92。

（三）分层抽样

分层抽样与重要抽样的思想类似，但不是修正抽样分布，而是将抽样区间分成若干子区间，并在各个子区间按其重要性选取不等的抽样点数进行局部均匀抽样，以代替整个区间上的均匀抽样，从而达到降低方差的目的。

仍以计算

$$I = \int_0^1 f(x)\mathrm{d}x$$

为例，首先将积分区间[0，1]分成若干个子区间：

$$0 = a_0 < a_1 < \cdots\cdots < a_k = 1$$

在每个子区间上分别确定其抽样点数，设在第 j 个子区间 $(a_{j-1}, a_j]$ 上产生 n_j 个均匀随机数

$$\gamma_i^{(j)}, \quad i = 1, \cdots, n_j$$

则有

$$\begin{aligned} I &= \int_0^1 f(x)\mathrm{d}x = \sum_{j=1}^{k}\int_{a_{j-1}}^{a_j} f(x)\mathrm{d}x \\ &\approx \sum_{j=1}^{k}\sum_{i=1}^{n_j}\frac{1}{n_j} f(a_{j-1} + (a_j - a_{j-1})\gamma_i^{(j)})(a_j - a_{j-1}) \triangleq I_n \end{aligned}$$

易知 I_n 为 I 的无偏估计量，且其方差为

$$D(I_n)=\sum_{j=1}^{k}\left[\frac{a_j-a_{j-1}}{n_j}\int_{a_{j-1}}^{a_j}f^2(x)\mathrm{d}x-\frac{1}{n_j}\left(\int_{a_{j-1}}^{a_j}f(x)\mathrm{d}x\right)^2\right]$$

通过适当选取分点 $a_j, j=1,2,\cdots,k-1$ 及各子区间的抽样点数 n_j，即可使估计值方差 $D(I_n)$ 降低。

(四) 控制变量抽样

考虑要估计 $\theta=E[g(x)]$。现假设有一 $f(x)$ 满足

$$E[f(x)]=\mu \text{ 和 } \mathrm{Cov}(f(x),g(x))<0$$

其中 μ 已知。

令

$$Z=g(x)+(f(x)-\mu)$$

则有

$$E(Z)=\theta,\quad D(Z)=D(g(x))+D(f(x))+2\mathrm{Cov}(f(x),g(x))$$

现只需要找到合适的 f 满足

$$D(f(x))+2\mathrm{Cov}(f(x),g(x))<0$$

就可以达到降低方差的目的。为了尽可能地降低方差，可以对 $f(x)$ 和 $g(x)$ 的相关性加以利用。现设

$$Z(c)=g(x)+c(f(x)-\mu)$$

则有

$$E(Z(c))=\theta$$

$$D(Z(c))=D(g(x))+c^2D(f(x))+2c\mathrm{Cov}(f(x),g(x)) \tag{3.9}$$

可见此时 $D(Z(c))$ 是一个关于 c 的一元二次函数，利用韦达定理求 $D(Z(c))$ 关于 c 的最小值点

$$c^*=-\mathrm{Cov}(f(x),g(x))/D(f(x))$$

代入式(3.9)中，此时有

$$D(Z(c^*))=D(g(x))-\frac{[\mathrm{Cov}(f(x),g(x))]^2}{D(f(x))}$$

可见只要能找到这样的 $f(x)$ 使得

$$\mathrm{Cov}(f(x),g(x))\neq 0$$

就可以降低方差。$f(x)$ 和 $g(x)$ 的相关性越强，降低方差的效果就越好。

例 3.17 试用控制变量法求解下列积分的值

$$I=\int_0^1 e^x\,dx$$

解:设

$$g(x)=e^x, f(x)=x$$

取 $R\sim U(0,1)$。待估计值

$$I=\int_0^1 e^x\,dx=E[g(R)]$$

且有

$$E[f(R)]=\frac{1}{2},\quad D[f(R)]=\frac{1}{12},\quad D[g(R)]=-\frac{1}{2}e^2+2e-\frac{3}{2}$$

以及

$$\mathrm{Cov}(f(R),g(R))=-\frac{1}{2}e+\frac{3}{2}$$

设

$$Z(c)=g(R)+c\left(f(R)-\frac{1}{2}\right)$$

按照上述方法中对 c 取最小值点

$$c^*=-\frac{\mathrm{Cov}(f(x),g(x))}{D(f(x))}=6e-18$$

此时

$$D[Z(c^*)]=-\frac{7}{2}e^2+20e-\frac{57}{2}\approx 0.003\,940$$

从理论上来讲方差降低了

$$\frac{D[g(R)]-D[Z(c^*)]}{D[g(R)]}\times 100\%\approx 98.37\%$$

此时控制变量法得到的估计值

$$\hat{I}=\frac{1}{N}\sum_{i=1}^{N}\left[e^{\gamma_i}-(6e-18)\left(\gamma_i-\frac{1}{2}\right)\right]$$

其中$\{\gamma_i\}$为$[0,1]$上均匀随机数,$i=1,2,\cdots,N$。

(五)对偶变量抽样

当我们用原估计法 t 模拟其未知期望值 $\alpha=E(x)$ 的估计时,可选取具有相同期望值 α 且与原估计法 t 有很强负相关的估计法 t',并取 $\alpha=E(x)$ 的无偏估计

$$T=\frac{1}{2}(t+t')$$

其抽样方差为

$$D(T)=D\left[\frac{1}{2}(t+t')\right]=\frac{1}{4}D(t)+\frac{1}{4}D(t')+\frac{1}{2}\mathrm{Cov}(t,t')$$

其中 $\mathrm{Cov}(t,t')<0$。故适当选取估计法 t' 即可得到较 $D(t)$ 更小的抽样方差 $D(T)$。这里我们将变异彼此相反、互为补偿的一对估计称为对偶变量。

实际应用时，由于均匀随机数 γ 与 $1-\gamma$ 均在 $[0,1]$ 上服从均匀分布，故 $f(\gamma)$ 与 $f(1-\gamma)$ 有相同的期望值，且当 $f(x)$ 为单调函数时，$f(\gamma)$ 与 $f(1-\gamma)$ 负相关，故可取

$$T=\frac{1}{2}f(\gamma)+\frac{1}{2}f(1-\gamma)$$

作为 $\alpha=E(f(R))$ 的估计值进行对偶变量抽样。

例 3.18　试用对偶变量法求解下列积分的值

$$I=\int_0^1 \mathrm{e}^x\,\mathrm{d}x$$

解：令　$f(x)=\mathrm{e}^x$，取

$$f(1-x)=\mathrm{e}^{1-x}$$

设 $R\sim U(0,1)$，I 的无偏估计量为

$$T=\frac{1}{2}f(R)+\frac{1}{2}f(1-R)$$

则理论方差

$$D(T)=\frac{D[f(R)]}{4}+\frac{D[f(1-R)]}{4}+\frac{\mathrm{Cov}[f(R),f(1-R)]}{2}=-\frac{3}{4}\mathrm{e}^2+\frac{5}{2}\mathrm{e}-\frac{5}{4}\approx 0.003\,912$$

此时试用对偶变量法得到的估计值

$$\hat{I}=\frac{1}{N}\sum_{i=1}^{N}\frac{\mathrm{e}^{\gamma_i}+\mathrm{e}^{1-\gamma_i}}{2}$$

其中 $\{\gamma_i\}$ 为 $[0,1]$ 上均匀随机数，$i=1,2,\cdots,N$。

下面利用 R 语言编程，对积分 I 分别用平均值法、控制变量法、对偶变量法模拟计算其积分估计值和对应的方差，并进行其控制变量法、对偶变量法与平均值法的方差值的比较。

R 编程应用

```
# 使用三种抽样法进行随机模拟
set.seed(2023)
n <- 10000
c_star <- 6 * exp(1) - 18
R <- runif(n)
g <- exp(R)
Z_c_star <- exp(R) + c_star * (R - 1/2)# 控制法
t <- 1/2 * (exp(R) + exp(1 - R))# 对偶变量法
I_true <- exp(1) - 1 # 真值
I_simple <- mean(g) # 平均值法估计
I_av <- mean(t) # 对偶变量法估计
I_cv <- mean(Z_c_star) # 控制变量法估计
D_simple <- var(g) # 平均值法估计的方差
D_av <- var(t) # 对偶变量法估计的方差
((D_simple - D_av)/D_simple) * 100
D_cv <- var(Z_c_star) # 控制变量法估计方差
((D_simple - D_cv)/ D_simple) * 100
```

```
## R 编程输出结果
 > I_true
[1] 1.718282
 > I_simple
[1] 1.709335
 > I_av
1.717662
 > I_cv
[1] 1.717681
 > D_simple
[1] 0.2389761
 > D_av
0.003845263
 > D_cv
[1] 0.003871395
> ((D_simple - D_av)/D_simple) * 100
98.39094
> ((D_simple - D_cv)/D_simple) * 100
[1] 98.38001
```

利用 R 语言编程计算的结果表明：I 的真值为 1.718 282，使用平均值法、控制变量法、对偶变量法模拟得到积分 I 的估计值分别为 1.709 335、1.717 681、1.717 662，估计对应的方差分别为 0.238 976 1、0.003 871 395、0.003 845 263，使用控制变量法、对偶变量法进行估计的方差较平均值法分别降低了 98.380 01%、98.390 94%。

最后用表 3.3 列出了计算积分 $I=\int_0^1 e^x dx$ 时，上述各类抽样方法的理论方差的比较。

表 3.3　各种抽样法的理论方差比较

抽样方法	理论方差 σ_i^2	方差比 σ_i^2/σ_1^2
平均值法	0.242 0	1
随机投点法	0.243 2	1.005
重要抽样	0.026 91	0.111 2
控制变量抽样	0.003 940	0.016 28
对偶变量抽样	0.003 912	0.016 17

习题三

1. 证明定理 3.1：设 $F(x)$ 为一连续的分布函数，则

(1) 若 $X\sim F(x)$，则 $R=F(X)\sim U[0,1]$；

(2) 若 $R\sim U[0,1]$，则 $X=F^{-1}(R)\sim F(x)$。

其中 $F^{-1}(y)=\inf\{x: F(x)\geqslant y\}(0\leqslant y\leqslant 1)$ 称为 $F(x)$ 的逆。

2. 设 x 与 y 相互独立，且 $x \sim f_1(x), y \sim f_2(y)$，试推导下列结果：

$$z = x + y \sim g(z) = \int_{-\infty}^{\infty} f_1(x) f_2(z - x) \mathrm{d}x$$

$$z = x - y \sim g(z) = \int_{-\infty}^{\infty} f_1(x) f_2(z + x) \mathrm{d}x$$

$$z = x \cdot y \sim g(z) = \int_{-\infty}^{\infty} \frac{1}{|x|} f_1(x) f_2\left(\frac{z}{x}\right) \mathrm{d}x$$

$$z = y/x \sim g(z) = \int_{-\infty}^{\infty} |x| f_1(x) f_2(xz) \mathrm{d}x$$

$$z = \max(x, y) \sim g(z) = f_1(z) F_2(z) + F_1(z) f_2(z)$$

$$z = \min(x, y) \sim g(z) = f_1(z) + f_2(z) - f_1(z) F_2(z) - F_1(z) f_2(z)$$

其中 $F_1(x)$、$F_2(y)$ 分别为 x、y 的分布函数。

3. 利用上题结论，证明对均匀随机数 γ_1、γ_2，有

(1) 由抽样公式 $x = \ln\left(\frac{\gamma_1}{\gamma_2}\right)$ 可产生下列 Laplace 分布

$$f(x) = \frac{1}{2} \mathrm{e}^{-|x|}, -\infty < x < \infty$$

的抽样值。（提示：$-\ln \gamma_1$ 为指数分布 $f(x) = \mathrm{e}^{-x}$，$(x \geqslant 0)$ 的抽样值。）

(2) 由抽样公式 $x = \gamma_1 \times \gamma_2$ 可产生下列对数分布

$$f(x) = -\ln x, \quad (0 < x \leqslant 1)$$

的抽样值。

4. 对标准正态分布 $N(0,1)$，若按一定精度使其在有限区间 $[-c, c]$ 上取值，则可用乘积分布舍选法产生 $[-c, c]$ 上 $N(0,1)$ 的随机数。试给出该抽样过程。

5. 试产生下列双边指数分布

$$f(x) = \begin{cases} \frac{1}{2} \lambda \mathrm{e}^{\lambda x}, & x < 0 \\ \frac{1}{2} \lambda \mathrm{e}^{-\lambda x}, & x \geqslant 0 \end{cases}$$

的抽样值。

6. 设随机变量 X 具有下列分布密度

$$f(x) = \frac{\lambda}{\pi[\lambda^2 + (x - \mu)^2]}, -\infty < x < \infty$$

其中 $\lambda > 0$，则称 X 服从柯西(Cauchy)分布，记为 $X \sim C(\mu, \lambda)$。对柯西分布，试证明

(1) 若随机变量 Y 与 Z 相互独立，且均服从 $N(0,1)$，则 $X = \frac{Y}{Z} \sim C(0,1)$；

(2) 若 $Y \sim$ 柯西分布 $C(0,1)$，则 $X = \lambda Y + \mu \sim C(\mu, \lambda)$。

由上列性质即可得到利用正态随机数产生柯西分布 $C(\mu, \lambda)$ 的抽样法。

7. 证明：$\chi^2(n)$ 分布的一个抽样公式为 $x = -2\ln \prod_{i=1}^{n} \gamma_i$。

8. 利用随机投点法，取 2 500 个随机数来证明

$$\pi = \int_0^2 \sqrt{4 - x^2}\, \mathrm{d}x$$

9. 试用平值法来计算定积分

$$\iint_{\Omega} \sin\sqrt{\ln(x + y + 1)}\, \mathrm{d}x\, \mathrm{d}y$$

其中

$$\Omega = \left\{ (x, y) \,\middle|\, \left(x - \frac{1}{2}\right)^2 + \left(y - \frac{1}{2}\right)^2 \leqslant \frac{1}{4} \right\}$$

10. 给出重要抽样法的步骤，以模拟计算积分值

$$I = \int_0^1 \frac{1}{\sqrt{1 + x}}\, \mathrm{d}x$$

第四章

贝叶斯计算

贝叶斯统计是近几十年来迅速发展起来的数理统计分支之一，贝叶斯统计在进行统计推断时不仅利用样本信息，还利用参数的先验信息，因此可以提高统计推断的效率。本章旨在介绍贝叶斯统计的基础理论知识以及贝叶斯计算方法与软件实现。

第1节 贝叶斯统计中若干概念

一、先验信息

在学习数理统计时，我们通常通过样本推断总体，假定总体服从某个分布，总体分布提供的信息就是总体信息。为推断总体，我们从总体抽取样本，利用样本所提供信息即样本信息来推断总体，通过对样本加工和整理，我们可以对总体分布或某些特征做出统计推断。除上述两种信息外，第三种信息是先验信息，即抽样之前有统计推断中未知参数的信息，主要来源于经验和历史资料。

例 4.1 某工厂生产一批电子设备，需每日抽检一部分设备以估计不合格率 θ。对于某日抽检的那部分产品，估计不合格率 θ 为一固定值。但由于抽样的随机性，每日估计的 θ 会有波动。因此不合格率 θ 可以视为一随机变量，每日估计的 θ 为其一次观测值。经过一段时间抽检，积累大量资料，可构造不合格率 θ 的分布：

$$P\left\{\theta=\frac{i}{n}\right\}=\pi_i,\quad i=0,1,\cdots,n;\quad \sum_{i=1}^{n}\pi_i=1$$

对先验信息进行加工得到上述分布，该分布称为先验分布。这里的先验分布是综合了该厂过去产品的质量情况。若该分布概率主要集中在 $\theta=0$ 附近，则该电子设备可认为是“信得过产品”；若分布概率偏离 $\theta=0$ 较远，则该电子设备可认为是“不可信产品”。如果以后多次抽检结果与历史资料提供先验分布一致，使用单位就可以对该设备做出“免检产品”决定，或每月抽检一两次就足够，这样就可以省去大量人力和物力。

基于以上总体信息、样本信息和先验信息这三种信息进行统计推断的理论方法称为贝叶斯统计学，其与经典统计学区别在于是否利用先验信息。先验信息，将其形成先验分布，参与到统计推断中，贝叶斯统计起源于英国学者贝叶斯（T. R. Bayes，1702～1761）的论文“论有关机遇问题的求解”。目前贝叶斯方法和理论不断完善并逐渐成熟，在医药、经济、管理等多个领域得到广泛应用。

二、贝叶斯公式

(一) 全概率公式及贝叶斯公式

定理 4.1(全概率公式) 设事件 $A_1,A_2,\cdots,A_n$ 为一个完备事件组,即满足

(1) $A_1+A_2+\cdots+A_n=\Omega$;

(2) $A_1,A_2,\cdots,A_n$ 两两互不相容:$A_iA_j=\varnothing \quad (i\neq j,i,j=1,2,\cdots,n)$,

而且 $P(A_i)>0(i=1,2,\cdots,n)$,则对任一事件 B,有

$$P(B)=P(A_1)P(B\mid A_1)+P(A_2)P(B\mid A_2)+\cdots+P(A_n)P(B\mid A_n)=\sum_{i=1}^{n}P(A_i)P(B\mid A_i)$$

该公式就称为全概率公式。

全概率公式通常用于将一个复杂事件的概率分解成一些简单事件的概率之和,从而求出所需的概率。其中事件 A_i 往往可看成导致事件 B 发生的原因,通常能够在事件 B 发生之前得出其概率 $P(A_i)$,故又称 $P(A_i)$ 为先验概率(prior probability),而事件 B 是由各互不相容事件 BA_i 全体之和构成,故称 $P(B)$ 为全概率。

在实际问题中,我们还需解决与全概率公式相反的问题:已知各项先验概率 $P(A_i)$ 和对应的条件概率 $P(B|A_i)$,如果事件 B 已经发生,需求出此时事件 A_i 发生的条件概率 $P(A_i|B)$。一般地,我们可用下列逆概率公式(或贝叶斯公式)来解决此类问题。

定理 4.2(贝叶斯(Bayes)公式) 设事件 $A_1,A_2,\cdots,A_n$ 为随机试验的一个完备事件组,B 为任一事件,且 $P(A_i)>0(i=1,2,\cdots,n)$,$P(B)>0$,则

$$P(A_j\mid B)=\frac{P(A_j)P(B\mid A_j)}{\sum_{i=1}^{n}P(A_i)P(B\mid A_i)}=\frac{P(A_j)P(B\mid A_j)}{P(A_1)P(B\mid A_1)+\cdots+P(A_n)P(B\mid A_n)}$$

该公式于 1763 年由贝叶斯(Bayes)给出,故称为贝叶斯(Bayes)公式或逆概率公式。

其中为区别于条件概率 $P(B\mid A_i)$,我们称 $P(A_i\mid B)$ 为后验概率(posterior probability),它表示在事件 B 已发生的条件下事件 A_i 发生的概率。

(二) 贝叶斯公式密度形式

前述的贝叶斯公式是以事件形式表述的,在初等概率论中已有所涉及。我们知道任何事件概率都可以用密度函数来获得,那么贝叶斯公式也可以用概率密度方式来表述。接下来,从概率密度角度,表述贝叶斯公式。

设总体 X 有一依赖于未知参数向量 $\theta=(\theta_1,\cdots,\theta_m)$ 的密度函数。经典统计学常将密度函数记为 $f(x;\theta)$,表示不同的 θ 对应不同的分布;而贝叶斯统计学将其记为 $f(x|\theta)$,表示给定 θ 值的条件分布。根据历史或先验信息,可以整理获得参数 θ 的先验分布 $\pi(\theta)$。如何获得先验分布已有许多成熟方法,将在后续小节中介绍。现从总体 X 中抽取一个样本 $x=$

$(x_1,\cdots,x_n)$，并考察样本分布。在贝叶斯观点中，样本 x 的产生分为两个步骤：首先，从先验分布 $\pi(\theta)$ 抽取一个 θ'，这一步是人们看不到的；其次，从 $f(x|\theta')$ 抽取一个样本 x，该样本是可以看见的。该样本发生概率与如下联合密度成正比：

$$f(x \mid \theta') = \prod_{i=1}^{n} f(x_i \mid \theta')$$

该密度函数综合了样本信息及总体信息，通常称为似然函数，记为 $L(\theta')$。不论是经典统计学还是贝叶斯统计学，都认为总体和样本中有关 θ' 信息都被包含在似然函数 $L(\theta')$ 中，可基于似然函数进行统计推断。

由于 θ' 是从先验分布 $\pi(\theta)$ 中抽取的一个值，要想综合先验信息，不能仅考虑 θ'，应考虑 θ 一切可能值。因此，这里使用 $\pi(\theta)$，得到样本 x 和参数 θ 的联合分布：

$$f(x,\theta) = f(x \mid \theta)\pi(\theta)$$

该分布综合了总体信息、样本信息及先验信息。在获得样本信息之前，只能根据先验分布 $\pi(\theta)$ 对 θ 进行推断。在获得样本信息之后，贝叶斯学派认为可以根据样本信息来更新这个分布，从而对 θ 进行推断。用样本更新后的分布称为 θ 的后验分布，记为 $\pi(\theta|x)$，其具体形式为

$$\pi(\theta \mid x) = \frac{f(x,\theta)}{m(x)} = \frac{f(x \mid \theta)\pi(\theta)}{\int_{\Theta} f(x \mid \theta)\pi(\theta)\mathrm{d}\theta}$$

其中，$m(x)=\int_{\Theta} f(x|\theta)\pi(\theta)\mathrm{d}\theta$ 为 X 的边缘密度。后验分布公式就是贝叶斯公式密度形式，它包含了总体、样本、先验中与 θ 有关的一切信息。贝叶斯学派认为，一切统计推断均是基于后验分布 $\pi(\theta|x)$。

三、共轭先验分布

定义 4.1　设 $\mathcal{F}$ 表示由 θ 的先验分布 $\pi(\theta)$ 构成的分布族，如果对任取的分布 $\pi\in\mathcal{F}$ 及样本值 x，后验分布 $\pi(\theta|x)$ 仍属于 $\mathcal{F}$，则称 $\mathcal{F}$ 是一个共轭先验分布族。即由抽样信息算得的后验密度函数 $\pi(\theta|x)$ 与 $\pi(\theta)$ 有相同的函数形式，则称 $\pi(\theta)$ 为是 θ 的共轭先验分布。

根据该定义，当我们使用共轭先验时，由贝叶斯更新产生的后验分布与先验分布在同一参数族中。上述定义的后验分布 $\pi(\theta|x)$ 不仅依赖于先验分布 $\pi(\theta)$ 和样本 x，还依赖与样本的分布族，离开指定参数及其所在的样本分布族谈论共轭先验分布是没有意义的。

共轭先验分布的计算技巧：从连续型变量来看，

$$\pi(\theta \mid x) = \frac{f(x \mid \theta)\pi(\theta)}{m(x)}$$

其中，$f(x|\theta)$ 是样本的密度函数，$\pi(\theta)$ 是 θ 的先验密度，$m(x)$ 是 X 的边缘密度，其与 θ 无关，可将 $1/m(x)$ 看成与 θ 无关常数。此时将上式改写为

$$\pi(\theta \mid x) \propto f(x \mid \theta)\pi(\theta)$$

左右两边相差一个常数因子 C，该常数因子与参数 θ 无关。这样的改写，在任何场合都可以极大程度简化后验概率密度的计算。只要像略去 $m(x)$ 一样略去与 θ 无关的因子，

对 $f(x|\theta)$ 和 $\pi(\theta)$ 与 θ 有关部分(仅与 θ 有关的部分称为核)进行计算,最后再添加与 θ 无关的正则化常数因子,即可得到后验密度。下面将举一个实例来进行说明该计算技巧。

例 4.2 设 $X|\theta\sim$ 二项分布 $B(n,p)$,若取 θ 的先验分布为贝塔分布 $\mathrm{Beta}(a,b)$,a,b 已知,试求 θ 的后验分布。

在样本的似然函数

$$f(x\mid\theta)=\binom{n}{x}\theta^{x}(1-\theta)^{n-x}$$

中,去掉与 θ 无关的部分剩下核 $\theta^{x}(1-\theta)^{n-x}$,先验分布 $\mathrm{Beta}(a,b)$ 的密度函数

$$\pi(\theta)=\frac{\Gamma(a+b)}{\Gamma(a)\Gamma(b)}\theta^{a-1}(1-\theta)^{b-1}$$

去掉与 θ 无关的部分剩下核 $\theta^{a-1}(1-\theta)^{b-1}$,代入改写式进行计算

$$\pi(\theta\mid x)\propto f(x\mid\theta)\pi(\theta)=\theta^{x}(1-\theta)^{n-x}\cdot\theta^{a-1}(1-\theta)^{b-1}=\theta^{x+a-1}(1-\theta)^{n-x+b-1},\quad 0<\theta<1$$

上式的右边是贝塔分布 $\mathrm{Beta}(x+a,n-x+b)$ 密度函数的核,最后添加正则化因子

$$\frac{\Gamma(n+a+b)}{\Gamma(x+a)\Gamma(n-x+b)}$$

得到最终的后验密度函数

$$\frac{\Gamma(n+a+b)}{\Gamma(x+a)\Gamma(n-x+b)}\theta^{x+a-1}(1-\theta)^{n-x+b-1},\quad 0<\theta<1$$

共轭先验分布的优点在于:(1) 便于计算;(2) 后验分布的一些参数可以得到很好的解释。

例如在例 4.2 中,

$$E(\theta\mid x)=\frac{a+x}{a+b+n}=\frac{n}{a+b+n}\frac{x}{n}+\frac{a+b}{a+b+n}\frac{a}{a+b}=\delta\cdot\frac{x}{n}+(1-\delta)\cdot\frac{a}{a+b} \tag{4.1}$$

$$\mathrm{Var}(\theta\mid x)=\frac{(a+x)(b+n-x)}{(a+b+n)^{2}(a+b+n+1)}=\frac{E(\theta\mid x)[1-E(\theta\mid x)]}{(a+b+n+1)}$$

其中 $\delta=n/(a+b+n)$。由(4.1)式知,我们可以将后验均值拆分为两个部分,等式右边的第一部分

$$\delta\cdot\frac{x}{n}$$

看作是给予权重 δ 的样本均值,等式右边的第二部分

$$(1-\delta)\cdot\frac{a}{a+b}$$

视为给予权重$(1-\delta)$的先验均值。从上述加权平均(4.1)式可见,后验均值是先验均值与样本均值的一个折中,具体偏向哪一侧则由权重 δ 来决定:若 δ 很小,则表明样本信息很少,后验均值主要由先验均值 $a/(a+b)$ 决定;若 δ 很大,则表明样本信息很多,后验均值主要由样本均值 x/n 决定。

而当 n 与 x 都较大且接近某一个常数 C 时,

$$E(\theta\mid x)\approx\frac{x}{n},\quad \mathrm{Var}(\theta\mid x)\approx\frac{1}{n}\frac{x}{n}\left(1-\frac{x}{n}\right)$$

后验均值主要决定于样本均值，后验方差则越来越小，后验分布越来越集中于样本均值 x/n。

四、充分统计量

充分统计量在简化统计问题中是一个非常重要的概念

定义 4.2　对于样本 $X=(X_1,X_2,\cdots,X_n)$ 的分布族为 $\{P_\theta(x|\theta):\theta\in\Theta\}$，其中 Θ 为参数空间。对于任意 t 值，在给定统计量 $T(X_1,X_2,\cdots,X_n)=t$ 的情况下，$X_1,X_2,\cdots,X_n$ 的条件分布 $P_\theta(X_1,X_2,\cdots,X_n|T=t)$ 不依赖于 θ，那么就称统计量 $T(X_1,X_2,\cdots,X_n)$ 为参数 θ 的充分统计量。

在实践中，很少使用定义 4.2 来证明一个统计量的充分性，因为此时需要计算

$$P_\theta(X_1,X_2,\cdots,X_n \mid T=t)=\frac{P_\theta(X_1,X_2,\cdots,X_n,T=t)}{P(T=t)}$$

来判断是否和参数 θ 有关，计算复杂。我们一般通过以下因子分解定理来判断统计量的充分性。

定理 4.3　$T(X_1,X_2,\cdots,X_n)$ 是参数 θ 充分统计量的充分必要条件为存在一个函数 $g(t,\theta)$ 和一个样本 x 的函数 $h(x_1,x_2,\cdots,x_n)$，对于任意参数 θ 与样本 x，可将样本的密度函数表示为这两个函数的乘积

$$f(x_1,x_2,\cdots,x_n \mid \theta)=g(T(x_1,x_2,\cdots,x_n),\theta)h(x_1,x_2,\cdots,x_n)$$

这里，函数 $h(x_1,x_2,\cdots,x_n)$ 不依赖于参数 θ，函数 $g(t,\theta)$ 与统计量 $T(X_1,X_2,\cdots,X_n)$ 与参数 θ 有关。该定理以样本分布为连续型为例进行描述，若样本分布为离散型，则将密度函数改为概率分布进行描述即可。

在统计学中，充分统计量是指能够完全捕捉一个统计模型及其相关未知参数信息的统计量，这意味着“从同一样本中计算出来的其他统计量无法提供关于参数值的任何额外信息”。用样本 $f(x|\theta)$ 算得的后验分布与统计量 $T(x)$ 算得的后验分布是相同的

$$\pi(\theta \mid T(x))=\pi(\theta \mid x)$$

下面举例说明该结论。

例 4.3　设 $X=(X_1,X_2,\cdots,X_n)$ 为从 $N(\theta,\sigma^2)$ 总体中抽取的随机样本，给 σ^2 的无信息先验分布为

$$\pi(\sigma^2)\propto\frac{1}{\sigma^2}\triangleq\frac{1}{\sigma^2}$$

$$\pi(\sigma^2 \mid x)=\frac{f(x \mid \sigma^2)\pi(\sigma^2)}{m(x)}\propto f(x \mid \sigma^2)\pi(\sigma^2)\propto 1/\sigma^2 f(x \mid \sigma^2)$$

$$=(2\pi)^{(-n/2)}\sigma^{(-n+2)}\exp\left\{-\frac{1}{2\sigma^2}\sum_{i=1}^{n}(x_i-\theta)^2\right\}$$

为 $\Gamma^{-1}(n/2,\sum_{i=1}^{n}(x_i-\theta)^2/2)$ 的密度函数。

令

$$\lambda=\sum_{i=1}^{n}(x_i-\theta)^2$$

则

$$\pi(\sigma^2 \mid x) = c\left(\frac{1}{\sigma^2}\right)^{n/2+1} \exp\left\{-\frac{\lambda}{2\sigma^2}\right\}$$

其中 c 为与未知参数 σ^2 无关的常数。此时

$$\left(\frac{1}{\sigma^2}\right)^{n/2+1} \exp\left\{-\frac{\lambda}{2\sigma^2}\right\}$$

为 $\Gamma^{-1}(n/2,\lambda/2)$ 的核，θ 的后验分布为 $\Gamma^{-1}(n/2,\lambda/2)$。最终密度函数添加常数因子 c 得到最终的后验密度函数

$$\pi(\sigma^2 \mid \lambda) = \frac{\left(\frac{\lambda}{2}\right)^n}{\Gamma(n/2)}\left(\frac{1}{\sigma^2}\right)^{n/2+1} \exp\left\{-\frac{\lambda}{2\sigma^2}\right\}$$

其中 $\sigma^2>0$。这与使用 x 得到的后验分布一致。

上述例子中的

$$\lambda = \sum_{i=1}^{n}(x_i - \theta)^2$$

为该分布的充分统计量，可以看出在计算过程中，无论是使用 x 还是充分统计量 λ，最终得到的依旧是该逆伽马分布，如果使用充分统计量的话也可以大大简化计算过程。

在简化计算过程中，有一个常用的推论。

推论 4.1 $T=T(X_1,X_2,\cdots,X_n)$ 为 θ 的充分统计量，如果 $M=m(T)$ 是与 T 一一对应的映射，即关于 T 的变换函数。则 $M=m(T)$ 也是 θ 的充分统计量。

下面我们举例说明该推论。

例 4.4 设 $X=(X_1,X_2,\cdots,X_n)$ 为一个从均值 μ 未知，方差 σ^2 未知的正态分布 $N(\mu,\sigma^2)$ 中抽取的独立同分布样本，则

$$\begin{aligned} f(x \mid \theta) &= (1/\sqrt{2}\pi\sigma)^n \exp\left\{-\frac{1}{2\sigma^2}\sum_{i=1}^{n}(x_i-\mu)^2\right\} \\ &= (1/\sqrt{2}\pi\sigma)^n \exp\left\{-\frac{1}{2\sigma^2}\left(\sum_{i=1}^{n}x_i^2 - 2\mu\sum_{i=1}^{n}x_i + n\mu^2\right)\right\} = g(T(x),\theta)\cdot h(x) \end{aligned}$$

根据定理 4.3，可以得到统计量

$$T(X) = \left(\sum_{i=1}^{n}X_i, \sum_{i=1}^{n}X_i^2\right)$$

它为二维参数 $\theta=(\mu,\sigma^2)$ 的充分统计量，对该统计量作一定的变换得到样本均值和样本方差

$$\overline{X} = \frac{1}{n}\sum_{i=1}^{n}X_i, \quad S^2 = \frac{1}{n-1}\sum_{i=1}^{n}(X_i - \overline{X})^2$$

也为该二维参数 θ 的充分统计量。

第2节　贝叶斯推断

一、条件方法

由前面介绍可知，未知参数 θ 的后验分布 $\pi(\theta|x)$ 是集样本信息与先验信息于一身，它包含了关于 θ 的所有信息。与频率学派不同的是，在贝叶斯框架下对未知参数 θ 进行统计推断都是按照一定方式从后验分布中提取信息。

后验分布 $\pi(\theta|x)$ 是在样本 x 给定下 θ 的条件分布，基于后验分布的统计推断就意味着只考虑已出现的数据（样本观测值），而认为未出现的数据与推断无关，这一重要的观点被称为“条件观点”，基于这种观点提出的统计推断方法被称为“条件方法”，它与我们熟悉的“频率方法”之间具有很大的差别。

例如，在贝叶斯框架下，没有估计量的无偏性一说，而在频率论框架下对估计量的无偏性的定义为

$$E[\hat{\theta}(X)]=\int_{x}\hat{\theta}(X)p(x|\theta)\mathrm{d}x=\theta$$

这里的平均就是对样本空间中所有可能出现的样本求得的。而在实际中，样本空间中绝大多数样本尚未出现过，而且重复很多次也不会出现的样本会对估计量 $\hat{\theta}$ 产生一定的影响，在实际中不少估计量只使用一次或者几次，而多数从未出现的样本也要参与平均是实际工作者难以理解的，这就是条件观点。在贝叶斯推断中不使用无偏性，实际工作者也更容易理解和接受。

二、似然原理

似然原理的核心概念是似然函数，其定义如下：

定义 4.3　设 $X\sim f(x|\theta)$，$X=(X_1,X_2,\cdots,X_n)$ 是从总体 X 中抽取的独立同分布样本，其联合分布为

$$f(x\mid\theta)=f(x_1,x_2,\cdots,x_n\mid\theta)$$

当得到样本 x，即 x 固定时，将 $f(x|\theta)$ 看作是 θ 的函数，就称之为似然函数，记为

$$L(x\mid\theta)=f(x\mid\theta)=\prod_{i=1}^{n}f(x_i\mid\theta)$$

虽然该似然函数形式与联合分布相同，但是本质与联合分布不同，所有与 θ 有关的信息都被包含在似然函数中，似然函数 $L(x|\theta)$ 是 θ 的函数，而样本在似然函数中只是一组给定的数据。使 $L(x|\theta)$ 取值最大的 θ 比使 $L(x|\theta)$ 取值小的 θ，更像是 θ 的真值。

特别地，使 $L(x|\theta)$ 在参数空间 Θ 中取值达到最大的 θ 值 $\hat{\theta}(x)$ 称为最大似然估计。假

如两个似然函数成比例，比例因子又不依赖 θ，则它们的最大似然估计是相同的；若进一步假定对 θ 采用相同的先验分布，那么基于给定的 x 对 θ 所做的后验推断也是相同的，即

$$\pi_1(\theta)=\pi_2(\theta)\Rightarrow\pi_1(\theta \mid x)=\pi_2(\theta \mid x)$$

贝叶斯学派把上述认识概括为似然原理的如下两个要点：

(1) 有了观测值 x 后，在确定关于 θ 的推断和决策时，所有与实验有关的 θ 的信息都被包含在似然函数 $L(x|\theta)$ 中；

(2) 如果有两个似然函数是成比例的，比例因子与 θ 无关，则它们关于 θ 具有相同信息。

三、贝叶斯点估计

设 θ 是总体分布 $f(x \mid \theta)$ 中的参数，为了估计该参数，从该总体随机抽取样本 $x=(x_1,x_2,\cdots,x_n)$，同时根据先验信息 $\pi(\theta)$ 得到后验分布 $\pi(\theta|x)$。得到后验分布后，可以用类似于经典方法来求得未知参数 θ 的点估计，例如后验均值估计、后验中位数估计、后验众数估计。

定义 4.4 用后验密度 $\pi(\theta|x)$ 达到最大值时的 $\hat{\theta}_{MD}$ 值作为估计量，称作最大后验估计；后验分布的中位数 $\hat{\theta}_{ME}$ 作为 θ 的估计量，称为后验中位数估计；用后验分布的期望值 $\hat{\theta}_E$ 作为 θ 的估计量，称为后验期望估计。

上述定义 4.4 定义的这三个估计都称为 θ 的贝叶斯估计，可记作 $\hat{\theta}_B$。在不会引起混淆时，这三个估计都可记作 $\hat{\theta}$。

一般场合下这三种估计是不同的，但当后验密度函数为对称时，θ 的三种贝叶斯估计重合，使用时可根据需要选用其中的一种。

例 4.5 为估计不合格品率 θ，今从一批产品中随机抽取 n 件，其中不合格品数 $X\sim$ 二项分布 $B(n,\theta)$，若取 θ 的先验分布为 $\text{Beta}(\alpha,\beta)$，求 θ 的后验中位数估计。

由共轭先验部分的内容可知，当 θ 的先验分布为 $\text{Beta}(\alpha,\beta)$ 时，θ 的后验分布 $\pi(\theta \mid x)$ 为 $\text{Beta}(x+\alpha,n-x+\beta)$。此时最大后验估计和后验期望估计分别为

$$\hat{\theta}_{MD}=\frac{\alpha+x-1}{\alpha+\beta+n-2},\quad \hat{\theta}_E=\frac{\alpha+x}{\alpha+\beta+n}$$

可以看出，这两种贝叶斯的点估计有所不同。当我们取 $\alpha=\beta=1$ 时，即此时的先验分布为 $\text{Beta}(1,1)$，也就是均匀分布 $U(0,1)$，此时最大后验估计和后验期望估计分别为

$$\hat{\theta}_{MD}=\frac{x}{n},\quad \hat{\theta}_E=\frac{x+1}{n+2}$$

最大后验估计 $\hat{\theta}_{MD}$ 在此情况下为频率学派的最大似然估计，也就是说，不合格率 θ 的最大似然估计就是先验分布为 $U(0,1)$ 下的贝叶斯最大后验估计。总体分布 $f(x|\theta)$ 中参数的某一点估计都存在一个先验分布 $\pi(\theta)$，使得该贝叶斯估计就是频率学派的经典估计。

例 4.6　设随机变量

$$X \sim f(x \mid \theta) = e^{-(x-\theta)} I_{[\theta,\infty)}(x), \quad -\infty < \theta < \infty$$

又已知 θ 的先验分布为柯西分布 $C(0,1)$：

$$\pi(\theta) = \frac{1}{\pi(1+\theta^2)}, \quad x \geqslant \theta$$

试求：θ 的后验众数估计。

解：由题中已知条件得

$$\pi(\theta \mid x) = \frac{f(x \mid \theta)\pi(\theta)}{m(x)} = \frac{e^{-(x-\theta)} I_{[\theta,\infty)}(x)}{m(x)\pi(1+\theta^2)}$$

要找到后验密度最大值所对应的 θ 值，对后验密度函数关于 θ 求导

$$\frac{d\pi(\theta \mid x)}{d\theta} = \frac{e^{-x}}{m(x) \cdot \pi}\left[\frac{e^{\theta}}{1+\theta^2} - \frac{2\theta e^{\theta}}{(1+\theta^2)^2}\right] = \frac{e^{-x}}{m(x) \cdot \pi} \cdot \frac{e^{\theta}(\theta-1)^2}{(1+\theta^2)^2} \geqslant 0$$

该后验密度函数在参数空间中单调递增，因此在 $\theta = x$ 时取得后验密度最大值，因此 $\hat{\theta}_{MD} = x$。

四、贝叶斯点估计的精度

现有一系列样本 $x_1, x_2, \cdots, x_n$，得到一个估计量 $\hat{\theta}(x_1, x_2, \cdots, x_n)$，在经典统计学中，衡量一个估计量的优劣要看均方误差：

$$\text{MSE}(\hat{\theta}) = E[\hat{\theta}(x_1, x_2, \cdots, x_n) - \theta]^2 = \text{Var}(\hat{\theta}) + [\theta - E(\hat{\theta})]^2$$

在无偏的情况下 $\theta = E(\hat{\theta})$，此时

$$\text{MSE}(\hat{\theta}) = E[\hat{\theta}(x_1, x_2, \cdots, x_n) - \theta]^2 = \text{Var}(\hat{\theta})$$

MSE 等于方差。一个估计量的均方误差(MSE)越小越好。贝叶斯理论下也有类似的定义。

定义 4.5　设参数 θ 的后验分布 $\pi(\theta|x)$，θ 的贝叶斯估计记作 $\hat{\theta}$，则将

$$\text{PMSE}(\hat{\theta} \mid x) = E_{\theta|x}[(\theta - \hat{\theta})^2] = \int (\theta - \hat{\theta})^2 \pi(\theta \mid x) d\theta$$

称为后验均方误差，用来度量 $\hat{\theta}$ 的精度，PMSE 越小越好。$E_{\theta|x}$ 表示用后验分布 $\pi(\theta|x)$ 求期望。

设后验期望为 $\hat{\theta}_E$，即

$$\int \theta \cdot \pi(\theta \mid x) d\theta = E_{\theta|x}[\theta]$$

则

$$\begin{aligned}\text{PMSE}(\hat{\theta} \mid x) &= E_{\theta|x}[(\theta - \hat{\theta} + \hat{\theta}_E - \hat{\theta}_E)^2] = E_{\theta|x}(\theta - \hat{\theta}_E)^2 + (\hat{\theta}_E - \hat{\theta})^2 + 2(\hat{\theta}_E - \hat{\theta})E_{\theta|x}(\theta - \hat{\theta}_E) \\ &= E_{\theta|x}(\theta - \hat{\theta}_E)^2 + (\hat{\theta}_E - \hat{\theta})^2 = \text{Var}(\theta \mid x) + (\hat{\theta}_E - \hat{\theta})^2 \geqslant \text{Var}(\theta \mid x)\end{aligned}$$

当 $\hat{\theta}$ 为后验均值 $\hat{\theta}_E$ 时,后验均方误差达到最小,此时只考虑后验方差。因为后验均方误差 PMSE 越小越好,在实际应用中,常使用后验期望估计作为参数 θ 的估计值。

五、区间估计

(一) 贝叶斯可信区间

当 θ 为连续型变量,已知其后验分布为 $\pi(\theta|x)$,则可求得 θ 落在某个空间$[a,b]$内的后验概率为 $1-\alpha$ 的区间估计,即满足

$$P(a \leqslant \theta \leqslant b \mid x) = \int_a^b \pi(\theta \mid x)\mathrm{d}\theta = 1-\alpha$$

的 θ 的范围,我们称$[a,b]$为 θ 的贝叶斯区间估计,又称为可信区间。

若 θ 为离散型随机变量,对给定概率 $1-\alpha$,上式区间$[a,b]$可能不存在,需要适当放大一点左侧概率,使得

$$P(a \leqslant \theta \leqslant b \mid x) > 1-\alpha$$

这样的区间也是 θ 的贝叶斯可信区间。

下面给出贝叶斯可信区间的定义。

定义 4.6 设参数 θ 的后验分布为 $\pi(\theta|x)$,对给定的样本 x 和概率 $1-\alpha(0<\alpha<1$,通常 α 取较小的数),若存在两个统计量 $\hat{\theta}_L$ 和 $\hat{\theta}_U$,使得

$$P(\hat{\theta}_L \leqslant \theta \leqslant \hat{\theta}_U \mid x) \geqslant 1-\alpha$$

则称$[\hat{\theta}_L,\hat{\theta}_U]$为 θ 的可信水平为 $1-\alpha$ 的贝叶斯可信区间(Bayesian credible interval),简称为 θ 的可信水平为 $1-\alpha$ 的可信区间。类似地,如果参数 θ 满足

$$P(\theta \geqslant \hat{\theta}_L \mid x) \geqslant 1-\alpha$$

则 $\hat{\theta}_L$ 称为 θ 的可信水平为 $1-\alpha$ 的贝叶斯可信下限;而满足

$$P(\theta \leqslant \hat{\theta}_U \mid x) \geqslant 1-\alpha$$

的 $\hat{\theta}_U$ 称为 θ 的可信水平为 $1-\alpha$ 的贝叶斯可信上限。

这里的可信水平和可信区间(Credible Interval)与经典统计方法中的置信水平和置信区间(Confidence Interval)虽是同类概念,但二者存在本质区别,主要表现在:

(1) 对于可信区间来说,基于后验分布 $\pi(\theta|x)$,在给定 x 和 $1-\alpha$ 后求得了可信区间,如 θ 的 $1-\alpha=0.95$ 的可信区间为$[1.5,2.5]$,这时

$$P(1.5 \leqslant \theta \leqslant 2.5 \mid x) = 0.95$$

由于 θ 有随机性,我们可以说“θ 落入这个区间的概率为 0.95”;但是对于频率学派下的置信区间而言,因为 θ 为未知常数,不能说“θ 落入这个区间的概率为 0.95”,而只能说“在重复 100 次抽样得到的置信区间中,大约有 95 次能包含 θ”,这样的解释在使用一次、两次置信区

间时,没有实际意义。相对而言,贝叶斯可信区间更易被接受和理解。实际情况中,很多人也是将置信区间当作可信区间来理解。

(2) 经典统计方法求解置信区间有时很困难,需要构造一个枢轴变量,使其表达式与 θ 有关,而使其分布与 θ 无关。然而很多情况下找枢轴变量分布十分困难,而求解可信区间只需要后验分布,不需要寻找其他分布,相对来说要更简单。

注:设 $Q(X,\theta)=Q(X_1,X_2,\cdots,X_n)$ 是数据 $X_1,X_2,\cdots,X_n$ 和参数 θ 的函数,如果 $Q(X,\theta)$ 的分布与参数 θ 无关,称 $Q(X,\theta)$ 为 θ 的枢轴变量。

例 4.7 若某批彩色电视机的寿命服从指数分布 $E(1/\theta)$,其密度函数为

$$f(x|\theta)=\theta^{-1}\exp\left\{-\frac{x}{\theta}\right\}\cdot I_{(0,\infty)}(x)$$

其中 $\theta>0$ 为彩电平均寿命。现从一批彩电中随机抽取 n 台进行寿命试验,试验进行到第 $r(1\leqslant r\leqslant n)$ 台失效为止,其失效时间为 $t_1\leqslant t_2\leqslant\cdots\leqslant t_r$,其他 $n-r$ 台彩电直到试验停止 (t_r) 时还未失效。这样的试验称为定数截尾寿命试验,所得样本 $(t_1,t_2,\cdots,t_r)$ 称为截尾样本。假定 θ 的先验分布为逆伽马分布 $\Gamma^{-1}(\alpha,\beta)$,试求此批彩电平均寿命及其可信下限。

(二) 最大后验密度可信区间

衡量可信区间,一看其可信度 $1-\alpha$,二是看其精度,即区间长度。可信度 $1-\alpha$ 越大越好,精度越高(即区间越短)越好。最优可信区间是可信度为 $1-\alpha$ 的前提下,长度最短的区间。一般情况下,要使可信区间最短,只有把具有最大后验密度的点都包含在区间内,而区间外的点后验密度函数值都不会超过区间内的点后验密度函数值,这样的区间称为最大后验密度可信区间。

定义 4.7 设参数 θ 的后验密度为 $\pi(\theta|x)$,对给定的概率 $1-\alpha(0<\alpha<1)$,集合 C 满足如下条件:

(1) $P(\theta\in C\mid x)=\int_C\pi(\theta\mid x)\mathrm{d}\theta=1-\alpha$,

(2) 对任给的 $\theta_1\in C$ 和 $\theta_2\notin C$,总有

$$\pi(\theta_1\mid x)>\pi(\theta_2\mid x)$$

则称 C 为 θ 的可信水平为 $1-\alpha$ 的最大后验密度可信集(the highest posterior density (HPD) credible set),简称为 HPD 可信区间。

当后验密度 $\pi(\theta|x)$ 为单峰对称时,HPD 可信区间就是等尾区间,即对于给定的可信水平 $1-\alpha$,此时将 α 平分,通过从后验分布 $\pi(\theta|x)$ 的 $\alpha/2$ 和 $1-\alpha/2$ 分位数来获得可信区间。当后验密度单峰不对称时,不容易求解 HPD 可信区间,需借助计算机进行数值计算,具体步骤如下:

(1) 给定一个值 k,解方程 $\pi(\theta|x)=k$,解得 θ_1 和 θ_2,从而组成一个区间

$$C(k)=[\theta_1,\theta_2]=\{\theta:\pi(\theta\mid x)\geqslant k\}$$

(2) 计算概率 $P(\theta\in C(k)\mid x)=\int_{C(k)}\pi(\theta\mid x)\mathrm{d}\theta$;

(3) 对给定的 k，

若 $P(\theta\in C(k)|x)\approx 1-\alpha$，则 $C(k)$ 即为所求的 HPD 可信区间；

若 $P(\theta\in C(k)|x)>1-\alpha$，则增大 k，再转入(1)和(2)步骤；

若 $P(\theta\in C(k)|x)<1-\alpha$，则减小 k，再转入(1)和(2)步骤。

例 4.7(续) 设例 4.7 中彩电的平均寿命 θ 的后验分布为逆伽马分布 $\Gamma^{-1}(3,99741)$，求 θ 的可信水平为 0.90 的最大后验密度(HPD)可信区间。

六、假设检验

经典统计方法中，原假设与备择假设地位不平等(保护原假设原则)，而在贝叶斯方法中，原假设与备择假设地位平等。对于假设检验问题，贝叶斯统计推断的出发点仍是后验分布，但其解决问题方式直截了当。

给定样本 X，且有 $X\sim f(x|\theta)$，$\theta\in\Theta$，考虑下列假设检验的问题

$$H_0:\theta\in\Theta_0\leftrightarrow H_1:\theta\in\Theta_1,\quad \Theta_0\cup\Theta_1=\Theta$$

在获得后验分布 $\pi(\theta|x)$ 后，计算两个假设 H_0 和 H_1 后验概率

$$\pi_1(x)=\int_{\Theta_1}\pi(\theta\mid x)\mathrm{d}\theta=P(\theta\in\Theta_1\mid x)$$

$$\pi_0(x)=\int_{\Theta_0}\pi(\theta\mid x)\mathrm{d}\theta=P(\theta\in\Theta_0\mid x)$$

直观上来看，$\pi_1(x)$ 与 $\pi_0(x)$ 分别表示参数 θ 属于 Θ_1 与 Θ_0 后验概率。因此，若 $\pi_1(x)>\pi_0(x)$ 时，则表示 $\theta\in\Theta_1$ 的可能性更大，因而拒绝 H_0；若 $\pi_1(x)<\pi_0(x)$ 时，则表示 $\theta\in\Theta_0$ 的可能性更大，因而接受 H_0。

此时将 $\pi_0(x)$ 与 $\pi_1(x)$ 的比值称作后验机会比，当 $\pi_0(x)/\pi_1(x)<1$ 时就拒绝 H_0，否则接受 H_0；当 $\pi_0(x)/\pi_1(x)\approx 1$ 时，不宜作决定，需进一步取样或进一步收集先验信息。

此情形还可以推广到多个(三个及以上)假设检验的情况，此时接受具有最大后验概率的假设。

这里引入贝叶斯因子的概念。

定义 4.8 设两个假设 Θ_0 和 Θ_1 的先验概率分别为 α_0 和 α_1，后验概率分别为 π_0 和 π_1，比例 α_0/α_1 称为 H_0 对 H_1 的先验机会比，π_0/π_1 被称为后验机会比，则贝叶斯因子定义为

$$B^{\pi}(x)=\frac{\text{后验机会比}}{\text{先验机会比}}=\frac{\pi_0/\pi_1}{\alpha_0/\alpha_1}=\frac{\alpha_0\pi_1}{\alpha_1\pi_0}$$

$B^{\pi}(x)$ 取值越大，越支持 H_0。

从定义上看贝叶斯因子 $B^{\pi}(x)$ 是反映数据 x 支持 H_0 的程度(有了样本信息后 H_0 受到支持程度放大的倍数)。

下面从三种情形来进行讨论。

1. 简单假设 $\Theta_0=\{\theta_0\}$ 对简单假设 $\Theta_1=\{\theta_1\}$

只考虑 θ 为离散型随机变量的情况。

$$H_0:\theta\in\Theta_0=\theta_0\leftrightarrow H_1:\theta\in\Theta_1=\theta_1$$

此时

$$\pi_0=P(\Theta_0\mid x)=\frac{f(x\mid\theta_0)\alpha_0}{f(x\mid\theta_0)\alpha_0+f(x\mid\theta_1)\alpha_1}$$

$$\pi_1=(\Theta_1\mid x)=\frac{f(x\mid\theta_1)\alpha_1}{f(x\mid\theta_0)\alpha_0+f(x\mid\theta_1)\alpha_1}$$

而 $f(x|\theta)$ 为样本的分布，其后验机会比为

$$\pi_0/\pi_1=\frac{f(x\mid\theta_0)\alpha_0}{f(x\mid\theta_1)\alpha_1}$$

因而

$$B^\pi(x)=\frac{\text{后验机会比}}{\text{先验机会比}}=\frac{\pi_0/\pi_1}{\alpha_0/\alpha_1}=\frac{f(x\mid\theta_0)}{f(x\mid\theta_1)}$$

$B^\pi(x)$ 正是 $\Theta_0\leftrightarrow\Theta_1$ 的似然比。由于此种情形的贝叶斯因子不依赖于先验分布，仅依赖于样本的似然比，故贝叶斯因子 $B^\pi(x)$ 可视为是数据 x 支持 Θ_0 的程度。

如果要拒绝原假设 H_0，则要求 $\pi_0/\pi_1<1$，由上式可见其等价于

$$\frac{f(x\mid\theta_1)}{f(x\mid\theta_0)}>\frac{\alpha_0}{\alpha_1}$$

即，两个密度函数值之比要大于临界值，从贝叶斯观点看，该临界值就是两个先验概率比。

2. 复杂假设 Θ_0 对复杂假设 Θ_1

此时可处理 θ 为离散型随机变量或者连续型随机变量的情况。

$$H_0:\theta\in\Theta_0\leftrightarrow H_1:\theta\in\Theta_1,\quad \Theta_0\cup\Theta_1=\Theta$$

我们先把先验分布写作如下形式：

$$h_0(\theta)\propto\alpha(\theta)I_{\Theta_0}(\theta),\quad h_1(\theta)\propto\alpha(\theta)I_{\Theta_1}(\theta)$$

其中

$$I_{\Theta_0}(\theta)=\begin{cases}1, & \theta\in\Theta_0\\ 0, & \theta\notin\Theta_0\end{cases};\quad I_{\Theta_1}(\theta)=\begin{cases}1, & \theta\in\Theta_1\\ 0, & \theta\notin\Theta_1\end{cases}$$

此时

$$\alpha(\theta)=\alpha_0h_0(\theta)+\alpha_1h_1(\theta),(\theta\in\Theta_0\cup\Theta_1)=\begin{cases}\alpha_0h_0(\theta), & \theta\in\Theta_0\\ \alpha_1h_1(\theta), & \theta\in\Theta_1\end{cases}$$

α_0 和 α_1 分别为 Θ_0 和 Θ_1 的先验概率，$h_0(\theta)$ 和 $h_1(\theta)$ 分别是 Θ_0 和 Θ_1 上的概率密度函数。

经过改写之后，后验概率比

$$\pi_0/\pi_1=\frac{\int_{\Theta_0}f(x\mid\theta_0)\alpha_0h_0(\theta)\mathrm{d}\theta}{\int_{\Theta_1}f(x\mid\theta_1)\alpha_1h_1(\theta)\mathrm{d}\theta}$$

贝叶斯因子表示为

$$B^{\pi}(x)=\frac{\pi_0/\pi_1}{\alpha_0/\alpha_1}=\frac{\int_{\Theta_0} f(x \mid \theta_0)h_0(\theta)\mathrm{d}\theta}{\int_{\Theta_1} f(x \mid \theta_1)h_1(\theta)\mathrm{d}\theta}=\frac{m_0(x)}{m_1(x)}$$

可见 $B^{\pi}(x)$还依赖于 Θ_0 和 Θ_1 上的先验密度 h_0 和 h_1，这时贝叶斯因子虽已不是似然比，但仍可看作 Θ_0 和 Θ_1 上的加权似然比(权重分别为 h_0 和 h_1)，它用平均方法部分地消除了先验分布的影响，而强调了样本的作用。

3. 简单假设对复杂假设

我们考察如下的检验问题，也是经典统计学中最常见的一类假设检验问题：

$$H_0:\theta=\theta_0 \leftrightarrow H_1:\theta \neq \theta_0$$

此时 θ 为离散型随机变量或者连续型随机变量都可处理，只是需要进行一定的改写。因为原假设 $H_0:\theta=\theta_0$ 的设置不合理。例如检验“今年发生洪涝灾害的可能性为 0.777”是不现实的。这样的概率值很难被确定正好是 0.777，同时也是没有意义的。因此，在试验中接受丝毫不差的简单原假设 $\theta=\theta_0$ 毫无意义。一种合理方式是，改上述检验为

$$H_0:\theta \in [\theta_0-\varepsilon,\theta_0+\varepsilon] \leftrightarrow H_1:\theta \notin [\theta_0-\varepsilon,\theta_0+\varepsilon]$$

其中 ε 是较小的正数，可选其为误差范围内一个较小的数。

以连续型随机变量为例，因为某一点处先验的概率值为 0，所以对先验的密度函数进行改写

$$\alpha(\theta)=\begin{cases}\alpha_0, & \theta=\theta_0 \\ \alpha_1 g_1(\theta), & \theta \neq \theta_0\end{cases}$$

$\alpha_0+\alpha_1=1$，在 $\theta=\theta_0$ 处给予一个概率值 α_0，其余部分是正常的先验密度函数。可把 α_0 想象为

$$\theta \in [\theta_0-\varepsilon,\theta_0+\varepsilon]$$

上的质量，因此上述先验密度有离散和连续两部分。

设样本分布为 $f(x|\theta)$，则易求边缘分布为

$$m(x)=\int_{\Theta} f(x \mid \theta)\alpha(\theta)\mathrm{d}\theta=\alpha_0 f(x \mid \theta_0)+\alpha_1\int_{\theta\neq\theta_0} f(x \mid \theta)g_1(\theta)\mathrm{d}\theta$$

故$\{\theta=\theta_0\}$的后验概率和$\{\theta\neq\theta_0\}$的后验概率分别为

$$\pi_0=P(\Theta_0 \mid x)=\frac{\alpha_0 f(x \mid \theta_0)}{m(x)}$$

$$\pi_1=P(\Theta_1 \mid x)=\frac{\alpha_1\int_{\theta\neq\theta_0} f(x \mid \theta)g_1(\theta)\mathrm{d}\theta}{m(x)}$$

后验机会比为

$$\frac{\pi_0}{\pi_1}=\frac{\alpha_0 f(x \mid \theta_0)}{\alpha_1\int_{\theta\neq\theta_0} f(x \mid \theta)g_1(\theta)\mathrm{d}\theta}$$

因此，贝叶斯因子为

$$B^{\pi}(x)=\frac{\pi_0/\pi_1}{\alpha_0/\alpha_1}=\frac{f(x\mid\theta_0)}{\int_{\theta\neq\theta_0}f(x\mid\theta)g_1(\theta)\mathrm{d}\theta}$$

实际应用中，常常先计算 $B^{\pi}(x)$，再计算 π_0,π_1。在得到 $B^{\pi}(x)$之后，根据

$$\pi_0+\pi_1=1,\quad B^{\pi}(x)=\frac{P(\Theta_0\mid x)}{1-P(\Theta_0\mid x)}\cdot\frac{1-\alpha_0}{\alpha_0}$$

的条件，可以推出

$$\pi_0=P(\Theta_0\mid x)=\left[1+\frac{1-\alpha_0}{\alpha_0}\cdot\frac{1}{B^{\pi}(x)}\right]^{-1}$$

七、预测推断

对随机变量的未来观测值作出统计推断称为预测。例如，设 $X\sim f(x\mid\theta)$，令 $X=(X_1,X_2,\cdots X_n)$为从总体 X 中获得的历史数据，要对具有密度函数为 $g(z\mid\theta)$的随机变量 Z 的未来观测值 Z_f 作出推断。通常假定 Z 和 X 不相关，这里两个密度函数 f 和 g 具有相同的未知参数 θ。针对这种情况，贝叶斯预测的做法是：首先获得 θ 的后验分布 $\pi(\theta\mid x)$，于是 $g(z\mid\theta)\pi(\theta\mid x)$为给定 x 条件下(Z,θ)的联合分布，之后对 θ 积分得到给定 x 时随机变量 Z 的条件边缘分布，或称为后验预测密度。其具体定义如下：

定义 4.9　设 $X\sim f(x\mid\theta)$，$X=(X_1,X_2,\cdots X_n)$为从总体 X 中获得的历史数据，令 $\pi(\theta)$为 θ 的先验分布，$\pi(\theta\mid x)$为 θ 的后验分布。设随机变量 $Z\sim g(z\mid\theta)$，则给定 x 后，Z 的未来观测值 Z_f 的后验预测密度定义为

$$p(z_0\mid x)=\int_{\Theta}g(z_0\mid\theta)\pi(\theta\mid x)\mathrm{d}\theta$$

特别地，当 Z 和 X 都是同一总体时(此时 $g=f$)，则 X 的未来观测值 X_f 后验预测密度为

$$p(x_0\mid x)=\int_{\Theta}f(x_0\mid\theta)\pi(\theta\mid x)\mathrm{d}\theta$$

通过上述式子可预测随机变量 Z 未来观测值。

例如，可将 $p(Z_f\mid x)$的期望值、中位数或众数作为 Z 的未来预测观测值，也可计算 Z_f 可信水平为 $1-\alpha$ 的预测区间$[a,b]$，使得

$$P(a\leqslant Z_f\leqslant b\mid x)=\int_a^b p(z_0\mid x)\mathrm{d}z_0=1-\alpha$$

第3节　先验分布确定

一、利用先验信息确定先验分布

我们首先引入主观概率的概念。

定义 4.10　主观概率是人们根据经验对事件发生机会的个人信念。

经典统计学研究的对象是能大量重复的随机现象，不是这类随机现象就不能用频率的方法去确定有关事件的概率。但在现实领域的诸多决策问题中，“事件”常常是不能大量重复的。因此，主观概率可视为确定概率的频率方法和古典方法的补充。

确定主观概率的方法主要有以下几种途径：(1) 对事件进行对比确定相对似然性；(2) 利用专家意见；(3) 利用历史资料。

贝叶斯方法关键之处就是确定先验分布。当参数 θ 是离散型随机变量时，可对 Θ 中每个点确定一个主观概率。但当参数 θ 是连续型随机变量时，构造先验密度则比较复杂，当 θ 的先验信息(历史信息与经验)足够多时，可采用下面一些方法来构建先验分布。

(一) 直方图法

按下列步骤来产生密度函数 $\pi(\theta)$ 的直方图。

(1) 先把参数空间 Θ 分成一些小区间，通常为等长的小区间；

(2) 在每个小区间上决定主观概率或按历史数据算出频率；

(3) 绘制直方图，纵坐标为主观概率或频率与小区间长度之比；

(4) 绘制光滑曲线，使直方图矩形面积与曲线在区间上曲边梯形面积相等，且满足整个曲边梯形面积为 1。

由此得到的曲线即为密度函数 $\pi(\theta)$ 的图像。

(二) 选定先验密度函数的形式，再估计超参数

定义 4.11　先验分布中的参数称为超参数。

按以下步骤确定先验的方法最常用，但也极其容易误用，当先验密度函数形式 $\pi(\theta)$ 选用不当将导致以后的推导失误。

(1) 设先验分布的超参数为 α 和 β，选定先验密度的形式为 $\pi(\theta;\alpha,\beta)$；

(2) 对其超参数 α 和 β 作出估计，得到估计量 $\hat{\alpha}$ 和 $\hat{\beta}$；

至于如何确定超参数？我们可以利用先验分布的矩估计或者分位数来进行；

(3) 使 $\pi(\theta;\hat{\alpha},\hat{\beta})$ 和 $\pi(\theta;\alpha,\beta)$ 接近，$\pi(\theta;\hat{\alpha},\hat{\beta})$ 即为选定的先验密度函数。

我们来考察确定超参数的例子。

例 4.8(利用先验分布的分位数确定超参数)　设参数空间 Θ 为$(-\infty,+\infty)$,先验分布为正态分布,若从先验信息得知:(1)先验分布的中位数为 0;(2)先验分布的 0.25 和 0.75 分位数分别为−1 和 1,试求此先验分布。

解:由题设 $\theta \sim N(\mu,\sigma^2)$,则该问题可转化为估计 μ 和 σ^2。

正态分布的中位数就是 μ,故 $\mu=0$。由 0.75 分位数为 1,即

$$0.75 = P(\theta < 1) = P(\theta/\sigma < 1/\sigma) = P(Z < 1/\sigma)$$

其中,$Z=\theta/\sigma \sim N(0,1)$,查标准正态分布表得 $1/\sigma=0.675$,即 $\sigma=1.481$。

故 $\theta \sim N(\mu,\sigma^2)$即 $N(0,1.481^2)$为所求的先验分布。

(三) 给定参数 θ 的某些分位数,确定累积分布函数

根据先验信息给出几个 α 分位数 $z(\alpha)$,得到几个点$(\alpha,z(\alpha))$,在平面上将这几个点用一条光滑曲线连起来得到累积分布函数图像。还可以通过先验分布的 CDF 获得先验分布的直方图,从而获得先验分布的概率密度函数。

例 4.9　设某仓库租金 θ 在区间[2,2.4]中取值,其几个分位点$(\alpha,z(\alpha))$如表 4.1 所示,求租金 θ 的 CDF 曲线和概率直方图。

表 4.1　某仓库租金 θ 在区间[2,2.4]中分位点

分位数 α	2.0	2.06	2.10	2.15	2.20	2.25	2.30	2.325	2.40
累积概率 $z(\alpha)$	0	0.062 5	0.125 0	0.250 0	0.500 0	0.750 0	0.875 0	0.937 5	1.000

解:由表格确定的租金 θ 的 CDF 曲线如图 4.1 所示,其分段概率如表 4.2 所示。

表 4.2　某仓库租金 θ 的分段概率

租金区间	[2.00,2.05]	[2.05,2.10]	[2.10,2.15]	[2.15,2.20]	[2.20,2.25]	[2.25,2.30]	[2.30,2.35]	[2.35,2.40]
分段中点	2.025	2.075	2.125	2.175	2.225	2.275	2.325	2.375
分段概率	0.057 5	0.067 5	0.125 0	0.250 0	0.250 0	0.125 0	0.085 0	0.040 0

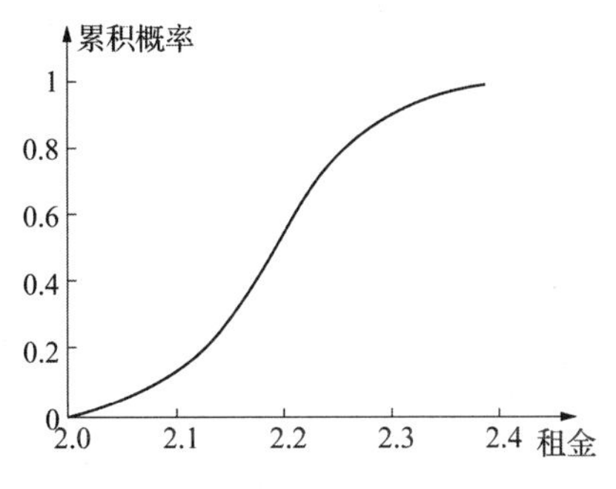

图 4.1　某仓库租金 θ 的 CDF 曲线

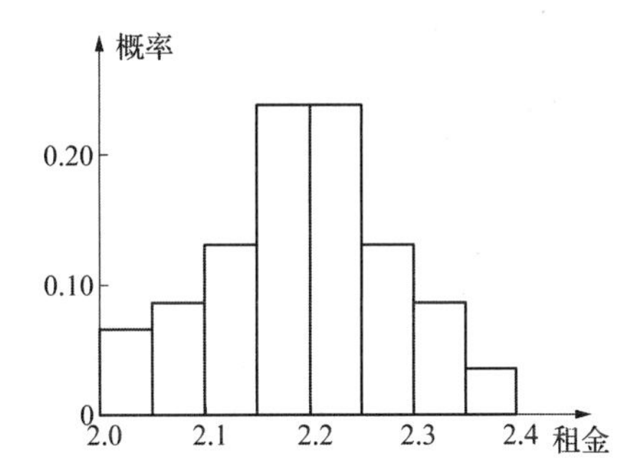

图 4.2　某仓库租金 θ 的概率直方图

根据表 4.2 的分段概率画出概率直方图如图 4.2 所示，可见租金 θ 的概率直方图形状是中间高两边低，可用正态分布 $N(\mu,\sigma^2)$ 近似。利用表中分段中点 x_i 和分段概率 p_i 计算出 μ 和 σ^2 的估计值。

$$\hat{\mu}=\sum_{i=1}^{8}x_i p_i \approx 2.199,\quad \hat{\sigma}^2=\sum_{i=1}^{8}x_i^2 p_i-\hat{\mu}^2\approx 0.086^2$$

因此，租金 θ 可用正态分布 $N(2.199,0.086^2)$ 近似。

上述利用先验信息确定先验分布方法的总结如表 4.3 所示。

表 4.3　利用先验信息确定先验分布的方法

参数 θ 的类型	确定先验分布的方法	参数 θ 适合的范围
离散型随机变量	对参数空间 Θ 中每个点确定一个主观概率	
连续型随机变量	直方图法	更适用于 Θ 为 $(-\infty,\infty)$ 的有限区间
	选定先验密度函数的形式，再估计超参数	更适用于 Θ 为 $(-\infty,\infty)$ 的无限区间
	给定参数 θ 的某些分位数，确定累积分布函数	

二、无信息先验分布

设 $\pi(\theta)$ 为参数 θ 的先验分布，如果该先验分布会使得参数 θ 偏向特定的值，就称该分布为信息先验；如果该先验分布对参数 θ 的后验分布有轻微的影响，就称该分布为弱信息先验；如果该分布不影响后验超参数，则该分布称为无信息先验。

定义 4.12　对参数空间 Θ 中任何一点 θ 没有偏爱的先验信息称为无信息先验。参数 θ 的无信息先验分布是指除参数 θ 的取值范围 Θ 和 θ 在总体中的地位之外，再也不包含 θ 任何信息的先验分布。

贝叶斯统计的一个特点就是利用先验信息形成的先验分布与当前样本信息结合后得到后验分布，进行统计推断。但常常在应用中会由于对某一事物认识不清会出现没有先验信息或者只有极少的先验信息可利用，此时需要设置无信息先验才能继续使用贝叶斯方法，对此可用以下几种解决方法。

(一) Laplace 先验与广义先验

所谓 Laplace 先验就是将 θ 取值范围上的"均匀分布"看作 θ 的先验分布，对 θ 的任何可能值都没有偏爱。

下面分几种情形来说明：

(1) 离散均匀分布：若参数空间 Θ 为有限集，即 θ 只可能取有限个值，设其有 n 个可能取值，则每个 Θ 中元素的先验概率为 $1/n$。

(2) 有限区间上的均匀分布：若参数空间 Θ 为实数域 R 上的有限区间 $[a,b]$，则取先验分布为区间 $[a,b]$ 上的均匀分布 $U(a,b)$。

(3) 广义先验分布：当参数空间 Θ 无界，先验密度函数并非通常的密度函数。

若 $\Theta=(-\infty,\infty)$，同时 $\pi(\theta)=C$，此时 $\int_{-\infty}^{\infty}\pi(\theta)\mathrm{d}\theta\neq 1$。但实际这样的先验分布并不影

响后验分布的计算。下面给出广义先验分布的定义。

定义 4.13 设随机变量 $X\sim f(x|\theta),\theta\in\Theta$,若 θ 的先验密度 $\pi(\theta)$ 满足条件:

(1) $\pi(\theta)\geqslant 0$ 且 $\int_{\Theta}\pi(\theta)\mathrm{d}\theta=\infty$;

(2) 后验密度 $\pi(\theta|x)$ 是正常的密度函数;

则称 $\pi(\theta)$ 为 θ 的广义先验密度。

从定义上看,广义先验密度 $\pi(\theta)$ 乘以任意给定的常数 c,$c\pi(\theta)$ 也是一个广义先验密度。下面我们来举例说明。

例 4.10 设 $X=(X_1,X_2,\cdots,X_n)$ 为从 $N(\theta,1)$ 总体中抽取的随机样本,设 θ 的先验密度为

$$\pi(\theta)\equiv 1,\quad \theta\in\boldsymbol{R}$$

试求 θ 的后验密度。

解: 根据题意可得

$$\pi(\theta|x)=\frac{f(x|\theta)\pi(\theta)}{\int_{-\infty}^{\infty}f(x|\theta)\pi(\theta)\mathrm{d}\theta}=\frac{\exp\left\{-\frac{1}{2}\sum_{i=1}^{n}(x_i-\theta)^2\right\}}{\int_{-\infty}^{\infty}\exp\left\{-\frac{1}{2}\sum_{i=1}^{n}(x_i-\theta)^2\right\}\mathrm{d}\theta}$$

$$=\sqrt{\frac{n}{2\pi}}\exp\left\{-\frac{n}{2}(\theta-\bar{x})^2\right\}$$

该后验密度是正态分布 $N(\bar{x},1/n)$ 的密度函数,后验分布 $\pi(\theta|x)$ 仍为正常的密度函数。因此,按定义 $\pi(\theta)\equiv 1$ 为广义先验密度,它也是一种无先验信息。

下面介绍位置参数族、刻度参数族以及一般情况这三种情形下求常见概率分布的无信息先验分布方法。

(二) 位置参数的无信息先验

定义 4.14 设总体 X 的密度函数具有的形式为 $\{f(x-\theta),-\infty<\theta<+\infty\}$,其样本空间 X 和参数空间 Θ 皆为实数域 R,则此类密度函数构成的分布族称为位置参数族,$\theta\in\Theta$ 称为位置参数。

例如,设 $X\sim N(\theta,\sigma^2)$,其中 σ^2 已知,则 X 的密度函数

$$\frac{1}{\sqrt{2\pi}\sigma}\exp\left\{-\frac{1}{2\sigma^2}(x-\theta)^2\right\}=f(x-\theta)$$

属于位置参数族,θ 是位置参数。

位置参数族具有在平移变换群下的不变性:对 X 作平移变换得到 $Y=X+c$,同时也对 θ 作平移变换得到 $\eta=\theta+c$。显然 Y 的密度函数有形式 $f(y-\eta)$ 仍为位置参数族中成员,其位置参数为 η,且样本空间和参数空间仍为实数域 R。所以 (X,θ) 和 (Y,η) 的统计问题结构相同。位置参数无信息先验密度 $\pi(\theta)\equiv 1$。

例 4.11 设 $X_1, X_2, \cdots, X_n$ 是来自正态分布 $N(\theta, \sigma^2)$ 的独立同分布样本，其中 σ^2 已知，假设 θ 无任何先验信息可利用，求 θ 的后验期望估计。

解： 显然

$$\overline{X} = \frac{1}{n}\sum_{i=1}^{n} X_i$$

为 θ 的充分统计量，且 $\overline{X} \sim N(\theta, \sigma^2/n)$，即

$$f(\bar{x} \mid \theta) = \frac{\sqrt{n}}{\sqrt{2\pi}\sigma}\exp\left\{-\frac{n}{2\sigma^2}(\bar{x}-\theta)^2\right\}$$

θ 无任何先验信息可用。为估计 θ，可取无信息先验 $\pi(\theta) \equiv 1$。给定 $\bar{x}$ 时 θ 的后验分布是 $N(\bar{x}, \sigma^2/n)$，若取后验期望作为 θ 的贝叶斯估计，则有

$$\hat{\theta} = \bar{x}$$

该结果和经典统计学中常用的估计量在形式上完全一样。这种现象被贝叶斯学派解释为经典统计学中一些成功的估计量可看作使用合理无信息先验的结果。

（三）刻度参数的无信息先验

定义 4.15 设总体 X 的密度函数有形式 $\sigma^{-1}p(x/\sigma)$，其中 $\sigma > 0$ 为刻度参数，参数空间为正实数域 $R^+ = (0, \infty)$，则此类密度函数构成的分布族称为刻度参数族。

例如，设 $X \sim N(0, \sigma^2)$，则 X 的密度函数

$$f(x \mid \sigma) = \frac{1}{\sqrt{2\pi}\sigma}\exp\left\{-\frac{x^2}{2\sigma^2}\right\} = \sigma^{-1}\left[\frac{1}{\sqrt{2\pi}}\exp\left\{-\frac{1}{2}\left(\frac{x}{\sigma}\right)^2\right\}\right] = \sigma^{-1}p(x/\sigma)$$

符合上述定义，故属于刻度参数族，σ 是刻度参数。

刻度参数族具有在刻度变换群下的不变性。对 X 作变换得到 $Y = cX$，$c > 0$。同时也对 σ 作相应变换得到 $\eta = c\sigma$。不难算出 Y 的密度函数有形式 $\eta^{-1}p(y/\eta)$，它属于刻度参数族，η 仍为刻度参数，X 样本空间和 Y 样本空间都保持不变，所以 (X, σ) 和 (Y, η) 的统计问题结构相同。刻度参数无信息先验密度 $\pi(\sigma) \equiv 1/\sigma$。

例 4.12 设给定 λ 时总体 X 服从指数分布，其密度函数为

$$f(x|\lambda) = \lambda^{-1}\exp\left\{-\frac{x}{\lambda}\right\} I_{(0,\infty)}(x)$$

其中 $\lambda > 0$ 为刻度参数。令 $X = (X_1, X_2, \cdots, X_n)$ 是从该分布总体中抽取的随机样本，λ 的先验分布为无信息先验，求后验分布的期望和方差。

解： 由贝叶斯定理 4.2，可知 λ 的后验密度为

$$\pi(\lambda|x) = \frac{\prod_{i=1}^{n} f(x_i|\lambda)\pi(\lambda)}{\int_0^{\infty}\prod_{i=1}^{n} f(x_i|\lambda)\pi(\lambda)\mathrm{d}\lambda} = \frac{\lambda^{-(n+1)}\exp\left\{-\frac{1}{\lambda}\sum_{i=1}^{n} x_i\right\}}{\int_0^{\infty}\lambda^{-(n+1)}\exp\left\{-\frac{1}{\lambda}\sum_{i=1}^{n} x_i\right\}\mathrm{d}\lambda}$$

其中 $\pi(\lambda)=\lambda^{-1}$。

记

$$T=\sum_{i=1}^{n}x_i$$

则

$$\pi(\lambda|x)=\frac{(T)^n}{\Gamma(n)}\lambda^{-(n+1)}\exp\left\{-\frac{T}{\lambda}\right\}$$

这个后验分布为逆伽马分布 $\Gamma^{-1}(n,T)$，代入公式，它的后验期望为

$$E(\lambda|x)=\frac{1}{n-1}\sum_{i=1}^{n}X_i,\quad n>1$$

它的后验方差为

$$\mathrm{Var}(\lambda|x)=\frac{1}{(n-1)^2(n-2)}\left(\sum_{i=1}^{n}X_i\right)^2,\quad n>2$$

（四）一般情形下的无信息先验分布

对非位置参数和非刻度参数族的无信息先验，广泛采用的是 Jeffreys 方法，这里只给出该方法的计算步骤及结果。

首先介绍 C-R 正则条件。

定义 4.16　对于单参数概率函数族 $\{f(x,\theta),\theta\in\Theta\}$ 满足以下条件：

(1) 参数空间 Θ 是 R^p 上的某个开区间；

(2) 对任何 $x\in X$ 及 $\theta\in\Theta$，$f(x,\theta)>0$，即分布族拥有共同的支撑且与 θ 无关；

(3) 对任何 $x\in X$ 及 $\theta\in\Theta$，$\dfrac{\partial f(x|\theta)}{\partial\theta}$ 存在；

(4) 概率函数 $f(x,\theta)$ 的积分与微分可交换，即

$$\frac{\partial}{\partial\theta}\int f(x,\theta)\mathrm{d}x=\int\frac{\partial}{\partial\theta}f(x,\theta)\mathrm{d}x$$

如果是离散随机变量的分布，则无穷级数与微分可交换；

(5) Fisher 信息量 $I(\theta)$ 存在，且 $0<I(\theta)<+\infty$，这里

$$I(\theta)=E\left[-\frac{\partial^2\ln f(x|\theta)}{\partial\theta^2}\right]$$

Fisher 阵常常被解释为分布族中所含未知参数 $\theta=(\theta_1,\theta_2,\cdots,\theta_p)'$ 的信息量。令 $l=\ln f(x|\theta)$

常见的 Fisher 阵，主要有：

$p=1$ 时，

$$I(\theta)=E\left(-\frac{\partial^2 l}{\partial\theta^2}\right)$$

$p=2$ 时，

$$I(\theta)=\begin{bmatrix}E\left(-\frac{\partial^2 l}{\partial\theta_1^2}\right) & E\left(-\frac{\partial^2 l}{\partial\theta_1\partial\theta_2}\right)\\ E\left(-\frac{\partial^2 l}{\partial\theta_1\partial\theta_2}\right) & E\left(-\frac{\partial^2 l}{\partial\theta_2^2}\right)\end{bmatrix}$$

满足以上五个条件的分布族称为 C-R 正则分布族，这五个条件称为 C-R 正则条件。

假定样本分布族$\{f(x|\theta),\theta\in\Theta\}$满足 C-R 正则条件，这里$\theta=(\theta_1,\theta_2,\cdots,\theta_p)$为 p 维随机向量。设 $X=\{X_1,X_2,\cdots,X_n\}$是从总体 $f(x|\theta)$中抽取的随机样本。在对 θ 无先验信息可用时，Jeffreys 用 Fisher 信息矩阵行列式的平方根作为 θ 的无信息先验，这样的无信息先验称为 Jeffreys 无信息先验。其求解步骤如下：

(1) 写出参数 θ 的对数似然函数

$$l=l(\theta|x)=\ln\left[\prod_{i=1}^{n}f(x_i|\theta)\right]=\sum_{i=1}^{n}\ln f(x_i|\theta)$$

(2) 求 Fisher 信息矩阵

$$I(\theta)=(I_{ij}(\theta))_{p\times p},\quad I_{ij}(\theta)=E^{X|\theta}\left\{-\frac{\partial^2 l}{\partial\theta_i\partial\theta_j}\right\},\quad i,j=1,2,\cdots,p$$

特别地对 $p=1$，即 θ 为单参数的情形

$$I(\theta)=E^{X|\theta}\left\{-\frac{\partial^2 l}{\partial\theta^2}\right\}$$

(3) 求 θ 的无信息先验密度

$$\pi(\theta)=[\det I(\theta)]^{\frac{1}{2}}$$

其中 $\det I(\theta)$表示 p 阶方阵 $I(\theta)$的行列式。

特别地 $p=1$ 时，即 θ 为单参数情形有

$$\pi(\theta)=[I(\theta)]^{\frac{1}{2}}$$

例 4.13 设 $X=\{X_1,X_2,\cdots,X_n\}$是从总体 $N(\mu,\sigma^2)$中抽取的随机样本，记 $\theta=(\mu,\sigma)$，求(μ,σ)的联合无信息先验。

解：给定 X 时，θ 的对数似然函数是

$$l(\theta|x)=-\frac{n}{2}\ln 2\pi-n\ln\sigma-\frac{1}{2\sigma^2}\sum_{i=1}^{n}(x_i-\mu)^2$$

记

$$I(\theta)=(I_{ij}(\theta))_{2\times 2}$$

则有

$$I_{11}(\theta)=E^{X|\theta}\left\{-\frac{\partial^2 l(\theta|x)}{\partial\mu^2}\right\}=\frac{n}{\sigma^2}$$

$$I_{22}(\theta)=E^{X|\theta}\left\{-\frac{\partial^2 l(\theta|x)}{\partial\sigma^2}\right\}=-\frac{n}{\sigma^2}+\frac{3}{\sigma^4}E\left\{\sum_{i=1}^{n}(X_i-\mu)^2\right\}=\frac{2n}{\sigma^2}$$

$$I_{12}(\theta)=I_{21}(\theta)=E^{X|\theta}\left\{-\frac{\partial^2 l(\theta|x)}{\partial\mu\partial\sigma}\right\}=E\left\{\frac{2}{\sigma^3}\sum_{i=1}^{n}(X_i-\mu)\right\}=0$$

故有

$$I(\theta)=\begin{bmatrix}\frac{n}{\sigma^2} & 0\\ 0 & \frac{2n}{\sigma^2}\end{bmatrix},\quad [\det I(\theta)]^{\frac{1}{2}}=\frac{\sqrt{2}n}{\sigma^2}$$

所以，(μ,σ)的 Jeffreys 先验为

$$\pi(\mu,\sigma)=\frac{1}{\sigma^2}$$

即(μ,σ)的联合无信息先验为 $1/\sigma^2$（μ 与 σ 并不独立）。

它的几个特例为

(1) σ 已知时，

$$I(\mu)=E\left\{-\frac{\partial^2 l(\theta|x)}{\partial\mu^2}\right\}=n/\sigma^2,\quad I^{\frac{1}{2}}(\mu)\propto 1$$

故 $\pi_1(\mu)\equiv 1$。

(2) 当 μ 已知时，

$$I(\sigma)=E\left\{-\frac{\partial^2 l(\theta|x)}{\partial\sigma^2}\right\}=2n/\sigma^2,\quad I^{\frac{1}{2}}(\sigma)\propto 1/\sigma$$

故 $\pi_2(\sigma)\equiv 1/\sigma$。

(3) 当 μ 和 σ 独立时，

$$\pi(\mu,\sigma)=\pi_1(\mu)\pi_2(\sigma)=1/\sigma,\quad \sigma\in(0,\infty)$$

例 4.14　设 θ 为伯努利试验中成功概率，则在 n 次独立的伯努利试验中，成功次数 $X\sim B(n,\theta)$，即

$$P(X=x\mid\theta)=\binom{n}{x}\theta^x(1-\theta)^{n-x},\quad x=1,2,\cdots,n$$

试求 θ 的 Jeffreys 无信息先验。

解：θ 的对数似然函数为

$$l(\theta\mid x)=\ln\binom{n}{x}+x\ln\theta+(n-x)\ln(1-\theta)$$

则有

$$I(\theta)=E^{X|\theta}\left\{-\frac{\partial^2 l(\theta|x)}{\partial\theta^2}\right\}=E^{X|\theta}\left\{\frac{X}{\theta^2}+\frac{n-X}{(1-\theta)^2}\right\}=\frac{n}{\theta}+\frac{n}{1-\theta}=\frac{n}{\theta(1-\theta)}$$

取

$$\pi(\theta)\propto[I(\theta)]^{\frac{1}{2}}=\theta^{-\frac{1}{2}}(1-\theta)^{-\frac{1}{2}},\theta\in(0,1)$$

添加正则化常数因子得到先验密度 $\pi(\theta)$，它是一个贝塔分布 Beta(0.5,0.5)的密度。

一般来说，无信息先验并不唯一，不同的无信息先验对贝叶斯推断的影响很小，所以任何无信息先验都可以接受。

第 4 节　贝叶斯计算

现代统计分析涉及大量的模拟分析、数值积分、非线性方程迭代求解等问题，而贝叶斯统计分析在这方面表现更为突出。对于许多实际问题，所求后验分布往往不易以闭合形式处理，因此必须用数值近似的方法来解决。如果参数 θ 的先验与似然构成共轭对时，则可以直接得到 θ 的后验分布。比如，θ 的先验为贝塔分布，似然为二项分布，于是可以推断得到 θ 的后验分布，同样也是一个贝塔分布形式。但在实际中，绝大多数不满足这种共轭的情况。于是，马尔可夫链蒙特卡罗(MCMC)方法被提出并被广泛使用。

MCMC 中第一个 MC，即马尔可夫链，是经历从一种状态到另一种状态转换的数学过程，其主要提供从目标分布中抽取随机“样本”的方法。MCMC 中第二个 MC，即蒙特卡罗方法，主要利用马尔可夫链抽取的“样本”，依据大数定律，获得相应蒙特卡罗积分的模拟结果。

一、马尔可夫链的定义及性质

定义 4.17　设$\{X_t,t\geqslant 0\}$是只取有限个或可列个值的随机过程，若 $X_t=i$，表示过程在时刻 t 的状态处于 i，$S=\{0,1,2,\cdots\}$为状态集。若对一切 t 有

$$P(X_{t+1}=j|X_0=i_0,X_1=i_1,\cdots,X_{t-1}=i_{t-1},X_t=i)=P(X_{t+1}=j|X_t=i)$$

则称$\{X_t,t\geqslant 0\}$是离散时间马尔可夫链，常简称为马氏链。

马尔可夫链具有如下性质：马氏性、收敛性、正常返性、非周期性、遍历性和不可约性。

(1) 马氏性

马尔可夫过程的关键特性是它是随机的，过程中的每一步都是“无记忆的”；换句话说，未来的状态只取决于过程的当前状态，而不是过去的状态，即

$$P(X_{t+1}=x|X_t,X_{t-1},\cdots)=P(X_{t+1}=x|X_t)$$

(2) 收敛性

当 $t \to \infty$ 时,马氏链$\{X_0, X_1, X_2, \cdots\}$依分布收敛到某个概率分布,此分布称为马尔可夫链的收敛性。

(3) 正常返性

状态 a 是正常返的,如果

$$M_a = E[T_a] < \infty$$

其中

$$T_a = \inf\{t \geqslant 1 : X_t = a \mid X_0 = a\}$$

为首次返回状态 a 的时间。

(4) 非周期性

一个状态 a 有周期 K,如果经过 K 的倍数步后一定可以返回到状态 a,数学上表示为

$$K = \gcd\{t : P(X_t = a \mid X_0 = a) > 0\}$$

其中 gcd 表示最大公约数。如果返回任一状态的次数的最大公约数是 1,则称此马尔可夫链是非周期的。

(5) 遍历性

若某一状态为非周期正常返态,则称其为遍历态。如果马尔可夫链的所有状态是遍历的,则称此马尔可夫链是遍历的。

(6) 不可约性

遍历的马尔可夫链也是不可约的(irreducible)。不可约性意味着从任一状态出发总可以到达任一其他的状态。

从上述概念及马尔可夫链的基本理论我们知道,构造的马尔可夫链必须是不可约、正常返和非周期的,满足这些正则条件的马氏链存在唯一的平稳分布。平稳分布定义是:

定义 4.18 设转移概率矩阵 $P=(p_{ij})$,概率分布 $g=\{g_i : i \in S\}$ 如果满足 $g_j = \sum_i g_i p_{ij}$,则称该分布为马尔可夫链的平稳分布。

利用 MCMC 方法进行贝叶斯分析的理论依据是基于下列的一些极限定理。

二、马尔可夫链的极限定理

设$\{X_t, t \geqslant 0\}$为一具有可数状态空间 S 的马氏链,其转移概率矩阵为 P。进一步假设它是不可约、非周期的,有平稳分布 $g=\{g_i : i \in S\}$,对于 X_0 的任意初始分布 g,有

$$\sum_{j \in S} \mid P(X_t = j) - g_j \mid \to 0, \quad t \to \infty$$

换言之,对比较大的 t,X_t 的分布将会接近 g。对一般的状态空间,类似的结果也存在:在合适的条件下,当 $t \to \infty$ 时 X_t 的分布将收敛到 g。

定理 4.4(马尔可夫链的大数定律) 假设$\{X_t, t \geqslant 0\}$为一具有可数状态空间 S 的马氏链,其转移概率矩阵为 P。进一步假设它是不可约且有平稳分布 $g=\{g_i: i \in S\}$,则对任何有界函数 $h: S \to R$(实数域)以及初值 X_0 的任意初始分布有

$$\frac{1}{t}\sum_{i=0}^{t-1} h(X_i) \to \sum_j h(j) g_j, \quad t \to \infty$$

依概率成立。当状态空间为不可数,马氏链$\{X_t, t \geqslant 0\}$为不可约且有平稳分布 g 时,也有

$$\frac{1}{t}\sum_{i=0}^{t-1} h(X_i) \to \int_S h(x) \mathrm{d}g(x), \quad t \to \infty$$

这个定理结论非常有用。比如给定集合 S 上的概率分布 g,以及 S 上的实函数 $h(\theta)$,假设我们要计算积分

$$\mu = \int_S h(\theta) \mathrm{d}g(\theta | x)$$

当从后验分布 $g(\theta|x)$ 中难以直接抽样时,则可以构造一个马氏链,使得其状态空间为 S 且其平稳分布 g 就是目标后验分布 $g(\cdot|x)$,从一初值 θ_0 出发,将此链运行一段时间,比如 0,1,2,…,$t-1$,生成随机数(样本)$\theta_0, \theta_1, \cdots, \theta_{t-1}$,则

$$\bar{\mu}_t = \frac{1}{t}\sum_{j=0}^{t-1} h(\theta_j)$$

为所要求积分 μ 的一个相合估计,这种求 μ 的计算方法称为 MCMC 方法。

下面我们介绍一些 MCMC 抽样方法。

三、直接抽样法

(一) 格子点抽样法

格子点抽样法是将连续的密度函数进行离散化近似,然后根据离散分布进行抽样。该法适合低维参数后验分布的抽样,一般仅用于一维和二维。

设 θ 是低维的参数,其后验密度为 $g(\theta|x)$,$\theta \in \Theta$(非贝叶斯情形下,对于普通的密度函数 $f(x)$ 也是类似的),格子点抽样方法如下:

(1) 确定格子点抽样的一个有限区域 Θ^*,它包括后验密度众数,且覆盖了后验分布几乎所有的可能,即

$$\int_{\Theta^*} g(\theta | x) \mathrm{d}\theta \approx 1;$$

(2) 将 Θ^* 分割成一些小区域,并计算后验密度(如果对应的密度函数有核的话,只需要计算核的值即可)在格子点上的值;

(3) 正则化(将各格子点上的后验密度值除以其总和);

(4) 用有放回的抽样方法从上述离散后验分布中抽取一定数量的样本,即为后验分布的近似样本。

(二) 多参数模型中的抽样

许多实际问题都会涉及多个未知参数,通常在模型中仅有一部分参数是我们感兴趣的,不妨设 $\theta=(\theta_1,\theta_2)$,其中 θ_1 和 θ_2 可以是一维的,也可以是多维的。在此设 θ_1 是我们感兴趣的参数,而 θ_2 称为讨厌参数。对于多参数模型的处理方法有如下几种:

方法 1:由联合后验分布 $g(\theta_1,\theta_2|x)$ 对 θ_2 积分,获得 θ_1 的边际分布

$$g(\theta_1|x)=\int g(\theta_1,\theta_2|x)\mathrm{d}\theta_2 \tag{4.2}$$

若此积分有显式表示,则可用传统的贝叶斯方法处理,但是对于许多实际问题,上述积分无法或很难得到显式表示,因此传统的贝叶斯分析(指不借助随机模拟的方法)不具有通用性,要用下面诸方法之一处理。

方法 2:由联合后验分布 $g(\theta_1,\theta_2|x)$ 直接抽样,然后仅考查感兴趣参数的样本。这种方法当参数的维数较低时是可行的。

方法 3:将联合后验分布 $g(\theta_1,\theta_2|x)$进行分解(条件化),写成 $g(\theta_2|x)\times g(\theta_1|\theta_2,x)$,这时可将 $g(\theta_1|x)$ 表示成下面的积分形式

$$g(\theta_1|x)=\int g(\theta_1|\theta_2,x)g(\theta_2|x)\mathrm{d}\theta_2$$

该公式与方法 1 中的(4.2)式形式上相似,但具有了新的含义:$g(\theta_1|x)$ 是给定讨厌参数 θ_2 下条件后验分布 $g(\theta_1|\theta_2,x)$ 与 $g(\theta_2|x)$ 形成的混合分布,或者说是 $g(\theta_1|\theta_2,x)$ 的加权平均

$$E^{\theta_2|x}[g(\theta_1|\theta_2,x)]$$

权函数为 θ_2 的边际后验分布 $g(\theta_2|x)$。"平均化"是贝叶斯统计分析中最为常用的一种思想。

这里我们的目的自然不是获得积分的显式表示(否则与第一种方法就没有差异了),而是要获得感兴趣参数 θ_1 的后验样本,其步骤如下:

(1) 从边际后验分布 $g(\theta_2|x)$ 抽取 θ_2;

(2) 给定上面已经抽得的 θ_2,从条件后验分布 $g(\theta_1|\theta_2,x)$ 中抽取 θ_1。

这是处理多参数模型常用的方法之一。但是从 $g(\theta_2|x)$ 中抽取 θ_2 仍会有难度,甚至可能没办法获得,因为它同样涉及联合后验分布关于 θ_1 的积分可否显式表示。

方法 4:利用各参数的满条件分布(具体定义如下)进行迭代抽样,步骤如下:

(1) 给定 θ_1 的一个初始值;

(2) 从 $g(\theta_2|\theta_1,x)$ 中抽取 θ_2;

(3) 从 $g(\theta_1|\theta_2,x)$ 中抽取 θ_1。

重复后面的两步就可得到关于 $\theta=(\theta_1,\theta_2)$ 的一个马氏链,当它达到平稳状态后其值就视为从联合后验分布中得到的样本。这就是 MCMC 抽样方法中的 Gibbs 抽样方法,具体我们将在后面一节中讲述。而这种方法已经成为现代贝叶斯分析,特别是复杂模型分析时最为重要的方法。

设 $X=(X_1,\cdots,X_m)$ 为随机向量，其联合分布 $f(x)=f(x_1,\cdots,x_m)$ 为目标抽样分布。定义 $(m-1)$ 维随机向量

$$X_{-k}=(X_1,\cdots,X_{k-1},X_{k+1},\cdots,X_m)$$

并记 $X_k\mid X_{-k}$ 的满条件分布(full conditional distribution)密度函数为 $f(x_k\mid x_{-k})$，$j=1,\cdots,m$。Gibbs 抽样法就是从这 m 个条件分布中产生候选样本点，从而解决直接从 f 中抽样的困难。

例 4.15 在举行的某次男子马拉松比赛中，抽取了 20 位选手完成整个赛程的成绩(单位为分钟)，数据如表 4.4 所示。

表 4.4 20 位男子马拉松比赛的成绩

182	201	221	234	237	251	261	266	267	273
286	291	292	296	296	296	326	352	359	365

记 20 位选手马拉松比赛的成绩为 $y_1,y_2,\cdots,y_{20}$。设它们为来自正态分布 $N(\mu,\sigma^2)$ 总体的样本，并取 (μ,σ^2) 的先验分布为 Jeffreys 推荐的无信息先验分布(参见例 4.13 独立情形)

$$g(\mu,\sigma^2)\propto\frac{1}{\sigma^2}$$

则 (μ,σ^2) 后验分布具有形式

$$g(\mu,\sigma^2|y)\propto\frac{1}{(\sigma^2)^{\frac{n}{2}+1}}\exp\left\{-\frac{1}{2\sigma^2}[(n-1)s^2+n(\mu-\bar{y})^2]\right\} \tag{4.3}$$

其中，n 为样本容量，

$$\bar{y}=\sum_{i=1}^{n}y_i/n,\quad s^2=\sum_{i=1}^{n}(y_i-\bar{y})^2/(n-1)$$

分别为其样本均值、样本方差。在此，它们分别为

$$n=20,\quad \bar{y}=277.6,\quad \sigma^2=2\,454.042$$

进一步的分析可以采用以下几种方式。

1. 计算 μ 的边际后验分布(方法 1)

若要得到参数 μ 的边际后验分布，只需要将 (μ,σ^2) 的联合后验分布中的 σ^2 进行积分。

$$g(\mu|y)=\int_0^{\infty}g(\mu,\sigma^2|y)\mathrm{d}\sigma^2$$

令
$$A=(n-1)s^2+n(\mu-\bar{y})^2,\quad m=\frac{A}{2\sigma^2}$$

则

$$g(\mu|y)\propto A^{-n/2}\int_0^{\infty}m^{(n-2)/2}\exp(-m)\mathrm{d}m\propto A^{-n/2}\propto\left[1+\frac{n(\mu-\bar{y})^2}{(n-1)s^2}\right]^{-n/2}$$

它是自由度为 $n-1$，位置参数为 $\bar{y}$，刻度参数为 s^2/n 的 t 分布，即

$$\frac{\mu-\bar{y}}{s/\sqrt{n}}|y \sim t(n-1)$$

其中 $t(n-1)$ 为自由度为 $n-1$ 的标准的 t 分布。

我们可以用上面的方法 1，利用 R 语言编程解决此问题。μ 的后验分布见图 4.3，其中的直方图是由此后验分布产生的 1 000 个随机数得到。

R 编程应用

```
y <- c(182, 201, 221, 234, 237, 251, 261,
266, 267, 273, 286, 291, 292, 296, 296, 296,
326, 352, 359, 365)
  n = length(y)
  y_mean <- mean(y)  # mean
  y_var <- var(y)  # variance
  sn <- sqrt(y_var/n)
  r <- rt(1000, n - 1)
  mu <- r * sn + y_mean
  hist(mu)
```

输出结果(直方图)

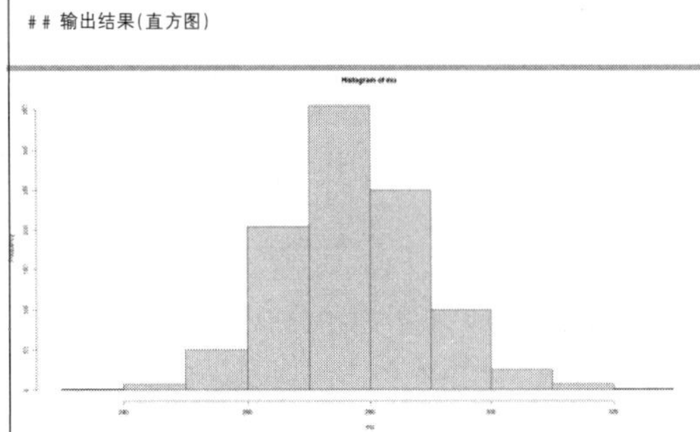

图 4.3　方法 1 得的 μ 的后验分布直方图

2. 联合后验分布的分解(方法 2)

为了利用本段前面所述的方法 3 进行贝叶斯分析，我们需要将联合后验分布分解为

$$g(\mu,\sigma^2|y) = g(\sigma^2|y) \times g(\mu|\sigma^2, y)$$

不难直接看出

$$g(\mu|\sigma^2, y) \sim N(\bar{y}, \sigma^2/n)$$

注意到

$$\int_{-\infty}^{\infty} \exp\left(-\frac{n(\bar{y}-\mu)^2}{2\sigma^2}\right) d\mu = \sqrt{2\pi\sigma^2/n}$$

因此得到 σ^2 的边际后验分布

$$g(\sigma^2|y) \propto (\sigma^2)^{-\left(\frac{n-1}{2}+1\right)} \exp\left(-\frac{(n-1)s^2}{2\sigma^2}\right)$$

它是倒卡方分布(或倒 Gamma 分布)的核，整理后得到

$$\frac{(n-1)s^2}{\sigma^2}|y \sim \chi^2(n-1)$$

其抽样可由卡方分布得到。这个边际后验分布与我们在经典统计分析中的结果也是一致的。由此联合后验分布的抽样也可分解为如下两步：

(1) 从自由度为 $n-1$ 的卡方分布中抽取 T，令

$$\sigma^2 = (n-1)s^2/T$$

(2) 给定 σ^2,从正态分布 $N(\bar{y},\sigma^2/n)$ 抽取 μ 。

重复上述过程,即可得到(μ,σ^2) 的后验样本。我们由这种算法产生容量为 1 000 的后验样本,得到的 μ 的后验样本的直方图如图 4.4 所示。

R 编程应用

```
  y <- c(182, 201, 221, 234, 237, 251, 261,
266, 267, 273, 286, 291, 292, 296, 296, 296,
326,352,359,365)
  n = length(y)
  y_mean <- mean(y) # mean
  y_var <- var(y) # variance
  T <- rchisq(1000,n - 1)
  sigma_2 <- (n - 1) *y_var/T
  mu <- rnorm(1000,mean = y_mean,
sd = sqrt(sigma_2/n))
  hist(mu)
```

输出结果(直方图)

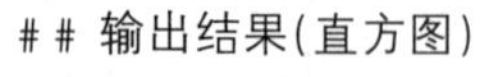

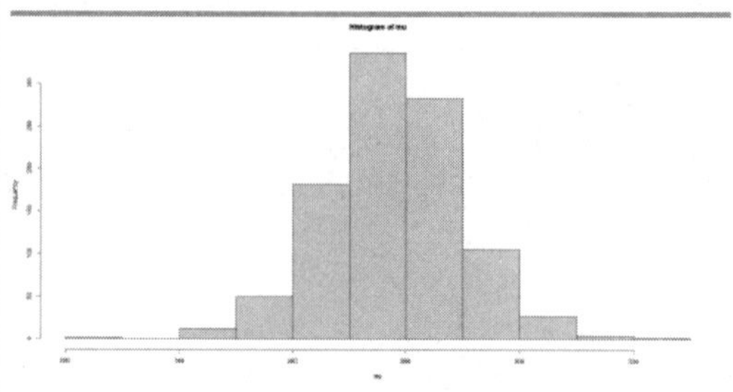

图 4.4 分解法得的 μ 的后验分布直方图

3. 计算满条件后验分布(方法 3)

上面已经得到给定 σ^2 下 μ 的条件后验分布为正态分布 $N(\bar{y},\sigma^2/n)$ 。而由例 4.15 题的解中(4.3)式,给定 μ 下 σ^2 条件后验分布为

$$g(\sigma^2|\mu,y)=\frac{g(\mu,\sigma^2|y)}{g(\mu|y)}\propto\frac{1}{(\sigma^2)^{[n/2+1]}}\exp\left(-\frac{A}{2\sigma^2}\right)$$

即

$$\frac{A}{\sigma^2}\bigg|\,y=\frac{(n-1)s^2+n(\bar{y}-\mu)^2}{\sigma^2}\mid y\sim\chi^2(n)$$

因此,可以用 Gibbs 的抽样方法产生马氏链

$$\{(\mu^{(0)},(\sigma^2)^{(0)}),(\mu^{(1)},(\sigma^2)^{(1)}),\cdots,(\mu^{(t)},(\sigma^2)^{(t)}),\cdots\}$$

其算法如下:

(1) 给定初值 $(\mu^{(0)},(\sigma^2)^{(0)})$;

(2) 对于 $t=1,2,\cdots$,

a) 从卡方分布 $\chi^2(n)$产生随机数 T,并令

$$(\sigma^2)^{(t+1)}=\frac{(n-1)s^2+n(\bar{y}-\mu^{(t)})^2}{T}$$

b) 由正态分布 $N(\bar{y},(\sigma^2)^{(t+1)}/\sqrt{n})$产生 $\mu^{(t+1)}$。

图 4.5 为从初始值 $\bar{y}/2=138.8$ 出发产生的长度为 1 500 的马氏链,从图中可以看出它经过 5 步就收敛了,我们取其中的第 6 至第 1 500 个值作为后验样本,由此得到的 μ 的后验样本的直方图如图 4.6 所示。

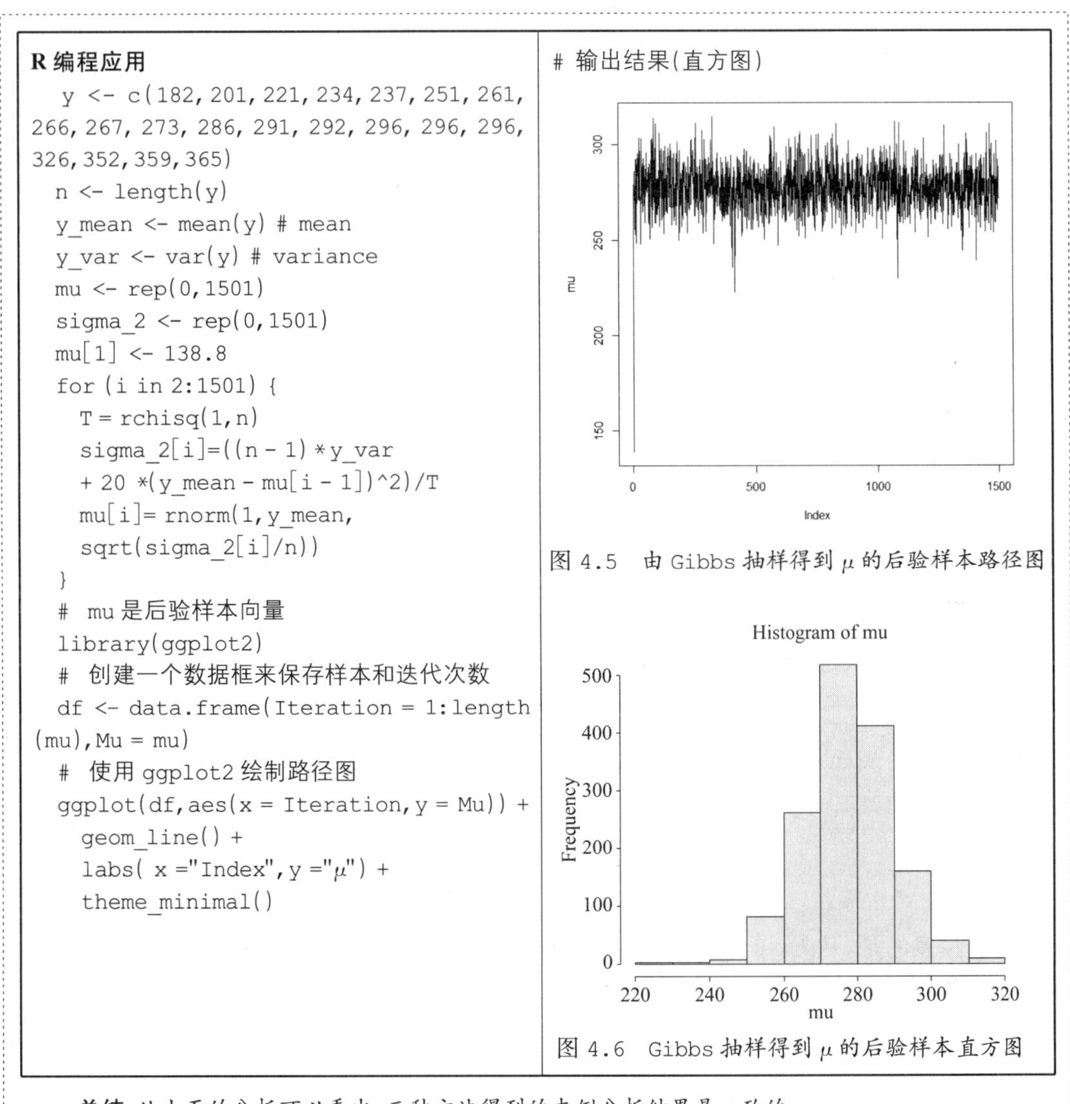

R 编程应用

```
  y <- c(182, 201, 221, 234, 237, 251, 261,
266, 267, 273, 286, 291, 292, 296, 296, 296,
326, 352, 359, 365)
  n <- length(y)
  y_mean <- mean(y) # mean
  y_var <- var(y) # variance
  mu <- rep(0, 1501)
  sigma_2 <- rep(0, 1501)
  mu[1] <- 138.8
  for (i in 2:1501) {
    T = rchisq(1, n)
    sigma_2[i]=((n - 1) * y_var
    + 20 *(y_mean - mu[i - 1])^2)/T
    mu[i]= rnorm(1, y_mean,
    sqrt(sigma_2[i]/n))
  }
  # mu 是后验样本向量
  library(ggplot2)
  # 创建一个数据框来保存样本和迭代次数
  df <- data.frame(Iteration = 1:length
(mu), Mu = mu)
  # 使用 ggplot2 绘制路径图
  ggplot(df, aes(x = Iteration, y = Mu)) +
    geom_line() +
    labs( x ="Index", y ="μ") +
    theme_minimal()
```

\# 输出结果(直方图)

图 4.5　由 Gibbs 抽样得到 μ 的后验样本路径图

图 4.6　Gibbs 抽样得到 μ 的后验样本直方图

总结:从上面的分析可以看出,三种方法得到的本例分析结果是一致的。

四、Gibbs 抽样

Gibbs 抽样是由 Geman S. & Geman D. (1984)最早提出并用于 Gibbs 格子点分布,是下一节将介绍的 Metropolis-Hastings 抽样的一种特殊情形。Gibbs 抽样方法常用于目标分布是多元的场合,其优势在于将从多元目标分布中抽样转化为从一元目标分布抽样,这是 Gibbs 抽样的重要性所在。

假设模型有 m 个参数,$\theta=(\theta_1,\cdots,\theta_m)^T$,为了实现 Gibbs 抽样,假设可以从模型中的每个满条件后验分布

$$\{f(\theta_i|\theta_{j\neq i},y)|i=1,\cdots,m\}$$

中产生样本。如果满条件后验分布是熟悉的形式,比如正态分布和伽马分布,则可以直接得

到这批样本。但是，如果满条件后验分布不是熟悉的形式，则可以利用拒绝抽样的方法来间接获得这批样本，此时两种常用的可替代方法是自适应拒绝抽样（ARS）算法和 Metropolis 算法。对于任何一种情况，在适中条件下，满条件后验分布集合唯一决定了联合后验分布 $f(\theta|y)$和所有边际后验分布 $f(\theta_i|y), i=1,\cdots,m$。

给定一组任意的初始值$\{\theta_2^{(0)},\cdots,\theta_m^{(0)}\}$，Gibbs 抽样算法如下：

假定当前为第 $k(k=1,\cdots,K)$次重复：

(1) 从 θ_1 的满条件后验分布 $f(\theta_1|\theta_2^{(k-1)},\cdots,\theta_m^{(k-1)},y)$中抽取 $\theta_1^{(k)}$；

(2) 从 θ_2 的满条件后验分布 $f(\theta_2|\theta_1^{(k)},\theta_3^{(k-1)},\cdots,\theta_m^{(k-1)},y)$中抽取 $\theta_2^{(k)}$；

……

(m) 从 θ_m 的满条件后验分布 $f(\theta_m|\theta_1^{(k)},\cdots,\theta_{m-1}^{(k)},y)$中抽取 $\theta_m^{(k)}$。

当 k 充分大时，

$$(\theta_1^{(k)},\cdots,\theta_m^{(k)})^{\text{approx}} \sim f(\theta_1,\cdots,\theta_m|y)$$

即第 k 次迭代时得到的$(\theta_1^{(k)},\cdots,\theta_m^{(k)})$，在适中条件下，收敛于从真实联合后验分布

$$f(\theta_1,\cdots,\theta_m|y)$$

中抽样的结果，也就这意味着当 k 足够大(比如大于某个很大的数 k_0 时)，

$$\{\theta^{(k)},\quad k=k_0+1,\cdots,K\}$$

是来自真实后验的样本，于是可以根据该样本来估计任何后验值。例如，可以使用样本均值来估计后验均值，即，

$$\widetilde{E}(\theta_i|y)=\frac{1}{K-k_0}\sum_{k=k_0+1}^{K}\theta_i^{(k)}$$

需要注意的是，从 $k=0$ 到 $k=k_0$ 的时间段一般称为预烧期（burn-in）过程，该阶段的抽样样本通常不稳定，需要摒弃掉。

例 4.16 使用 Gibbs 抽样产生二元正态分布 $N(\mu_1,\mu_2,\sigma_1^2,\sigma_2^2,\rho)$ 的随机数。

解：在二元正态场合，$Y_1|Y_2$ 以及 $Y_2|Y_1$ 仍然服从正态分布，且易知

$$E[Y_1|Y_2=y_2]=\mu_1+\rho\frac{\sigma_1}{\sigma_2}(y_2-\mu_2)$$

$$\mathrm{Var}[Y_1|Y_2=y_2]=(1-\rho^2)\sigma_1^2$$

类似地可得 $Y_2|Y_1$的分布。因此，两个满条件分布下有：

$$f(y_1|y_2)\sim N\left(\mu_1+\rho\frac{\sigma_1}{\sigma_2}(y_2-\mu_2),(1-\rho^2)\sigma_1^2\right)$$

$$f(y_2|y_1)\sim N(\mu_2+\rho\frac{\sigma_2}{\sigma_1}(y_1-\mu_1),(1-\rho^2)\sigma_2^2)$$

从而使用 Gibbs 算法如下：

在 $t=0$ 时初始化 $Y(0)$，对 $t=1,2,\cdots,K$ 重复下列步骤：

(1) 令$(y_1,y_2)=Y(t-1)$；

(2) 从$f(y_1|y_2)$中产生候选点$Y_1^*(t)$；

(3) 更新$y_1=Y_1^*(t)$；

(4) 从$f(y_2|y_1)$中产生$Y_2^*(t)$；

(5) 更新$y_2=Y_2^*(t)$；

(6) 令$Y(t)=(Y_1^*(t),Y_2^*(t))$；

(7) 增加t，返回到 (1)。

下面给出本例利用 Gibbs 抽样产生二元正态分布的随机数的 R 编程应用。

R 编程应用

```
# 定义参数
mu1 <- 0  # 均值 1
mu2 <- 2  # 均值 2
sigma1 <- 1  # 标准差 1
sigma2 <- 0.5  # 标准差 2
rho <- - 0.75  # 相关性系数
# 计算协方差
sigma12 <- rho * sigma1 * sigma2
# 初始化 Gibbs 抽样
N <- 5000  # 抽样数量
burn_in <- 1000  # burn - in 期
samples <- matrix(0,nrow = N,ncol = 2)
# 设置初始值(可任意,但最好接近真实均值)
samples[1,] <- c(mu1,mu2)
# Gibbs 抽样
for (i in 2:N) {
  # 从条件分布中抽取 y1
samples[i,1] <- rnorm(1,mean = mu1 + (samples[i - 1,2] - mu2) * sigma12 / (sigma2^2),sd = sqrt(sigma1^2 - sigma12^2 / sigma2^2))
# 从条件分布中抽取 y2
samples[i,2] <- rnorm(1,mean = mu2 + (samples[i,1] - mu1) * sigma12 / (sigma1^2),sd = sqrt(sigma2^2 - sigma12^2 / sigma1^2))
}
# 去除 burn - in 期的样本
samples <- samples[(burn_in + 1):N,]
# 绘制样本
plot(samples,main =" Gibbs Sampling for Bivariate Normal Distribution",xlab ="Y1",ylab ="Y2",cex = 0.7)
# 输出结果(散点图)
```

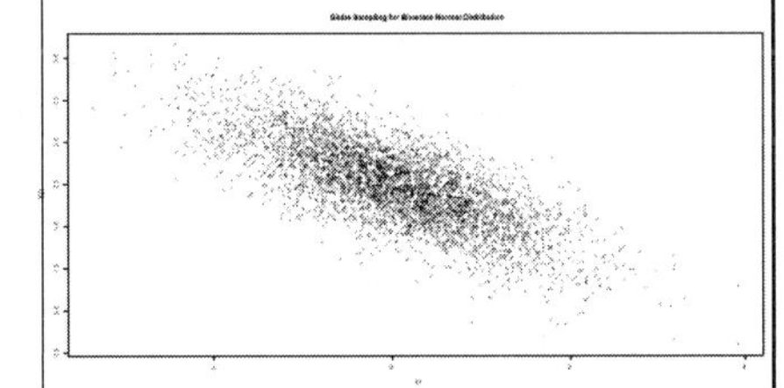

图 4.7　Gibbs 抽样生成的散点图

```
## 显示计算结果
> mean(samples[,1])  # 样本均值 1
[1] - 0.03977168
> mean(samples[,2])  # 样本均值 2
[1] 2.020899
>cov(samples) # 样本间协方差矩阵
           [,1]        [,2]
[1,]  1.0204897 - 0.3890321
[2,] - 0.3890321  0.2612424
```

注意：由于数据是随机产生的随机数，故计算结果会随所产生的随机数的不同而有差异。

各参数的样本统计量估计值离真值很近，散点图 4.7 也显示出本例二元正态所具有的椭圆对称性和负相关性特征。

五、Metropolis-Hasting 算法

Metropolis-Hastings 算法(简称 MH 算法,或 MH 抽样法)是一类最为常用的 MCMC 方法,它先由 Metropolis 等(1953)提出,后由 Hastings(1970)进行推广,它包括了上一节讲的 Gibbs 抽样,还包括另外几种特殊情况。MCMC 抽样策略是建立一个不可约、正常返、非周期的马氏链,使其平稳分布就是目标分布,在贝叶斯分析中此目标分布就是后验分布 $g(\theta|y)$。

MH 算法从初值 $\theta^{(0)}$ 出发,指定一个从当前值 $\theta^{(k-1)}$ 转移到下一个值 $\theta^{(k)}$ 的规则,从而产生马氏链 $\{\theta^{(k)},k=1,2,\cdots\}$。所有的 MH 算法的构造框架如下:

(1) 构造合适的建议分布(proposal distribution)$h(\cdot|\theta^{(k-1)})$;

(2) 从某个分布中生成初始值 $\theta^{(0)}$(通常直接给定);

(3) 对 $k=1,2,\cdots$ 重复下列步骤:

a) 从建议分布 $h(\cdot|\theta^{(k-1)})$ 中产生候选点 θ^*;

b) 从均匀分布 $U(0,1)$ 中产生随机数 U;

c) 计算比值
$$r=\frac{g(\theta^*)h(\theta^{(k-1)}|\theta^*)}{g(\theta^{(k-1)})h(\theta^*|\theta^{(k-1)})}$$

d) 如果 $U\leqslant r$,则 $\theta^{(k)}=\theta^*$。反之,如果 $U>r$,则 $\theta^{(k)}=\theta^{(k-1)}$;

e) 增加 k,返回到 a)。

上述算法的接受概率为

$$\alpha(\theta^{(k-1)},\theta^*)=\min\left(1,\frac{g(\theta^*)h(\theta^{(k-1)}|\theta^*)}{g(\theta^{(k-1)})h(\theta^*|\theta^{(k-1)})}\right)$$

在实际中,建议分布的好坏会影响 MCMC 抽样的效率,它可直接通过接受概率的大小来反映。关于接受概率 α 要注意以下几点:

(1) 接受概率并非越大越好,若接受率过大则可能导致收敛性较慢;

(2) 当参数的维数是 1 时,接受概率略小于 0.5 最优;当参数的维数大于 5 时,接受概率应降至 0.25 左右。

这里建议分布 h 的选择需满足以下条件:

(1) 容易从建议分布中抽样,通常取为已知的分布,如正态分布或 t 分布;

(2) 建议分布的支撑集包含目标分布的支撑集;

(3) 建议分布应该使接受概率容易计算;

(4) 建议分布的尾部要比目标分布的尾部厚;

(5) 新的候选点被拒绝的频率不高。

根据建议分布的不同选择,MH 抽样方法衍生出了多个不同版本,接下来介绍这些不同 MH 抽样方法。

(一) Metropolis 抽样方法

MH 算法是 Metropolis 抽样方法的推广,其建议分布是对称的,即 $h(\cdot|\theta^{(k-1)})$满足

$$h(X|Y)=h(Y|X)$$

对应的接受概率为

$$\alpha(\theta^{(k-1)},\theta^{*})=\min\left\{1,\frac{g(\theta^{*})}{g(\theta^{(k-1)})}\right\}$$

（二）随机游动 Metropolis 方法

随机游动 Metropolis 抽样（random walk Metropolis sampler）是 Metropolis 抽样方法的一个特例。其对称建议分布为

$$h(Y|X)=h(|X-Y|)$$

在每一次迭代中，可先从 $h(\cdot)$中产生一个增量 M，然后取候选点为

$$\theta^{*}=\theta^{(k-1)}+M$$

例如，M 从均值为 0 的正态分布中产生，此时候选点 θ^{*} 服从均值为 $\theta^{(k-1)}$，方差为 σ^2 的正态分布，$\sigma^2>0$。σ^2 的选取要注意以下两点：

（1）由大样本性质，后验分布通常有较好的正态性，因此常选择正态分布为 MH 算法的建议分布，其均值为上一个状态的值，而方差的大小决定了所得马氏链在参数空间支撑上的混合程度。因此，建议分布的好坏常受此刻度参数 σ 的影响。

（2）当增量的方差太大时，大部分的候选点会被拒绝，会导致算法的效率低；而当增量的方差太小时，几乎所有的候选点被接受，这时得到的链几乎就是随机游动，但因从一个状态到另一状态跨度太小而无法实现在整个支撑上的快速移动。通常的做法是在实施抽样时监视接受概率。Robert 等建议选择的刻度参数应使候选点的接受概率在［0.15，0.5］内，这样的链有较好的性质。

例 4.17　假设某投资者持有 5 种股票，跟踪记录这 5 种股票 250 天交易的表现，在每一个交易日，收益最大的股票标记为“胜出者”。用 Y_i 表示第 i 种股票在 250 个交易日中胜出的天数，则记录得到的频数$(y_1,y_2,\cdots,y_5)$为随机变量$(Y_1,Y_2,\cdots,Y_5)$的观测值。基于历史数据，假设这 5 种股票在任何给定的一个交易日能胜出的先验机会比率为

$$1:(1-\delta):(1-2\delta):2\delta:\delta$$

这里 $\delta\in(0,0.5)$是一个未知的参数。设 δ 的先验分布为区间$(0,0.5)$上的均匀分布，在有了当前这 250 个交易日的数据后，使用贝叶斯方法对此比例进行更新。

(三) 独立性抽样法

MH 算法的另一种特殊情况是独立抽样。独立抽样中建议分布 $h(\cdot|\theta^{(k-1)})$不依赖于前一状态值，即 $h(\cdot|\theta^{(k-1)})=h(\cdot)$，相应的接受概率为

$$\alpha(\theta^{(k-1)},\theta^*)=\min\left(1,\frac{g(\theta^*)h(\theta^{(k-1)})}{g(\theta^{(k-1)})h(\theta^*)}\right)$$

独立抽样实施起来非常容易，但当建议分布和目标分布相差较大时，其性能很差，其仅在建议分布和目标分布相近时表现良好。因此在实际中独立性抽样很少被单独使用，但独立抽样法在混合的 MCMC 方法中是比较有用的，接下来举例说明。

例 4.18 假设从一个正态混合分布

$$pN(\mu_1,\sigma_1^2)+(1-p)N(\mu_2,\sigma_2^2)$$

中观测到一个样本 $\boldsymbol{z}=(z_1,z_2,\cdots,z_n)$，利用 p 的后验分布求 p 的估计。

解：显然，混合正态分布的密度函数为

$$g(z|p)=pg_1(z|p)+(1-p)g_2(z|p)$$

其中，g_1，g_2 分别为两个正态分布的密度函数。此处我们采用独立抽样方法，并以 p 的后验分布作为目标分布生成马氏链，从链中产生样本用来估计 p。

设 p 的先验分布 $g(p)$为(0,1)上的均匀分布 $U(0,1)$，则 p 的后验分布为

$$g(p|\boldsymbol{z})\propto g(\boldsymbol{z}|p)g(p)=\prod_{j=1}^{n}[pg_1(z_j|p)+(1-p)g_2(z_j|p)]$$

建议分布的支撑集应该与 p 的取值范围(0,1)相同，在没有先验信息的情况下，这里使用贝塔分布 Beta(1,1)作为建议分布(即均匀分布 $U(0,1)$)。候选点 p^* 被接受的概率为

$$\alpha(p^{(k-1)},p^*)=\min\left(1,\frac{g(p^*|z)h(p^{(k-1)})}{g(p^{(k-1)}|z)h(p^*)}\right)$$

其中 h 为建议分布，其密度函数为 $h(\theta)\propto\theta^{a-1}(1-\theta)^{b-1}$，而 $g(\cdot|\boldsymbol{z})$为目标分布。此处

$$\frac{g(p^*|\boldsymbol{z})h(p^{(k-1)})}{g(p^{(k-1)}|\boldsymbol{z})h(p^*)}=\frac{(p^{(k-1)})^{a-1}(1-p^{(k-1)})^{b-1}\prod_{j=1}^{n}[p^*g_1(z_j|p^*)+(1-p^*)g_2(z_j|p^*)]}{(p^*)^{a-1}(1-p^*)^{b-1}\prod_{j=1}^{n}[p^{(k-1)}g_1(z_j|p^{(k-1)})+(1-p^{(k-1)})g_2(z_j|p^{(k-1)})]}$$

下面我们利用 R 语言编程进行模拟，建议分布取为均匀分布 $U(0,1)$，观测数据从服从下述正态混合分布随机数中产生

$$0.2N(0,1)+0.8N(5,1)$$

R 编程应用

```
m <- 5000 # length of chain
p <- numeric(m)
a <- 1          # parameter of Beta(a,b) proposal dist
b <- 1          # parameter of Beta(a,b) proposal dist
```

```
mix <- 0.2        # mixing parameter
n <- 30           # sample size
mu <- c(0,5)      # parameters of the normal densities
sigma <- c(1,1)
# generate the observed sample
i <- sample(1:2,size = n,replace = TRUE,prob = c(mix,1 - mix))
x <- rnorm(n,mu[i],sigma[i])
# generate the independence sampler chain
u <- runif(m)
z <- rbeta(m,a,b)     # proposal distribution
p[1] <- 0.5
for (i in 2:m) {
  g_new <- z[i] * dnorm(x,mu[1],sigma[1])+
    (1 - z[i]) * dnorm(x,mu[2],sigma[2])
  g <- p[i - 1] * dnorm(x,mu[1],sigma[1])+
    (1 - p[i - 1]) * dnorm(x,mu[2],sigma[2])
  r <- prod(g_new/g) *
    (p[i - 1]^(a - 1) *(1 - p[i - 1])^(b - 1))/
    (z[i]^(a - 1) *(1 - z[i])^(b - 1))
  if (u[i]<= r) p[i] <- z[i]
  else p[i] <- p[i - 1]
}
```

丢掉 100 个预烧期样本后,由图 4.8 可见链的样本路径图显示链混合得很好,很快收敛到平稳分布。保留样本的样本均值是 0.200 2,它就是 p 的估计值。

链的路径图和直方图的 R 代码如下:

```
# plot for convergence diagnostic purpose
par(mfrow = c(1,2))
plot(p,type ="l",ylab ="p")
hist(p[101:m],main ="",xlab ="p",prob = TRUE)
print(mean(p[101:m]))
# 输出结果
[1] 0.3401472
```

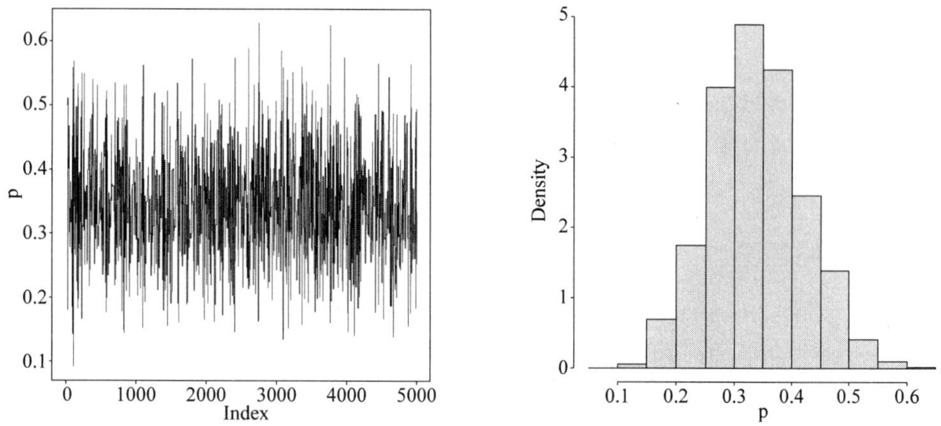

图 4.8　建议分布为 Beta(1,1)时独立抽样生成链的路径图和直方图

(四) 逐分量 MH 算法

当目标分布是多维时,不整体更新 $\boldsymbol{\theta}$,转而对其分量进行逐个更新,即称为逐分量 MH 算法,分量的更新通过满条件分布的抽样来完成,故这种方法又称为 Metropolis 中的 Gibbs (Gibbs within Mettropolis)算法。这种抽样方法更方便,更有效率。我们仍用后验分布 $g(\theta_1,\cdots,\theta_m|\boldsymbol{y})$ 为目标分布来进行叙述。

记

$$\boldsymbol{\theta}=(\theta_1,\cdots,\theta_m),\quad \boldsymbol{\theta}_{-i}=(\theta_1,\cdots,\theta_{i-1},\theta_{i+1},\cdots,\theta_m)$$

则

$$\boldsymbol{\theta}^{(k-1)}=(\theta_1^{(k-1)},\cdots,\theta_m^{(k-1)}),\quad \boldsymbol{\theta}_{-i}^{(k-1)}=(\theta_1^{(k-1)},\cdots,\theta_{i-1}^{(k-1)},\theta_{i+1}^{(k-1)},\cdots,\theta_m^{(k-1)})$$

分别表示在第 $k-1$ 步链的状态和除第 i 个分量外其他分量在第 $k-1$ 步的状态,$g(\theta_i|\boldsymbol{\theta}_{-i},\boldsymbol{x})$ 为 θ_i 的满条件分布。

使用逐分量的 MH 算法从 $k-1$ 步的 $\boldsymbol{\theta}^{(k-1)}$ 更新到 k 步的 $\boldsymbol{\theta}^{(k)}$ 的做法如下:

对 $i=1,2,\cdots,m$,

(1) 选择建议分布 $h_i(\cdot|\theta_i^{(k-1)},\boldsymbol{\theta}_{-i}^{(k-1)})$,其中

$$\boldsymbol{\theta}_{-i}^{(k-1)}=(\theta_1^{(k)},\cdots,\theta_{i-1}^{(k)},\theta_{i+1}^{(k)},\cdots,\theta_m^{(k)})$$

(2) 从建议分布 $h_i(\cdot|\theta_i^{(k-1)},\boldsymbol{\theta}_{-i}^{(k-1)})$ 中产生候选点 θ_i^*,相应接受概率为

$$\alpha(\theta_i^{(k-1)},\boldsymbol{\theta}_{-i}^{(k-1)},\theta_i^*)=\min\left\{1,\frac{g(\theta_i^*|\boldsymbol{\theta}_{-i}^{(k-1)},\boldsymbol{x})h_i(\theta_i^{(k-1)}|\theta_i^*,\boldsymbol{\theta}_{-i}^{(k-1)})}{g(\theta_i^{(k-1)}|\boldsymbol{\theta}_{-i}^{(k-1)},\boldsymbol{x})h_i(\theta_i^*\mid\theta_i^{(k-1)},\boldsymbol{\theta}_{-i}^{(k-1)})}\right\}$$

若 θ_i^* 被接受,则令 $\theta_i^{(k)}=\theta_i^*$;否则令 $\theta_i^{(k)}=\theta_i^{(k-1)}$。

六、MCMC 收敛诊断

不论是使用哪一种抽样方法,都需要确定所得到的马氏链的收敛性,即需要确定马氏链达到收敛状态时迭代的次数(在达到收敛状态前的链被称为预烧期(burn-in)样本)。通常没有一个全能统一的方法确定马氏链的收敛性。在有些问题中马氏链的收敛速度会很慢,特别是多参数场合;有时候常因初始点的选择不当会产生虚假的收敛性,马氏链会因算法不当,可能陷入目标分布的某个局部区域。下面介绍几种常用的诊断方法。

(一) 样本路径图

样本路径图(trace plot)是将马氏链迭代次数与生成的值作图。如果所有的值都在一个区域里且没有明显的周期性和趋势性,我们就可以假设马氏链是收敛的。

为避免链陷入目标分布的某个局部区域,通常生成几个平行的马氏链,它们的初始值非常分散。在经过一段时间后,如果它们的样本路径图都稳定下来,而且彼此混合在一起,无法区别,这时可以判定抽样收敛了。可以通过将多个马氏链的样本路径图画在同一张图上来检查。图 4.9 所示的链明显没有达到收敛。而图 4.10 则看起来更令人相信链达到了平

稳分布，波动比较稳定，没有明显的周期性和趋势性。

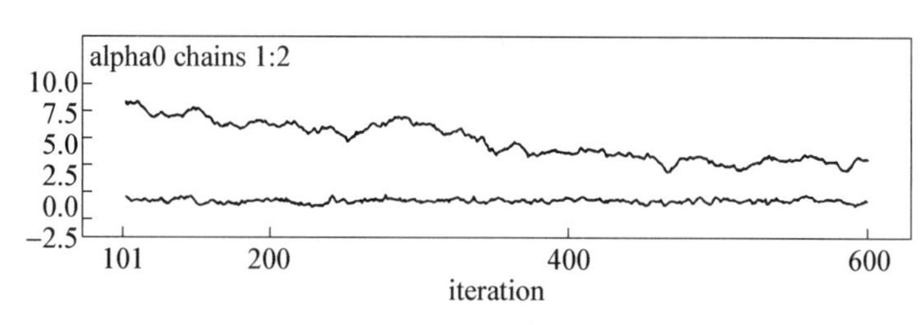

图 4.9　未达到收敛的链的路径图

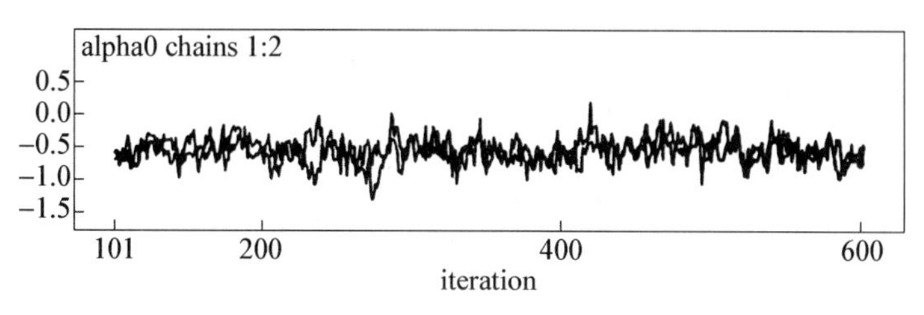

图 4.10　达到收敛的链的图

（二）遍历均值图

MCMC 方法的理论基础是遍历均值定理，因此我们可以监视遍历均值是否达到收敛。将所生成的马氏链的累积均值对迭代次数作图就得到此链的遍历均值图（ergodic mean plot）。达到平稳状态后的马氏链的遍历均值会趋于一条水平的直线。同样，为了避免链陷入目标分布的某个局部区域，我们也可以考查从不同初始点出发的多条马氏链的遍历均值是否收敛。如果仅使用一条马氏链，则要求迭代次数足够多，使链能够到达支撑的每一部分。如果累积均值在经过一些迭代后基本稳定，则表明算法已经达到收敛（见图 4.11）。

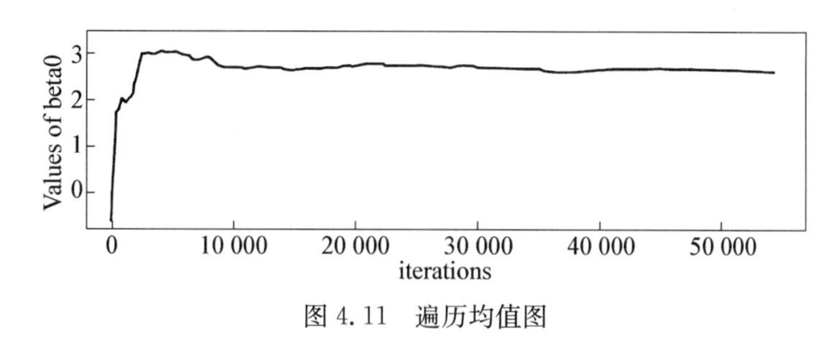

图 4.11　遍历均值图

（三）蒙特卡罗误差

诊断马氏链收敛性的最简单的方法就是监视蒙特卡罗（MC）误差，因为较小的蒙特卡罗误差表明在计算某个量时精度较高，因此 MC 误差越小表明马氏链收敛性越好。

设 $f(\theta|\boldsymbol{x})$ 是参数 θ 的后验分布，通过某种抽样方法（如 MH 抽样方法）得到的马氏链为 $\{\theta^{(1)},\theta^{(2)},\cdots,\theta^{(k)},\cdots\}$，$g(\theta)$ 是感兴趣参数的函数，关于 $f(\theta|\boldsymbol{x})$ 平方可积，$g(\theta)$ 的蒙特卡罗（MC）误差（也称为数值标准差）的估计为

$$\mathrm{MCE}(g(\theta))=\sqrt{\frac{\hat{\sigma}_g^2}{n}\left\{1+2\sum_{h=1}^{w}\hat{\rho}_h(g)\right\}}$$

其中,$\hat{\sigma}_g$ 和 $\hat{\rho}_h(g)$ 分别为$\{g(\theta^{(1)}),g(\theta^{(2)}),\cdots,g(\theta^{(n)})\}$的样本标准差和 h 阶样本自相关系数,w 是窗口大小,当 $h>w$ 时,$\hat{\rho}_h(g)\approx 0$ 。

(四) 自相关函数图

诊断马氏链收敛性通过监视自相关函数图(autocorrelations function plot)也是很有用的,链的迭代次数对 ACF(自相关函数)作图,因为较低或者较高的自相关性分别表明了马氏链的快或慢的收敛性。

许多统计检验工具也被开发出来用于收敛诊断,例如,CODA(Best et al. ,1995)和 BOA (Smith, 2005) 软件程序也被开发用于实施收敛诊断的工具。Gelman-Rubin 方法 (GelmanRubin method)是一种常用的收敛性检验方法,这些可以参考相关参考文献。

习题四

1. 设参数 θ 的先验分布为贝塔分布 $\mathrm{Beta}(a,b)$,若从先验信息中获得其均值和方差分别为 1/3 和 1/45,试确定该先验分布。

2. 设 θ 的先验分布是伽马分布,其均值为 10,方差为 5,试确定 θ 先验分布。

3. 设 θ 是一批产品的不合格率,已知它取 0.1 或 0.2 中的一个,且其先验分布为

$$\pi(0.1)=0.7,\quad \pi(0.2)=0.3$$

假如从这批产品中随机抽取 8 个进行检查,发现有 2 个不合格,试求 θ 后验分布。

4. 设 θ 是一批产品的不合格率,从中随机抽取 8 个进行检查,发现有 3 个不合格,假如先验分布为

(1) $\theta\sim U(0,1)$;

(2)
$$\theta\sim\pi(\theta)=\begin{cases}2(1-\theta), & 0<\theta<1\\ 0, & \text{其他}\end{cases}$$

试分别求 θ 后验分布。

5. 某人每天早晨在车站等候公共汽车的时间(单位:min)服从均匀分布 $U(0,\theta)$,假如 θ 的先验分布为

$$\pi(\theta)=\begin{cases}\dfrac{192}{\theta^4}, & \theta\geqslant 4\\ 0, & \theta<4\end{cases}$$

设此人在 3 个早晨等车时间分别为 5、8、8,试求 θ 的后验分布。

6. 试求多项分布 $M(n,p)$,$p=(p_1,p_2,\cdots,p_k)$(n 已知)中未知参数 p 的 Jeffreys 无信息先验。

7. 对正态总体 $N(\theta,1)$作三次观测,获得样本具体观测值为 2,3,4。

(1) 若θ的先验分布为正态分布$N(3,1)$,试求θ可信水平为0.95的可信区间;

(2) 若θ取值只有两种可能:$\theta=3,\theta=5$。设θ取3和5的先验概率分别为0.4和0.6,试检验$H_0:\theta=3$ vs $H_1:\theta=5$。

8. 设$X|\theta\sim N(\theta,1)$。设θ的先验为如下的分层先验:

$$\theta \mid \lambda \sim N\left(0.2,\frac{1}{\lambda}\right),\quad \lambda \sim \Gamma(1/2,1/2)$$

令样本观测值$x=0$,用Gibbs抽样方法生成(θ,λ)的随机数,给出生成链两个分量的轨迹图和直方图,并求θ后验期望和后验方差的模拟结果。

第五章

Bootstrap 抽样

在估计总体未知参数 θ 时,人们不但要给出 θ 的估计 $\hat{\theta}$,还需要指出这一估计 $\hat{\theta}$ 的精度。通常我们用估计量 $\hat{\theta}$ 的标准差 $\sqrt{Var(\hat{\theta})}$ 来度量估计的精度。估计量 $\hat{\theta}$ 的标准差

$$\mathrm{SE}(\hat{\theta})=\sqrt{Var(\hat{\theta})}$$

也称为估计量 $\hat{\theta}$ 的标准误差。例如,设 $X_1,\cdots,X_n$ 是来自以 $F(x)$ 为分布函数的总体的样本,θ 是我们感兴趣的未知参数,用 $\hat{\theta}$ 作为 θ 的估计量,用计算机模拟的方法产生 B 个容量为 n 的样本,对于每一个样本计算 $\hat{\theta}$,得 $\hat{\theta}_1,\cdots,\hat{\theta}_B$,则 $\sqrt{Var(\hat{\theta})}$ 可以用

$$\widehat{\mathrm{SE}}(\hat{\theta})=\sqrt{\frac{1}{B-1}\sum_{i=1}^{B}(\hat{\theta}_i-\bar{\theta})^2}$$

来估计,其中

$$\bar{\theta}=\frac{1}{B}\sum_{i=1}^{B}\hat{\theta}_i$$

然而总体分布常常是未知的,无法产生模拟样本,因此需要以下介绍的 Bootstrap 方法得到估计量 $\hat{\theta}$ 的标准误差等统计量。

第 1 节　Bootstrap 方法

问题 1:我们先引出一个简单的例子:样本中位数的误差是多少?

众所周知,样本均值是总体均值的估计,样本中位数是总体中位数的估计。对于每一个估计量,均可以定义其偏差、方差以及均方误差。那么样本中位数的误差是什么呢?

问题 2:除样本中位数的误差外,样本中位数的置信区间又是多少呢?此外,总体中位数的置信区间又该如何构造呢?当给定一个随机样本 $X_1,X_2,\cdots,X_n\sim F$ 时,总体均值的 $(1-\alpha)$ 置信区间可以定义为

$$\left(\overline{X}_n-z_{1-\alpha/2}\cdot\frac{\hat{\sigma}_n}{\sqrt{n}},\quad \overline{X}_n+z_{1-\alpha/2}\cdot\frac{\hat{\sigma}_n}{\sqrt{n}}\right)$$

其中 $\overline{X}_n$ 和 $\hat{\sigma}_n$ 分别为样本均值和样本标准差。那么对于中位数我们可以构造同样的置信区间吗?

在本章,我们将使用 Bootstrap 来解决上述所提出的问题。

一、经验 Bootstrap

定义 5.1 假设已知数据点 $X_1, X_2, \cdots, X_n$,并记 $M_n = \text{median}\{X_1, X_2, \cdots, X_n\}$。首先,我们对这 n 个数据点进行有放回抽样,并从中抽取 n 个数据点,记为 $X_1^{*(1)}, \cdots, X_n^{*(1)}$。类似地,我们再次重复抽样过程,并生成一个新的数据,记为 $X_1^{*(2)}, \cdots, X_n^{*(2)}$。在经过 B 次有放回抽样之后,我们将得到一个全新的数据集:

$$
\begin{aligned}
&X_1^{*(1)}, \cdots, X_n^{*(1)} \\
&X_1^{*(2)}, \cdots, X_n^{*(2)} \\
&\vdots \\
&X_1^{*(B)}, \cdots, X_n^{*(B)}
\end{aligned}
$$

其中,每一次的数据点 $X_1^{*(l)}, \cdots, X_n^{*(l)} (l=1, \cdots, B)$ 称为一个 Bootstrap 样本。这种从原始数据集进行有放回抽样的方法称为经验 Bootstrap,由于这种方法是由 Bradley Efron 所发明,因此又被称为 Efron's Bootstrap 或非参数 Bootstrap。

针对上述数据集,我们可以计算得到 B 个样本中位数,即 Bootstrap 中位数:

$$
\begin{aligned}
M_n^{*(1)} &= \text{median}\{X_1^{*(1)}, \cdots, X_n^{*(1)}\} \\
M_n^{*(2)} &= \text{median}\{X_1^{*(2)}, \cdots, X_n^{*(2)}\} \\
&\vdots \\
M_n^{*(B)} &= \text{median}\{X_1^{*(B)}, \cdots, X_n^{*(B)}\}
\end{aligned}
$$

基于此,样本中位数的方差、标准误差、均方误差以及置信区间便可以表示如下:

(1) 样本中位数的 Bootstrap 方差估计及标准误差估计:

使用样本中位数 $M_n^{*(1)}, \cdots, M_n^{*(B)}$ 的 Bootstrap 方差和标准误差作为原样本中位数的方差 $\text{Var}(M_n)$ 及标准误差$\text{SE}(M_n)$的估计。

$$
\widehat{\text{Var}}_B(M_n) = \frac{1}{B-1}\sum_{\ell=1}^{B}(M_n^{*(\ell)} - \overline{M}_B^*)^2, \quad \widehat{\text{SE}}_B(M_n) = \sqrt{\frac{1}{B-1}\sum_{\ell=1}^{B}(M_n^{*(\ell)} - \overline{M}_B^*)^2}
$$

其中

$$
\overline{M}_B^* = \frac{1}{B}\sum_{\ell=1}^{B} M_n^{*(\ell)}
$$

(2) 样本中位数的 Bootstrap 均方误差估计:

$$\widehat{\mathrm{MSE}}(M_n)=\frac{1}{B}\sum_{\ell=1}^{B}(M_n^{*(\ell)}-M_n)^2$$

(3) 样本中位数的 Bootstrap 置信区间估计：

$$\left(M_n - z_{1-\alpha/2}\cdot\sqrt{\widehat{\mathrm{Var}}_B(M_n)}\ ,\quad M_n + z_{1-\alpha/2}\cdot\sqrt{\widehat{\mathrm{Var}}_B(M_n)}\ \right)$$

即为总体中位数的$(1-\alpha)$置信区间。

例 5.1 若某总体分布 F 未知，且总体中位数 θ 是未知参数，现有以下数据：

18.2 9.5 12.0 21.1 10.2

以样本中位数作为总体中位数 θ 的估计。试求中位数估计的标准误差的 Bootstrap 估计。

解: 由数据计算可知样本中位数为 12.0。

在上述 5 个数据中按放回抽样的方法独立抽样，取 $B=10$ 得到下述 10 个 Bootstrap 样本：

样本 1：	9.5	18.2	12.0	10.2	18.2
样本 2：	21.1	18.2	12.0	9.5	10.2
样本 3：	21.1	10.2	12.0	10.2	10.2
样本 4：	9.5	18.2	12.0	10.2	18.2
样本 5：	21.1	18.2	12.0	12.0	18.2
样本 6：	9.5	10.2	10.2	10.2	21.1
样本 7：	9.5	18.2	12.0	10.2	18.2
样本 8：	10.2	18.2	21.1	10.2	21.1
样本 9：	10.2	18.2	18.2	10.2	18.2
样本 10：	10.2	18.2	10.2	10.2	18.2

对以上每个 Bootstrap 样本，求得其样本中位数分别为

$$\hat{\theta}_1^* = 12.0,\quad \hat{\theta}_2^* = 12.0,\quad \hat{\theta}_3^* = 10.2,\quad \hat{\theta}_4^* = 12.0,\quad \hat{\theta}_5^* = 18.2,$$

$$\hat{\theta}_6^* = 10.2,\quad \hat{\theta}_7^* = 12.0,\quad \hat{\theta}_8^* = 18.2,\quad \hat{\theta}_9^* = 18.2,\quad \hat{\theta}_{10}^* = 10.2$$

现以原始样本确定的样本中位数

$$\hat{\theta} = 12.0$$

作为总体中位数的估计，因此原样本中位数估计的标准误差的 Bootstrap 估计为

$$\widehat{\mathrm{SE}}_B(\hat{\theta}) = \sqrt{\frac{1}{9}\sum_{i=1}^{10}(\hat{\theta}_i^* - \hat{\theta}^*)^2} = 3.4579$$

在实际应用中 Bootstrap 抽样 B 一般需大于等于 1 000。

例 5.2 假设有一个样本数据，共包含 200 个服从正态分布 $N(100,15^2)$ 的数据，试利用 R 语言编程，根据 Bootstrap 方法对该样本数据估计总体均值和标准差。

R 编程应用

```
set.seed(123) # 设置随机种子以便结果可重复
data_sample <- rnorm(200,mean = 100,sd = 15)
# 定义 Bootstrap 函数,用于计算一个 Bootstrap 样本的均值
bootstrap_mean <- function(data,R) {
  n <- length(data)
  means <- replicate(R,mean(sample(data,n,replace = TRUE)))
  return(means)
}
# 使用 Bootstrap 函数计算 R 个 Bootstrap 样本的均值
R <- 1000 # 设定 Bootstrap 重抽样的次数
bootstrap_means <- bootstrap_mean(data_sample,R)
# 计算 Bootstrap 均值的均值和标准差,作为总体均值的估计和误差估计
estimated_mean <- mean(bootstrap_means)
estimated_sd <- sd(bootstrap_means)
# 输出最终结果
cat("Estimated mean from Bootstrap:",estimated_mean,"\n")
cat("Estimated standard deviation of the mean from Bootstrap: ",estimated_sd,
"\n")
# 绘制 Bootstrap 均值的分布图
hist(bootstrap_means, main =" Bootstrap Means Distribution", xlab =" Mean",
border ="gray",col ="lightblue")
abline(v = estimated_mean,col ="red",lwd = 2) # 添加估计的均值线
## 输出结果 1:Estimated mean from Bootstrap: 99.89788
## 输出结果 2:Estimated standard deviation of the mean from Bootstrap:
1.009939
```

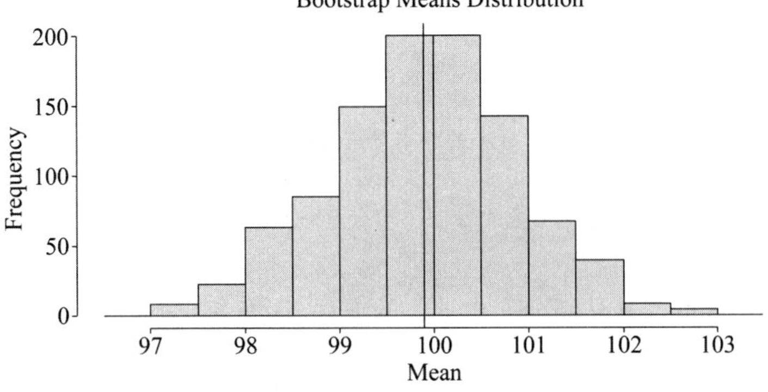

图 5.1 例 5.2 的基于 Bootstrap 方法的总体均值直方图

在上述 R 编程中，首先生成了一个包含 200 个数据的样本数据，然后利用 Bootstrap 方法来估计总体均值。Bootstrap 方法通过重复抽样并计算均值，得到了 1 000 个均值估计，最后基于这 1 000 个均值估计得到该样本数据总体均值的估计及其直方图(图 5.1)。

由上述 R 编程的输出结果知，本例所求总体均值的估计值为 99.897 88，这些均值估计的标准差为 1.009 939。由这些均值得到的直方图如图 5.1 所示，在直方图上添加了估计的总体均值线。

除上述中位数外，Bootstrap 方法同样适用于其他统计量的估计，如样本分位数、四分位间距、样本偏度、样本峰度等。

二、参数 Bootstrap

假设数据来自一个参数模型（例如，正态分布、指数分布等），我们可以使用参数 Bootstrap 方法来估计模型参数的不确定性（方差、均方误差、置信区间等）。

下面我们以正态分布为例计算其方差。

例 5.3（正态分布） 设 $X_1,\cdots,X_n \sim N(0,\sigma^2)$，其中 σ^2 为未知参数。

一个自然的想法便是通过样本方差

$$S_n^2 = \frac{1}{n-1}\sum_{i=1}^{n}(X_i - \overline{X}_n)^2$$

估计 σ^2。然而，样本方差是一个估计量，是随机的。那么又该如何估计样本方差的方差、均方误差 MSE 以及如何构造 σ^2 的 $(1-\alpha)$ 置信区间呢？

由于样本方差 S_n^2 是 σ^2 的一个很好的估计量，因此可以用它来代替 σ^2，从而得到一个新的分布 $N(0,S_n^2)$。这样便可从新分布中进行抽样，从而得到 Bootstrap 样本。假设共进行 B 次抽样，并生成 B 组样本：

$$\begin{gathered}
X_1^{*(1)},\cdots,X_n^{*(1)} \sim N(0,S_n^2) \\
X_1^{*(2)},\cdots,X_n^{*(2)} \sim N(0,S_n^2) \\
\vdots \\
X_1^{*(B)},\cdots,X_n^{*(B)} \sim N(0,S_n^2)
\end{gathered}$$

记 $S_n^{2*(1)},\cdots,S_n^{2*(B)}$ 为每个 Bootstrap 样本的样本方差，则样本方差的方差 $\mathrm{Var}(S_n^2)$ 可表示为：

$$\widehat{\mathrm{Var}}_B(S_n^2) = \frac{1}{B-1}\sum_{\ell=1}^{B}(S_n^{2*(\ell)} - \overline{S}_B^{2*})\text{，其中 } \overline{S}_B^{2*} = \frac{1}{B}\sum_{\ell=1}^{B}S_n^{2*(\ell)}$$

这种将估计参数嵌入并从新分布中抽样的方法，称为参数 Bootstrap。

例 5.4（指数分布） 设数据 $X_1,\cdots,X_n \sim \mathrm{Exp}(\lambda)$，其中 λ 为未知参数，利用最大似然估计获得 λ 估计量：

$$\hat{\lambda}_n = \frac{1}{\overline{X}_n}$$

为了检验 $\hat{\lambda}_n$ 的优劣，我们采用参数 Bootstrap 方法计算 $\hat{\lambda}_n$ 的均方误差。

假设共进行 B 次抽样，并生成 B 组样本：

$$X_1^{*(1)},\cdots,X_n^{*(1)} \sim \mathrm{Exp}(\hat{\lambda}_n)$$
$$X_1^{*(2)},\cdots,X_n^{*(2)} \sim \mathrm{Exp}(\hat{\lambda}_n)$$
$$\vdots$$
$$X_1^{*(B)},\cdots,X_n^{*(B)} \sim \mathrm{Exp}(\hat{\lambda}_n)$$

利用上述样本，可以得到 λ 的 Bootstrap 估计：

$$\hat{\lambda}_n^{*(1)},\cdots,\hat{\lambda}_n^{*(B)}$$

其中

$$\hat{\lambda}_n^{*(\ell)}=\frac{1}{\overline{X}_n^{*(\ell)}}=\frac{1}{\dfrac{X_1^{*(\ell)}+\cdots+X_n^{*(\ell)}}{n}}$$

则 $\hat{\lambda}_n$ 的均方误差可根据下式计算：

$$\widehat{\mathrm{MSE}}_B(\hat{\lambda}_n)=\frac{1}{B}\sum_{\ell=1}^{B}(\hat{\lambda}_n^{*(\ell)}-\hat{\lambda}_n)^2$$

例 5.5 假设样本 0.3，0.5，0.7，0.9，1.1，1.3 来自一个参数 λ 未知的指数分布，试利用 R 语言编程，根据 Bootstrap 方法对该样本数据计算 $\hat{\lambda}$ 的均方误差。

R 编程应用

```
x <- c(0.3,0.5,0.7,0.9,1.1,1.3) # 从未知参数的指数分布获得样本数据
n <- length(x)
thetahat <- mean(x) # 指数分布中未知参数的极大似然估计
nboot <- 5000 # 进行 bootstrap 方法时使用的重复抽样次数
tmpdata <- rexp(n* nboot,thetahat) # 从指数分布中生成参数样本
bootstrapsample <- matrix(tmpdata,nrow= n,ncol= nboot)
thetahatstar <- colMeans(bootstrapsample) # 参数的 bootstrap 估计
mse <- mean((thetahatstar - thetahat)^2) # 未知参数的均方误差
## 输出最终结果
>mse
[1] 0.4636162
```

由上述 R 编程的输出结果知，本例所求 $\hat{\lambda}$ 的均方误差为 0.463 616 2。注意，由于本例数据涉及随机生成的随机数，故计算结果也会随产生随机数的不同而有差异，在 0.46 左右。

第 2 节　基于 Bootstrap 法置信区间估计

本节将介绍两种利用 Bootstrap 法构造参数 θ 的渐进置信区间，分别为标准正态 Bootstrap 置信区间和百分位数(percentile)Bootstrap 置信区间。

一、标准正态 Bootstrap 置信区间

假设 $\hat{\theta}$ 是参数 θ 的无偏估计量，估计量的标准误差为 $\mathrm{SE}(\hat{\theta})$，如果 $\hat{\theta}$ 是样本均值且样本容量足够大时，由中心极限定理可知

$$Z=\frac{\hat{\theta}-E(\hat{\theta})}{\mathrm{SE}(\hat{\theta})}=\frac{\hat{\theta}-\theta}{\mathrm{SE}(\hat{\theta})}$$

渐近服从标准正态分布，则 θ 的渐近 $100(1-\alpha)\%$ 标准正态 Bootstrap 置信区间为

$$(\hat{\theta}-z_{\frac{\alpha}{2}}\widehat{\mathrm{SE}}_B(\hat{\theta}),\quad \hat{\theta}+z_{\frac{\alpha}{2}}\widehat{\mathrm{SE}}_B(\hat{\theta}))$$

其中

$$z_{\frac{\alpha}{2}}=\Phi^{-1}\left(1-\frac{\alpha}{2}\right)$$

而 $\hat{\mathrm{SE}}_B(\hat{\theta})$ 为 $\hat{\theta}$ 标准误差的 Bootstrap 估计。

标准正态 Bootstrap 置信区间之所以相对容易计算，是因为它建立在一系列前提假设之上，这些假设包括渐进正态性，即随着样本量的增加，样本统计量的分布逐渐趋近于正态分布，以及样本估计量的无偏性，即样本估计量的期望值等于总体参数的真实值。这些假设的合理性使得我们可以利用标准正态分布的性质来近似估计参数的置信区间，从而简化了计算过程。

二、百分位数 Bootstrap 置信区间

百分位数 Bootstrap 置信区间是使用 Bootstrap 重复试验的经验分布作为参考分布，基于公式

$$P\{L<\hat{\theta}-\theta<U\}=1-\alpha \tag{5.1}$$

构造所得。

假设 $\hat{\theta}_1^*,\cdots,\hat{\theta}_m^*$ 是统计量 $\hat{\theta}$ 的 Bootstrap 重复试验样本，记 $\hat{\theta}^*_{([m\alpha/2])}$ 和 $\hat{\theta}^*_{([m(1-\alpha/2)])}$ 是 Bootstrap 样本估计的第$[m\alpha/2]$和第$[m(1-\alpha/2)]$个次序统计量的值，则将区间

$$(\hat{\theta}^*_{([m\alpha/2])},\quad \hat{\theta}^*_{([m(1-\alpha/2)])})$$

称为 θ 的 $100(1-\alpha)\%$ 基本 Bootstrap 置信区间。而公式(5.1)中的 L 和 U 可通过 $\hat{\theta}^*_{([m\alpha/2])}-\hat{\theta}$ 和 $\hat{\theta}^*_{([m(1-\alpha/2)])}-\hat{\theta}$ 近似，得到

$$P(\hat{\theta}^*_{([m\alpha/2])}-\hat{\theta}<\hat{\theta}-\theta<\hat{\theta}^*_{([m(1-\alpha/2)])}-\hat{\theta})\approx 1-\alpha$$

进一步计算得到

$$P(2\hat{\theta}-\hat{\theta}^*_{([m(1-\alpha/2)])}<\theta<2\hat{\theta}-\hat{\theta}^*_{([m\alpha/2])})\approx 1-\alpha$$

因此，定义 θ 的 $100(1-\alpha)\%$ 百分位数 Bootstrap 置信区间为

$$(2\hat{\theta}-\hat{\theta}^*_{([m(1-\alpha/2)])},\ 2\hat{\theta}-\hat{\theta}^*_{([m\alpha/2])})$$

例 5.6 设 $X_1,X_2,\cdots,X_n$ 是来自 $N(\mu,\sigma^2)$ 样本，试用 Bootstrap 方法估计参数 μ 的基本 Bootstrap 置信区间。

R 编程应用

```
set.seed(123) # 设置随机种子以确保结果可重复
x <- rnorm(100,mean = 5,sd = 2) # 生成一个来自正态分布的样本,均值 5,标准差 2
# 定义 Bootstrap 函数
bootstrap_mean_ci <- function(data,n_boot = 1000,conf_level = 0.95) {
  # 初始化存储 Bootstrap 样本均值的向量
  bootstrap_means <- numeric(n_boot)
  # 执行 Bootstrap 抽样并计算均值
  for (i in 1:n_boot) {
    bootstrap_sample <- sample(data,replace = TRUE)
    bootstrap_means[i] <- mean(bootstrap_sample)
  }
  # 计算基本 Bootstrap 置信区间的上下限
  sorted_means <- sort(bootstrap_means)
  lower_ci <- sorted_means[floor(n_boot * (1 - conf_level) / 2 + 1)]
  upper_ci <- sorted_means[ceiling(n_boot * (1 + conf_level) / 2)]
  # 返回 Bootstrap 样本均值和置信区间
  return(list(means = bootstrap_means,lower = lower_ci,upper = upper_ci))
}
# 执行 Bootstrap 并获取置信区间和 Bootstrap 样本均值
ci_with_means <- bootstrap_mean_ci(x)
# 输出最终结果
cat("95 % Bootstrap confidence interval for the mean:",ci_with_means$lower,
"-",ci_with_means$upper,"\n")
# 查看 Bootstrap 样本均值的分布
hist(ci_with_means$means, main ="Distribution of Bootstrap Means", xlab
="Mean")
abline(v = mean(x),  lwd = 2) # 原始样本的均值
abline(v = ci_with_means$lower,lty = 2,lwd = 2) # 基本 Bootstrap 置信区间的下限
abline(v = ci_with_means$upper,lty = 2,lwd = 2) # 基本 Bootstrap 置信区间的上限
```

```
## 输出基本 Bootstrap 置信区间结果
95 % Bootstrap confidence interval for the mean: 4.845674 - 5.538382
```

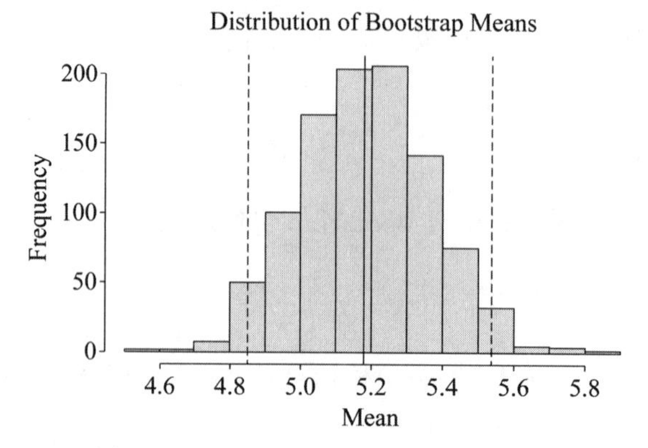

图 5.2　Bootstrap 样本均值分布直方图

本例首先定义了一个名为 bootstrap_mean_ci 的函数，它接受一个数据集、Bootstrap 抽样的次数(默认为 1000)和置信水平(默认为 0.95)作为参数。函数内部通过循环执行 Bootstrap 抽样并计算每次抽样的均值，然后将这些均值排序以找到置信区间的上下限。最后，函数返回一个包含置信区间上下限的列表。

最后，调用这个函数并传入样本数据，得到μ的 95% 的置信区间。此外，还绘制图 5.2 所示的直方图来可视化 Bootstrap 样本均值的分布，并标出原始样本的均值和基本 Bootstrap 置信区间的上下限。

由上述 R 语言编程的输出结果知，用 Bootstrap 方法估计参数 μ 的基本 Bootstrap 置信区间为(4.845 674，5.538 382)，同时还给出了标有样本的总均值和 μ 的基本 Bootstrap 置信区间的上、下限的直方图。

第 3 节　置换检验

在前面的章节中，我们详细讨论了 Bootstrap 方法，它是一种强大的非参数统计技术，用于估计统计量的误差、参数的置信区间等。通过对原始数据集进行有放回抽样，Bootstrap 方法可以通过模拟数据的重复采样来评估统计量的不确定性，从而为我们提供了一种灵活而有效的统计推断工具。

在本章中，我们将进一步介绍一种与 Bootstrap 方法密切相关的统计推断技术——置换检验(permutation test)。

定义 5.2　置换检验是一种基于数据重排的统计检验方法，通过对原始数据的观测值进行排列组合，生成新的样本排列，然后利用这些排列来进行假设检验和推断统计量的分布。

与 Bootstrap 方法一样，置换检验也是一种非参数方法，它不依赖于数据分布的假设，适用于各种类型的数据和统计问题。

一、置换检验

设有两个随机样本 $X_1,\cdots,X_n$ 和 $Y_1,\cdots,Y_m$ 分别服从分布 F_X 和 F_Y。令 Z 为有序集合

$$\{X_1,\cdots,X_n,Y_1,\cdots Y_m\}$$

指标集合为

$$v=\{1,\cdots,n,n+1,\cdots,n+m\}=\{1,\cdots,N\}$$

那么，当 $1\leqslant i\leqslant n$ 时，$Z_i=X_i$；当 $n+1\leqslant i\leqslant n+m$ 时，$Z_i=Y_{i-n}$。令 $Z^*=(X^*,Y^*)$表示混合样本 $Z=X\cup Y$ 的一个划分，其中 X^* 含有 n 个元素，Y^* 含有 $N-n=m$ 个元素。此时，Z^* 对应集合 Z 的一次置换，并将这次置换记为 $\pi(b)$，$b=1,\cdots,B$。考虑到 X^* 共有 C_N^n 种选择，因此总共有 C_N^n 种方式将混合样本 Z 划分为两个大小分别为 n 和 m 的子集。

下面我们通过不放回抽取大量样本来实现置换检验：

(1) 计算观测统计量 $\hat{\theta}(X,Y)=\hat{\theta}(Z,v)$；

(2) 对第 b 次重复试验($b=1,\cdots,B$)：

① 生成一个随机置换 $\pi(b)$；

② 计算统计量 $\hat{\theta}^{(b)}=\hat{\theta}^*(Z,\pi(b))$。

(3) 通过

$$\hat{p}=\frac{\left\{1+\sum_{b=1}^{B}I\left(\hat{\theta}^{(b)}\geqslant\hat{\theta}\right)\right\}}{B+1}$$

来计算基于样本的经验 p 值。在显著性水平 α 下，如果 $\hat{p}<\alpha$，那么拒绝原假设。

总之，置换检验是一种非参数统计方法，用于比较两个或多个群体之间的差异，而无需对总体分布进行假设。它基于对原始数据的重新排列(置换)，生成多个置换数据集，并对每个置换数据集，计算相应的检验统计量；再比较原始数据的检验统计量与置换数据集的检验统计量，通过计算观察值在不同群体之间的差异来估计显著性。置换检验特别适用于样本量较小或总体分布未知的情况。

下面举例说明其基本方法。

例 5.7 假设有两组样本数据如表 5.1 所示，表示两种不同治疗方法对某种疾病的治疗效果。

表 5.1 两种不同治疗法的疗效

A 药疗效	23	25	28	20	22	27	24	21
B 药疗效	18	17	19	16	20	21	15	18

试利用 R 语言编程，用置换检验法检验两种治疗方法在疗效上是否有显著差异？

R 编程应用

在 R 语言中可用 perm 程序包的 permTS( )函数进行两组样本数据比较的置换检验。

```
# 安装并加载 perm 包
> install.packages("perm")
> library(perm)
# 创建两组样本数据
> group1 <- c(23,25,28,20,22,27,24,21)
> group2 <- c(18,17,19,16,20,21,15,18)
# 执行置换检验
> perm_test <- permTS(group1, group2, alternative="two.sided", nrepl = 1000)
# alternative =" two. sided" 表示双侧检验, nrepl = 1000 表示 1000 次置换
# 显示检验结果
> print(perm_test)
```

```
## 置换检验输出结果:
Exact Permutation Test (network algorithm)
data: group1 and group2
p - value = 0.000777
alternative hypothesis: true mean group1 - mean group2 is not equal to 0
sample estimates:
mean group1 - mean group2
        5.75
```

由上述 R 编程的输出结果知，置换检验的检验概率 P 值(p-value)=0.000 777<0.05，故拒绝零假设 H_0，认为两种治疗方法在疗效上有显著差异。两组样本数据的均值差异(A 药疗效均值$-B$ 药疗效均值)估计为 5.75。

二、同分布置换检验

同分布置换检验(Permutation Test of Equal Distributions)是一种用于比较两组或多组数据样本的分布是否相同的非参数假设检验方法。

设 $X=(X_1,\cdots,X_n)$和 $Y=(Y_1,\cdots,Y_m)$是相互独立的两个随机样本，且分别服从分布 F 和 G。此时，同分布置换检验的假设为：

$$H_0:F=G;\ H_1:F\neq G$$

在零假设 H_0 下，样本 X、Y 和混合样本 $Z=X\cup Y$ 为均服从相同分布 F 的随机样本。此外，在零假设 H_0 下，混合样本中任意大小为 n 的子集 X^* 和它的补集也是服从分布 F 且相互独立的随机样本。假设 $\hat{\theta}$ 是一个双样本统计量，可以用来度量 F 和 G 的差距，则 $\hat{\theta}$ 的置换分布可以使用前面的近似置换检验计算所得。

令 Z 的指标集合为 $v=\{1,\cdots,n,n+1,\cdots,n+m\}=\{1,\cdots,N\}$。则关于 $\hat{\theta}$ 的同分布置换检验的具体步骤如下：

(1) 计算双样本统计量 $\hat{\theta}(X,Y)=\hat{\theta}(Z,v)$，该统计量用于比较两组样本(或多组样本)的分布特征；

(2) 对第 b 次重复试验($b=1,\cdots,B$)：

① 生成一个随机置换 $\pi(b)$，

② 计算双样本统计量 $\hat{\theta}^{(b)}=\hat{\theta}^*(Z,\pi(b))$；

(3) 通过

$$\hat{p}=\frac{\left\{1+\sum_{b=1}^{B} I\left(\hat{\theta}^{(b)} \geqslant \hat{\theta}\right)\right\}}{B+1}$$

进行假设检验,如果 $\hat{p}$ 值小于预先设定的显著性水平 α,则拒绝原假设,认为两组样本(或多组样本)的分布不同;否则接受原假设,认为两组样本(或多组样本)的分布相同。

同分布置换检验的优点是不需要对数据分布进行假设,适用于各种类型的数据和统计问题。然而,同分布置换检验可能需要大量的计算资源,特别是在样本量较大时,计算复杂度较高。

三、独立性置换检验

独立性置换检验(Independence Permutation Test)是一种统计方法,用于检验两个变量之间是否存在独立性关系。

设 $\boldsymbol{X} \in \boldsymbol{R}^{p}, \boldsymbol{Y} \in \boldsymbol{R}^{q}, \boldsymbol{Z}=(\boldsymbol{X}, \boldsymbol{Y})$。那么 $\boldsymbol{Z}$ 为 $\boldsymbol{R}^{p+q}$ 中的随机向量。设随机样本位于 $n \times(p+q)$ 数据矩阵 $\boldsymbol{Z}$ 中,每一行是一个观测值,则 $\boldsymbol{Z}$ 可以表示为

$$\boldsymbol{Z}_{n \times(p+q)}=\begin{bmatrix} x_{1,1} & \cdots & x_{1, p} & y_{1,1} & \cdots & y_{1, q} \\ \vdots & & \vdots & \vdots & & \vdots \\ x_{n_{1}, 1} & \cdots & x_{n_{1}, p} & y_{n_{2}, 1} & \cdots & y_{n_{2}, q}\end{bmatrix}$$

令 v_1 为样本 X 的行标签,v_2 为样本 Y 的行标签,那么 (Z, v_1, v_2) 为服从 X 和 Y 的联合分布的样本。理论上,样本 X 或 Y 的行标签的任何置换都可以生成一个置换重复试验。因此,独立性的置换检验法将只置换其中一个样本的行标签,其近似置换检验步骤如下:

(1) 计算观测统计量 $\hat{\theta}(X, Y)=\hat{\theta}(Z, v_1, v_2)$,该统计量为多元独立性检验的双样本统计量;

(2) 对第 b 次重复试验 $(b=1, \cdots, B)$:

① 生成一个随机置换 $\pi(b)$,

② 计算统计量 $\hat{\theta}^{(b)}=\hat{\theta}^{*}(Z, \pi(b))$;

(3) 通过

$$\hat{p}=\frac{\left\{1+\sum_{b=1}^{B} I\left(\hat{\theta}^{(b)} \geqslant \hat{\theta}\right)\right\}}{B+1}$$

进行假设检验,如果 $\hat{p}$ 值小于预先设定的显著性水平 α,则拒绝原假设,认为两个变量是相互独立的;否则接受原假设,认为两个变量是相关的。

独立性置换检验适用于各种类型的数据,不受数据分布的限制,因此在实际应用中具有广泛的适用性。通过这种方法,可以验证两个变量之间的关系是否真实存在,而不受传统假设检验中对数据分布和其他假设的限制。

习题五

1. 设 $X_1,\cdots,X_n$ 和 $Y_1,\cdots,Y_m$ 分别来自总体 $N(\mu_1,{\sigma_1}^2)$ 和 $N(\mu_2,{\sigma_2}^2)$ 的两个独立样本，给出 σ_1^2/σ_2^2 的估计 $\hat{\sigma}_1^2/\hat{\sigma}_2^2$。取 $n=500,m=1\ 000,\mu_1=0,\mu_2=1,\sigma_1=2,\sigma_2=3$，并用 Bootstrap 方法估计 $\hat{\sigma}_1^2/\hat{\sigma}_2^2$ 的标准误差，给出相应程序。

2. 设 $X_1,\cdots,X_n$ 是来自 $\Gamma(\alpha,\beta)$ 分布总体的独立样本，给出 α 和 β 的估计 $\hat{\alpha}$ 和 $\hat{\beta}$。取 $n=500,\alpha=4,\beta=2$，并应用 Bootstrap 估计 $\hat{\alpha}$ 和 $\hat{\beta}$ 的标准误差，给出相应程序。

3. 设 $X_1,\cdots,X_n$ 来自 $N(\mu,\sigma^2)$ 的样本，用 Bootstrap 方法估计参数 μ 的标准正态置信区间和百分位数置信区间，给出相应程序。

4. 设 $(X_1,Y_1),\cdots,(X_n,Y_n)$ 服从二元正态分布，均值为 (μ_1,μ_2)，方差为 (σ_1^2,σ_2^2)，且相关系数为 ρ。用 Bootstrap 方法估计相关系数 ρ 的估计量的方差，给出相应程序。

第六章

EM 算法

假设有两枚硬币,并将其标记为硬币 1 和硬币 2。现随机选择一枚硬币,投掷 m 次,并将上述过程重复 n 次。假设每次选择的硬币标记 Y 和硬币的投掷结果 X 均被观察到,则有以下数据:

$$\begin{bmatrix} x_{11} & x_{12} & \cdots & x_{1m} & Y_1 \\ x_{21} & x_{22} & \cdots & x_{2m} & Y_2 \\ \vdots & \vdots & \vdots & \vdots & \vdots \\ x_{n1} & x_{n2} & \cdots & x_{nm} & Y_n \end{bmatrix}$$

此时,可以写出 $nm+n$ 个随机变量的联合概率密度函数,并求出投掷硬币 1 和硬币 2 出现正面的概率 p_1 和 p_2 的最大似然估计(Maximum Likelihood Estimation,简记为 MLE),并记概率 p_1 和 p_2 的 MLE 为 $\hat{p}_1$ 和 $\hat{p}_2$。那么,如果 Y 没有被观察到,即仅观察到硬币的正反而不知道投掷的是哪枚硬币,又该如何计算 p_1 和 p_2 的 MLE 呢? 值得注意的是,现在的数据集只由 X 组成,因此是"不完整的"。此时,便需要借助 EM 算法对 p_1 和 p_2 进行估计。

第 1 节　EM 算法的原理和步骤

将完整的数据集记为 Z,即 $Z=(X,Y)$,其中 X 是可以观测到的,Y 是未知的。无论我们将 Y 视为潜在的变量还是缺失的数据,都可以将它看作是通过某种由多到少的映射函数 $X=A(Z)$ 从完整的数据集中去除的部分。

设 $p(X|\theta)$ 和 $p(Z|\theta)=p(X,y|\theta)$ 分别表示观测数据和完整数据的密度函数。在给定观测数据下缺失数据的条件密度函数可表示为

$$p(y \mid X,\theta)=p(Z \mid \theta)/p(X \mid \theta)=p(X,y \mid \theta)/p(X \mid \theta)$$

用 $L(\theta;X,Y)$ 和 $L(\theta;X)$ 分别表示完整数据和观测数据的似然函数,用 $l(\theta;X,Y)$ 和 $l(\theta;X)$ 分别表示完整数据和观测数据的对数似然函数,其中 θ 为未知参数向量。

一、Jensen 不等式

由于 EM 算法的证明中要用到 Jensen 不等式,因此下面先介绍 Jensen 不等式。

定理 6.1(Jensen 不等式) 设函数 $f(x)$是 $\mathbf{R}$ 上的凸函数,若对于随机变量 X,有

$$E(X)<\infty \text{ 且 } E[f(X)]<\infty$$

则有如下 Jensen 不等式成立:

$$E[f(X)]\geqslant f(E(X))$$

证明:设随机变量 X 的概率密度函数为 $g(x)$,则

$$E[f(X)]=\int_R f(x)g(x)\mathrm{d}x$$

根据 Taylor 公式将 $f(x)$在 $E(X)=\mu$ 附近展开到第三项,即

$$f(x)=f(\mu)+f'(\mu)(x-\mu)+\frac{1}{2}f''(\mu)(x-\mu)^2+o(|x-\mu|^2)$$

由于函数 $f(x)$是 $\boldsymbol{R}$ 上的凸函数,即 $f''(x)\geqslant 0$,因此有

$$f(x)\geqslant f(\mu)+f'(\mu)(x-\mu)+o(|x-\mu|^2)$$

将随机变量 X 代入上式可得

$$f(X)\geqslant f(\mu)+f'(\mu)(X-\mu)+o(|X-\mu|^2)$$

接下来,在不等式两边分别关于 $g(x)$求期望,并略去无穷小项,可以得到

$$\int_R f(x)g(x)\mathrm{d}x\geqslant f(\mu)+f'(\mu)\int_R(x-\mu)g(x)\mathrm{d}x=f(\mu)$$

故不等式

$$E[f(X)]\geqslant f(E(X))$$

成立。

二、EM 算法的原理与步骤

EM 算法是一种数值迭代法,用于寻找 θ 的最大似然值。其大致的想法是,从 θ 的初始猜测开始,并使用这个初始猜测 θ 和观察到的数据 X 来"完成"数据集。此时,使用猜测的 θ 和 X 来假设 Y 的值,在这一点上,我们可以用通常的方式找到 θ 的 MLE。具体地说,EM 算法每次迭代由 E 步(期望步)和 M 步(极大步)构成。

(1) E 步:给定观测数据 X 和当前参数估计 θ,计算对数似然函数 $l(\theta;X,Y)$的期望值。特别地,定义

$$Q(\theta;\theta_{\text{old}})=E[l(\theta;X,Y)\mid X,\theta_{\text{old}}]=\int l(\theta;X,y)p(y\mid X,\theta_{\text{old}})\mathrm{d}y$$

其中 $p(\cdot\mid X,\theta_{\text{old}})$是给定观测数据 X 时 Y 的条件密度,假设当前参数估计 $\theta=\theta_{\text{old}}$。

(2) M 步:计算出使 $Q(\theta;\theta_{\text{old}})$期望最大化的 θ。

也就是说,我们设置

$$\theta_{\text{new}}=\max_{\theta}Q(\theta;\theta_{\text{old}})$$

再设置 $\theta_{old}=\theta_{new}$。必要时重复这两个步骤，直到 θ_{new} 序列收敛。

值得注意的是，如果怀疑对数似然函数有多个局部最大值，则应多次运行 EM 算法，并将不同的 θ_{old} 作为起始值。然后将 θ 的极大似然估计取为 EM 算法获得的局部最佳数值。

我们使用 $p(\cdot|\cdot)$表示通用的条件概率密度函数，现考察对数似然函数

$$
\begin{aligned}
l(\theta;X)&=\ln p(X\mid\theta)=\ln\int p(X,y\mid\theta)\mathrm{d}y=\ln\int\frac{p(X,y\mid\theta)}{p(y\mid X,\theta_{old})}p(y\mid X,\theta_{old})\mathrm{d}y\\
&=\ln E\left[\frac{p(X,Y\mid\theta)}{p(Y\mid X,\theta_{old})}\mid X,\theta_{old}\right]\geqslant E\left[\ln\left(\frac{p(X,Y\mid\theta)}{p(Y\mid X,\theta_{old})}\right)\mid X,\theta_{old}\right]\\
&=E[\ln p(X,Y\mid\theta)\mid X,\theta_{old}]-E[\ln p(Y\mid X,\theta_{old})\mid X,\theta_{old}]\\
&=Q(\theta;\theta_{old})-E[\ln p(Y\mid X,\theta_{old})\mid X,\theta_{old}]。
\end{aligned}
$$

其中

$$
\ln E\left[\frac{p(X,Y\mid\theta)}{p(Y\mid X,\theta_{old})}\middle| X,\theta_{old}\right]\geqslant E\left[\ln\left(\frac{p(X,Y\mid\theta)}{p(Y\mid X,\theta_{old})}\right)\mid X,\theta_{old}\right]
$$

由 Jensen 不等式得到。如果取 $\theta=\theta_{old}$，则上述不等式变为等式(期望内的项变为常数)。

设

$$
g(\theta\mid\theta_{old})=Q(\theta;\theta_{old})-E[\ln p(Y\mid X,\theta_{old})\mid X,\theta_{old}]
$$

则有

$$
l(\theta;X)\geqslant g(\theta\mid\theta_{old})
$$

因此，任何增加 $g(\theta|\theta_{old})$超过 $g(\theta_{old}|\theta_{old})$的 θ 值也一定会使得 $l(\theta;X)$超过 $l(\theta_{old};X)$。M 步通过在 θ 上最大化 $Q(\theta;\theta_{old})$来找到这样的 θ，这相当于在 θ 上使 $g(\theta|\theta_{old})$最大化。另外在许多应用中，函数 $Q(\theta;\theta_{old})$会是 θ 的凸函数，因此易于优化。

第 2 节 EM 算法例解

本节我们将具体讨论本章开始时提出的投掷两枚硬币的问题。先回顾一下具体问题。

设有硬币 1 和硬币 2 两枚硬币，两枚硬币的大小和形状是不同的，因此投掷时两枚硬币正面朝上的概率不相同。记投掷硬币 1 出现正面的概率为 p_1，投掷硬币 2 出现正面的概率为 p_2。现随机选择一枚硬币，投掷 m 次，并将上述过程重复 n 次。

现在我们有如下数据

$$
\begin{matrix}
X_{11} & X_{12} & \cdots & X_{1m} & Y_1\\
X_{21} & X_{22} & \cdots & X_{2m} & Y_2\\
\vdots & \vdots & \vdots & \vdots & \vdots\\
X_{n1} & X_{n2} & \cdots & X_{nm} & Y_n
\end{matrix}
$$

其中 $X_{ij}=\begin{cases}1, & \text{硬币出现正面}\\0, & \text{硬币出现反面}\end{cases}$，$Y_i=\begin{cases}1, & \text{投掷的硬币为硬币 1}\\0, & \text{投掷的硬币为硬币 2}\end{cases}$

注意,所有的 X 都是独立的,特别是

$$X_{i1},X_{i2},\cdots,X_{im} \mid Y_i=j \sim \mathrm{Bern}(p_{2-j})$$

其中,$\mathrm{Bern}(p)$是参数为 p 的伯努利分布,即 0—1 分布。

如果知道每一组实验结果 X_i 是硬币 1 还是硬币 2 投掷的结果,也就是观测到 Y_i,那么基于完整数据 $Z_i=(X_i,Y_i)(i=1,2,\cdots,n)$的对数似然函数为

$$l(Z;p_1,p_2,\alpha)=\sum_{i=1}^{n}[Y_i(\ln(\alpha)+n_i\ln p_1+(m-n_i)\ln(1-p_1)+\ln C_m^{n_i})$$
$$+(1-Y_i)(\ln(1-\alpha)+n_i\ln p_2+(m-n_i)\ln(1-p_2)+\ln C_m^{n_i})]$$

其中

$$\alpha=P(Y_i=1),\quad n_i=\sum_{j=1}^{m}X_{ij}$$

如果 $Y_i(i=1,2,\cdots,n)$可观测,我们可以得到

$$\hat{p}_1=\frac{\sum_{i=1}^{n}n_iY_i}{m\sum_{i=1}^{n}Y_i},\ \hat{p}_2=\frac{\sum_{i=1}^{n}n_i(1-Y_i)}{m\sum_{i=1}^{n}(1-Y_i)},\ \hat{\alpha}=\frac{\sum_{i=1}^{n}Y_i}{n}$$

也就是如果想要得到参数 p_1 和 p_2 的估计,只需要分别统计硬币 1 和硬币 2 投掷的结果出现正面的次数,然后除以分别投的总次数即可。

假设投掷硬币 1 和硬币 2 的结果 $Y_i(i=1,2,\cdots,n)$没有被观测到,该如何计算投掷硬币 1 和硬币 2 出现正面的概率 p_1 和 p_2 的 MLE 呢?因为现在的数据集是不完整的,仅由观测数据 X 组成,因此需要借助 EM 算法对 p_1 和 p_2 进行估计。EM 算法的目标就是找到 p_1 和 p_2 在这种情况下的最大似然估计 MLE。

(1) E 步:

由于$Y=(Y_1,Y_2,\cdots,Y_n)$未被观测到,则基于观测数据 $X=(X_1,X_2,\cdots,X_n)$和 $p_{1,\mathrm{old}}$,$p_{2,\mathrm{old}}$,α_{old} 的条件对数似然函数为

$$Q(p_1,p_2,\alpha;p_{1,\mathrm{old}},p_{2,\mathrm{old}},\alpha_{\mathrm{old}})=E(l(Z;p_1,p_2,\alpha)\mid X;p_{1,\mathrm{old}},p_{2,\mathrm{old}},\alpha_{\mathrm{old}})$$
$$=\sum_{i=1}^{n}\{E(Y_i\mid X;p_{1,\mathrm{old}},p_{2,\mathrm{old}},\alpha_{\mathrm{old}})[\ln(\alpha)+n_i\ln p_1+(m-n_i)\ln(1-p_1)]$$
$$+(1-E(Y_i\mid X;p_{1,\mathrm{old}},p_{2,\mathrm{old}},\alpha_{\mathrm{old}}))[\ln(1-\alpha)+n_i\ln p_2+(m-n_i)\ln(1-p_2)]\}+C$$

(2) M 步:

我们现在通过将偏导数向量$\frac{\partial Q}{\partial\theta}$设为 0 来最大化 $Q(p_1,p_2,\alpha;p_{1,\mathrm{old}},p_{2,\mathrm{old}},\alpha_{\mathrm{old}})$以找到 θ_{new}。经过代数运算,我们得到

$$p_{1,\text{new}}=\frac{\sum_{i=1}^{n}n_iE(Y_i\mid X;p_{1,\text{old}},p_{2,\text{old}},\alpha_{\text{old}})}{m\sum_{i=1}^{n}E(Y_i\mid X;p_{1,\text{old}},p_{2,\text{old}},\alpha_{\text{old}})}$$

$$p_{2,\text{new}}=\frac{\sum_{i=1}^{n}n_i(1-E(Y_i\mid X;p_{1,\text{old}},p_{2,\text{old}},\alpha_{\text{old}}))}{m\sum_{i=1}^{n}(1-E(Y_i\mid X;p_{1,\text{old}},p_{2,\text{old}},\alpha_{\text{old}}))}$$

$$\alpha_{\text{new}}=\frac{\sum_{i=1}^{n}E(Y_i\mid X;p_{1,\text{old}},p_{2,\text{old}},\alpha_{\text{old}})}{n}$$

其中

$$E(Y_i\mid X;p_{1,\text{old}},p_{2,\text{old}},\alpha_{\text{old}})$$
$$=\frac{\alpha_{\text{old}}C_m^{n_i}(p_{1,\text{old}})^{n_i}(1-p_{1,\text{old}})^{m-n_i}}{\alpha_{\text{old}}C_m^{n_i}(p_{1,\text{old}})^{n_i}(1-p_{1,\text{old}})^{m-n_i}+(1-\alpha_{\text{old}})C_m^{n_i}(p_{2,\text{old}})^{n_i}(1-p_{2,\text{old}})^{m-n_i}}$$

给定一个初始估计值 $\theta_{\text{old}}=(p_{1,\text{old}},p_{2,\text{old}},\alpha_{\text{old}})$，然后在 M 步中循环迭代，并设置 $\theta_{\text{old}}=\theta_{\text{new}}$，直到估计值收敛，即得到我们最终想要的

$$\theta_{\text{new}}=(p_{1,\text{new}},p_{2,\text{new}},\alpha_{\text{new}})$$

例 6.1　随机选择硬币 1 和硬币 2 中的一枚硬币，投掷 5 次，并将上述过程重复 6 次，假设观测到的数据为

$$X_1=(1,1,1,0,1),\quad X_2=(1,1,1,1,1),\quad X_3=(1,0,0,0,0)$$
$$X_4=(0,0,1,0,1),\quad X_5=(0,0,1,0,0),\quad X_6=(1,0,0,1,0)$$

试利用 R 语言编程，使用 EM 算法估计 p_1，p_2 和 α。

R 编程应用

```
# 定义函数
E <- function(ni,a,b,alpha){
A <- (choose(5,ni) *a^ni *(1 - a)^(5 - ni))
B <- (choose(5,ni) *b^ni *(1 - b)^(5 - ni))
E <- alpha *A/(alpha *A+ (1 - alpha) *B)
return(E)
}
# 输入观测数据
n <- c(4,5,1,2,1,2)
# 设置初值与最大循环数
p1 <- c()
p1[1] <- 0.6
p2 <- c()
p2[1] <- 0.4
```

```
## 输出最终结果
> p1[length(p1)]
[1] 0.9070799
> p2[length(p2)]
[1] 0.3293001
> alpha[length(alpha)]
[1] 0.2954411
```

```
    alpha <- c()
    alpha[1] <- 0.1
    max.kter <- 100
    # 进行迭代
    for (k in 1:max.kter){
      EY <- E(n,p1[k],p2[k],alpha[k])
      p1[k+ 1] <- sum(n* EY)/(5* sum(EY))
      p2[k+ 1] <- sum(n* (1 - EY))/(5* sum(1
- EY))
      alpha[k+ 1] <- sum(EY)/6
    if(abs(p1[k+ 1]- p1[k]) < 1e - 8 &
       abs(p2[k+ 1]- p2[k]) < 1e - 8 &
        abs (alpha[k+ 1]- alpha[k]) < 1e -
8) break
    }
```

由此可得，用 EM 算法估计 p_1、p_2 和 α 的值分别为 0.907 079 9、0.329 300 1 和 0.295 441 1。

第 3 节　EM 算法扩展

一、多项分布模型中 EM 算法应用

设 $\boldsymbol{x}=(x_1,x_2,x_3,x_4)$ 是来自多项分布 (n,π_θ) 的样本，其中

$$\pi_\theta=\left(\frac{1}{2}+\frac{1}{4}\theta,\frac{1}{4}(1-\theta),\frac{1}{4}(1-\theta),\frac{1}{4}\theta\right)$$

似然函数 $L(\theta;\boldsymbol{x})$ 为

$$L(\theta;\boldsymbol{x})=\frac{n!}{x_1!\ x_2!\ x_3!\ x_4!}\left(\frac{1}{2}+\frac{1}{4}\theta\right)^{x_1}\left(\frac{1}{4}(1-\theta)\right)^{x_2}\left(\frac{1}{4}(1-\theta)\right)^{x_3}\left(\frac{1}{4}\theta\right)^{x_4}$$

对数似然函数 $l(\theta;\boldsymbol{x})$ 为

$$l(\theta;\boldsymbol{x})=C+x_1\ln\left(\frac{1}{2}+\frac{1}{4}\theta\right)+(x_2+x_3)\ln\frac{1}{4}(1-\theta)+x_4\ln\left(\frac{1}{4}\theta\right)$$

其中 C 是包含所有不依赖于 θ 的项的常数。

我们可以尝试直接使用标准的非线性优化算法来最大化 $l(\theta;\boldsymbol{x})$，但是在这里我们将使用 EM 算法来进行优化。因此，我们首先假设完整数据为 $\boldsymbol{y}=(y_1,y_2,y_3,y_4,y_5)$，并且 $\boldsymbol{y}$ 服从参数为 (n,π_θ^*) 的多项式分布，其中

$$\pi_\theta^*=\left(\frac{1}{2},\frac{1}{4}\theta,\frac{1}{4}(1-\theta),\frac{1}{4}(1-\theta),\frac{1}{4}\theta\right)$$

然而，我们只观察到(y_1+y_2,y_3,y_4,y_5)，而不是$\boldsymbol{y}$，即只观察到$\boldsymbol{x}$。因此，我们取

$$X=(y_1+y_2,y_3,y_4,y_5)$$

取$Y=y_2$。

此时，完整数据的对数似然函数$l(\theta;X,Y)$为

$$l(\theta;X,Y)=C+y_2\ln\left(\frac{\theta}{4}\right)+(y_3+y_4)\ln\left(\frac{1-\theta}{4}\right)+y_5\ln\left(\frac{\theta}{4}\right)$$

其中C是包含所有不依赖于θ的项的常数。同时很显然Y的条件密度$f(Y|X,\theta)$为二项分布$B\left(y_1+y_2,\frac{\theta/4}{1/2+\theta/4}\right)$的密度函数。

现在根据EM算法可以实现：

(1) E步：根据

$$Q(\theta;\theta_{\text{old}})=E[l(\theta;X,Y)\mid X,\theta_{\text{old}}]$$

有

$$\begin{aligned}Q(\theta;\theta_{\text{old}})&=C+E[y_2\ln(\theta)\mid X,\theta_{\text{old}}]+(y_3+y_4)\ln(1-\theta)+y_5\ln(\theta)\\&=C+(y_1+y_2)p_{\text{old}}\ln(\theta)+(y_3+y_4)\ln(1-\theta)+y_5\ln(\theta)\end{aligned}$$

其中

$$p_{\text{old}}=\frac{\theta_{\text{old}}/4}{1/2+\theta_{\text{old}}/4}$$

(2) M步：我们现在最大化$Q(\theta;\theta_{\text{old}})$以找到$\theta_{\text{new}}$。对其取导数我们可以得到

$$\frac{\mathrm{d}Q}{\mathrm{d}\theta}=\frac{(y_1+y_2)}{\theta}p_{\text{old}}-\frac{(y_3+y_4)}{1-\theta}+\frac{y_5}{\theta}$$

令

$$\frac{\mathrm{d}Q}{\mathrm{d}\theta}=0$$

可以得到$\theta=\theta_{\text{new}}$，其中

$$\theta_{\text{new}}=\frac{y_5+p_{\text{old}}(y_1+y_2)}{y_3+y_4+y_5+p_{\text{old}}(y_1+y_2)}$$

上述方程定义了EM迭代，该迭代可以从一些选择的θ_{old}值开始。

例6.2 若观测到的数据为

$$X=(y_1+y_2,y_3,y_4,y_5)=(125,18,20,34)$$

试利用R语言编程，使用EM算法估计θ。

R 编程应用

```
# 输入观测数据
y12 <- 125
y3 <- 18
y4 <- 20
y5 <- 34
# 设置初值与最大循环数
theta <- NULL
theta[1] <- 0.5
max.kter <- 100
# 进行迭代
for (k in 1:max.kter){
  pk <- 0.25 * theta[k]/(0.5 + 0.25 * theta[k])
  theta[k + 1] <- (y5 + pk * y12)/(y3 + y4 + y5 + pk * y12)
  if(abs(theta[k + 1]- theta[k]) < 1e - 8)
    break
}
## 输出最终结果
>theta[length(theta)]
[1]0.6268215
```

由此可得,用 EM 算法估计 θ 的值为 0.626 821 5。

二、正态分布模型中 EM 算法应用

设 $Z=(x_1,\cdots,x_n)$是来自正态总体 $N(\mu,\sigma^2)$的完整数据,$X=(x_1,\cdots,x_m)$为观测数据,$Y=(x_{m+1},\cdots,x_n)$为潜在数据。

(1) E 步:基于完整数据 Z 的似然函数为

$$L(Z;\mu,\sigma^2)=\left(\frac{1}{2\pi\sigma^2}\right)^{n/2}\exp\left[-\sum_{j=1}^{n}\frac{(x_j-\mu)^2}{2\sigma^2}\right]$$

相应的对数似然函数为

$$l(Z;\mu,\sigma^2)=-\frac{n}{2}\log\sigma^2-\frac{n}{2}\log2\pi-\frac{1}{2\sigma^2}\sum_{j=1}^{n}x_j^2+\frac{\mu}{\sigma^2}\sum_{j=1}^{n}x_j-\frac{n\mu^2}{2\sigma^2}$$

基于观测数据 X 的条件对数似然函数为

$$\begin{aligned}Q(\mu,\sigma^2;\mu_{\text{old}},\sigma_{\text{old}}^2)&=E(l(Z;\mu,\sigma^2)\mid X;\mu_{\text{old}},\sigma_{\text{old}}^2)\\&=-\frac{n}{2}\log\sigma^2-\frac{n}{2}\log2\pi-\frac{1}{2\sigma^2}\sum_{j=1}^{m}x_j^2+\frac{\mu}{\sigma^2}\sum_{j=1}^{m}x_j-\frac{n\mu^2}{2\sigma^2}\\&\quad-\frac{1}{2\sigma^2}E\left(\sum_{j=m+1}^{n}x_j^2\mid X;\mu_{\text{old}},\sigma_{\text{old}}^2\right)\\&\quad+\frac{\mu}{\sigma^2}E\left(\sum_{j=m+1}^{n}x_j\mid X;\mu_{\text{old}},\sigma_{\text{old}}^2\right)\end{aligned}$$

(2) M 步:对 $Q(\mu,\sigma^2;\mu_{old},\sigma^2_{old})$关于 μ 和 σ^2 分别求导,可得

$$\frac{\partial Q(\mu,\sigma^2;\mu_{old},\sigma^2_{old})}{\partial\mu}=\frac{1}{\sigma^2}\sum_{j=1}^{m}x_j+\frac{1}{\sigma^2}E\left(\sum_{j=m+1}^{n}x_j\mid X;\mu_{old},\sigma^2_{old}\right)-\frac{n\mu}{\sigma^2}$$

$$\begin{aligned}\frac{\partial Q(\mu,\sigma^2;\mu_{old},\sigma^2_{old})}{\partial\sigma^2}=&-\frac{n}{2\sigma^2}+\frac{1}{2\sigma^4}\sum_{j=1}^{m}x_j^2-\frac{\mu}{\sigma^4}\sum_{j=1}^{m}x_j+\frac{n\mu^2}{2\sigma^4}\\&+\frac{1}{2\sigma^4}E\left(\sum_{j=m+1}^{n}x_j^2\mid X;\mu_{old},\sigma^2_{old}\right)\\&-\frac{\mu}{\sigma^4}E\left(\sum_{j=m+1}^{n}x_j\mid X;\mu_{old},\sigma^2_{old}\right)\end{aligned}$$

令偏导数分别等于 0,即

$$\frac{\partial Q(\mu,\sigma^2;\mu_{old},\sigma^2_{old})}{\partial\mu}=0$$

$$\frac{\partial Q(\mu,\sigma^2;\mu_{old},\sigma^2_{old})}{\partial\sigma^2}=0$$

得到迭代估计值 θ_{new}:

$$\mu_{new}=\frac{1}{n}\left(\sum_{j=1}^{m}x_j+E\left(\sum_{j=m+1}^{n}x_j\mid X;\mu_{old},\sigma^2_{old}\right)\right)$$

$$\sigma^2_{new}=\frac{1}{n}\left(\sum_{j=1}^{m}x_j^2+E\left(\sum_{j=m+1}^{n}x_j^2\mid X;\mu_{old},\sigma^2_{old}\right)\right)-\mu^2_{new}$$

给定 $\theta_{old}=(\mu_{old},\sigma^2_{old})$,若观测数据 X 和潜在数据 Y 独立,则

$$E\left(\sum_{j=m+1}^{n}x_j\mid X;\mu_{old},\sigma^2_{old}\right)=(n-m)\hat{\mu}_{old}$$

$$E\left(\sum_{j=m+1}^{n}x_j^2\mid X;\mu_{old},\sigma^2_{old}\right)=(n-m)(\hat{\mu}^2_{old}+\sigma^2_{old})$$

若观测数据 X 和潜在数据 Y 相关,则需要根据变量之间的相关性计算

$$E\left(\sum_{j=m+1}^{n}x_j\mid X;\mu_{old},\sigma^2_{old}\right)\text{ 和 }E\left(\sum_{j=m+1}^{n}x_j^2\mid X;\mu_{old},\sigma^2_{old}\right)$$

例 6.3　设 $Z=(x_1,\cdots,x_{1\,000})$是来自正态总体 $N(3,9)$的完整数据,其中 $X=(x_1,\cdots,x_{600})$是观测到的数据,$Y=(x_{601},\cdots,x_{1\,000})$是未观测到的数据,试利用 R 语言编程,使用 EM 算法估计 μ 和 σ^2。

R 编程应用	

# 设置种子数 	
set.seed(2023)
# 生成数据 	
n <- 1000
m <- 600
x <- rnorm(n,mean = 3,sd = 3)
	## 输出最终结果
	Estimated mean: 3.006466
	Estimated variance: 8.764003

```
  sx <- sum(x[1:m])
  sx2 <- sum(x[1:m]^2)
  mu_guess <- sx / m
  sigma2_guess <- (sx2 - m *mu_guess^2) / (m - 1)
# 使用无偏估计
  # 设置初值与最大循环数
  max.kter <- 100
  mu <- rep(mu_guess,max.kter)
  sigma2 <- rep(sigma2_guess,max.kter)
  # 进行迭代
  for (k in 1:(max.kter - 1)){
    s1 <- sx +  (n - m) * mu[k]
    s2 <- sx2 +  (n - m) * (mu[k]^2 +  sigma2[k])
    mu[k+ 1] <- s1 / n
    sigma2[k+ 1] <- s2 / n - mu[k+ 1]^2
    if(abs(mu[k+ 1] - mu[k]) < 1e - 8 &&
       abs(sigma2[k+ 1] - sigma2[k]) < 1e - 8)
      break
  }
  # 输出最终结果
  final_mu <- mu[k]
  final_sigma2 <- sigma2[k]
  cat("Estimated mean:",final_mu,"\ n")
  cat("Estimated variance:",final_sigma2,"\ n")
```

由此可知，用 EM 算法估计 μ 和 σ^2 的值分别为 3.006 466 和 8.764 003。

三、混合正态分布模型中 EM 算法应用

估计混合正态分布模型的 MLE 是 EM 算法最常见的应用，通常用于聚类算法。设 $X=(X_1,\cdots,X_n)$ 中每个变量是独立同分布的随机变量，具有概率密度函数

$$f_x(x)=\sum_{j=1}^{m} p_j \frac{1}{\sqrt{2\pi\sigma_j^2}}\exp\left[-\frac{(x-\mu_j)^2}{2\sigma_j^2}\right]$$

其中对于所有的 j，$p_j \geqslant 0$，且 $\sum p_j=1$。该模型的参数为 p_j，μ_j 和 σ_j。

在本例中，我们使用 EM 算法，而不是通过数值优化的方法来寻找这些参数的最大似然估计。首先，假设还存在随机变量 Y，其中

$$P(Y=j)=p_j,\quad j=1,\cdots,m$$

Y 的取值决定了从 m 个正态分布中哪一个产生对应的 X 值，且共有 n 个这样的随机变量 $Y=(Y_1,\cdots,Y_n)$。

注意到

$$f_{x|y}(x_i \mid y_i=j,\theta)=\frac{1}{\sqrt{2\pi\sigma_j^2}}\exp\left[-\frac{(x_i-\mu_j)^2}{2\sigma_j^2}\right]$$

其中 $\theta=(p_1,\cdots,p_m,\mu_1,\cdots\mu_m,\sigma_1,\cdots,\sigma_m)$ 为未知参数向量。则似然函数为

$$L(\theta;X,Y)=\prod_{i=1}^{n}p_{y_i}\frac{1}{\sqrt{2\pi\sigma_{y_i}^2}}\exp\left[-\frac{(x_i-\mu_{y_i})^2}{2\sigma_{y_i}^2}\right]$$

EM 算法从初始猜测 θ_{old} 开始,然后按照如下步骤迭代 E 步和 M 步,直到收敛。

(1) E 步:首先需要计算

$$Q(\theta;\theta_{\text{old}})=E[l(\theta;X,Y)\mid X,\theta_{\text{old}}]$$

实际上,我们有

$$Q(\theta;\theta_{\text{old}})=\sum_{i=1}^{n}\sum_{j=1}^{m}P(Y_i=j\mid x_i,\theta_{\text{old}})\ln(f_{x|y}(x_i\mid y_i=j,\theta)P(Y_i=j\mid\theta))$$

其中

$$P(Y_i=j\mid x_i,\theta_{\text{old}})=p_{j,\text{old}}$$

由于

$$P(Y_i=j\mid x_i,\theta_{\text{old}})=\frac{P(Y_i=j,X_i=x_i\mid\theta_{\text{old}})}{P(X_i=x_i\mid\theta_{\text{old}})}$$
$$=\frac{f_{x|y}(x_i\mid y_i=j,\theta_{\text{old}})P(Y_i=j\mid\theta_{\text{old}})}{\sum_{k=1}^{m}f_{x|y}(x_i\mid y_i=k,\theta_{\text{old}})P(Y_i=k\mid\theta_{\text{old}})}$$

此时我们便可以计算 $Q(\theta;\theta_{\text{old}})$。

(2) M 步:通过将偏导数向量$\frac{\partial Q}{\partial\theta}$设为 0 来最大化 $Q(\theta;\theta_{\text{old}})$,并求解 θ_{new}。

经过代数运算,我们得到

$$\mu_{j,\text{new}}=\frac{\sum_{i=1}^{n}x_iP(Y_i=j\mid x_i,\theta_{\text{old}})}{\sum_{i=1}^{n}P(Y_i=j\mid x_i,\theta_{\text{old}})}$$

$$\sigma_{j,\text{new}}^2=\frac{\sum_{i=1}^{n}(x_i-\mu_j)^2P(Y_i=j\mid x_i,\theta_{\text{old}})}{\sum_{i=1}^{n}P(Y_i=j\mid x_i,\theta_{\text{old}})}$$

$$p_{j,\text{new}}=\frac{1}{n}\sum_{i=1}^{n}P(Y_i=j\mid x_i,\theta_{\text{old}})$$

给定一个初始估计值 θ_{old},EM 算法在 M 步和 E 步中循环迭代,在每个循环后设置 $\theta_{\text{old}}=\theta_{\text{new}}$,直到估计值收敛。

例 6.4 假定 X 服从如下混合正态分布

$$f_x(x)=\sum_{j=1}^{2}p_j\frac{1}{\sqrt{2\pi\sigma_j^2}}\exp[-(x-\mu_j)^2/2\sigma_j^2]$$

其中

$$p_1=0.3,\quad p_2=0.7,\quad \mu_1=1,\quad \sigma_1^2=3,\quad \mu_2=10,\quad \sigma_2^2=1$$

试利用 R 语言编程，使用 EM 算法估计 p_1、p_2 和 μ_1、σ_1^2，μ_2、σ_2^2。

R 编程应用	# 输出最终所求结果
(code below)	(output below)

R 编程应用

```
    # 设置种子数
    set.seed(2023)
    # 生成样本
    N <- 1000
    P <- rbinom(N,1,0.7)
    X <- rnorm(N,1,sqrt(3)) *(P == 0) + rnorm(N,10,
1) *(P == 1)
    # 设置初值与最大循环数
    p1 <- numeric(max.kter+ 1); p2 <- numeric(max.
kter+ 1)
    mu1 <- numeric(max.kter+ 1); mu2 <- numeric
(max.kter+ 1)
    sig1 <- numeric(max.kter+ 1); sig2 <- numeric
(max.kter+ 1)
    p1[1] <- 0.4; p2[1] <- 0.6
    mu1[1] <- 2; mu2[1] <- 5
    sig1[1] <- 4; sig2[1] <- 2
    max.kter <- 100
    # 进行迭代
    for (k in 1:max.kter){
      f1 <- dnorm(X,mu1[k],sqrt(sig1[k]))
      f2 <- dnorm(X,mu2[k],sqrt(sig2[k]))
      d1 <- p1[k]*f1 / (p1[k]*f1 + p2[k]*f2)
      d2 <- p2[k]*f2 / (p1[k]*f1 + p2[k]*f2)
      p1[k+ 1] <- mean(d1)
      p2[k+ 1] <- mean(d2)
      mu1[k+ 1] <- sum(X *d1) / sum(d1)
      mu2[k+ 1] <- sum(X *d2) / sum(d2)
      # 使用旧的 mu 值来计算方差
      sig1[k+ 1] <- sum((X - mu1[k])^2 *d1) / sum(d1)
      sig2[k+ 1] <- sum((X - mu2[k])^2 *d2) / sum(d2)
      # 检查收敛性
      if((abs(mu1[k+ 1]- mu1[k]) < 1e - 8) &
         (abs(mu2[k+ 1]- mu2[k]) < 1e - 8) &
         (abs(sig1[k+ 1]- sig1[k]) < 1e - 8) &
```

\# 输出最终所求结果

```
Estimated p1: 0.2791548
Estimated p2: 0.7208452
Estimated mu1: 0.8424748
Estimated mu2: 9.986434
Estimated sig1: 3.411713
Estimated sig2: 0.9788231
```

```
    (abs(sig2[k+ 1]- sig2[k]) < 1e - 8) &
    (abs(p1[k+ 1]- p1[k]) < 1e - 8) &
    (abs(p2[k+ 1]- p2[k]) < 1e - 8))
  break
}
# 列出结果
cat("Estimated p1:",p1[k+ 1],"\n")
cat("Estimated p2:",p2[k+ 1],"\n")
cat("Estimated mu1:",mu1[k+ 1],"\n")
cat("Estimated mu2:",mu2[k+ 1],"\n")
cat("Estimated sig1:",sig1[k+ 1],"\n")
cat("Estimated sig2:",sig2[k+ 1],"\n")
```

由此可得，用 EM 算法去估计 p_1、p_2 的值为 0.279 154 8、0.720 845 2；估计 μ_1、σ_1^2，μ_2、σ_2^2 的值为 0.842 474 8、3.411 713、9.986 434、0.978 823 1。

四、MCEM 算法

EM 算法由 E 步和 M 步两部分组成，其中 M 步一般来说较为简单，等同于完整数据的处理方式；而在 E 步中，期望的显式表达不是每次都能获得的，即使近似计算也非常困难，此时就可以使用蒙特卡罗(Monte Carlo)EM 算法，即 MCEM 算法。

MCEM 算法将 E 步调整为：

(1) MC 步：从 $p(Y|X,\theta_{\text{old}})$ 中独立同分布($i.i.d$)抽取 m 个缺失数据 $y_1,y_2,\cdots.y_m$；

(2) E 步：计算

$$\hat{Q}(\theta \mid X,\theta_{\text{old}})=\frac{1}{m}\sum_{i=1}^{m}\ln p(\theta \mid X,y_i)$$

由大数定律，当 m 充分大的时候，$\hat{Q}(\theta|X,\theta_{\text{old}})$ 与 $Q(\theta|X,\theta_{\text{old}})$ 很接近，从而在 M 步中通过对 $\hat{Q}(\theta|X,\theta_{\text{old}})$ 的极大化来替代对 $Q(\theta|X,\theta_{\text{old}})$ 的极大化。

在初期的 EM 迭代中一般使用较小的 m，随着迭代的进行逐渐增大 m 以减少在 $\hat{Q}(\theta|X,\theta_{\text{old}})$ 中引入的蒙特卡罗变异性。但是 MCEM 算法和普通的 EM 算法收敛方式不同。随着迭代的进行，θ 的值最终在真实的最大值附近跳跃，其精度依赖于缺失数据的数量 m。

习题六

1. (三硬币模型)假设有三枚硬币，分别记作 A、B、C。投掷这些硬币出现正面的概率分别是 p、q、r，进行如下投掷硬币试验：先掷硬币 A，根据投掷结果选出硬币 B 或硬币 C，硬币 A 的投掷结果为正面则选硬币 B，反之则选硬币 C；然后投掷选出的硬币，投掷硬币的结果，若出现正面记作1，出现反面则记作0；独立地重复10次实验，观测结果如下：

$$1,1,0,1,0,0,1,0,1,1$$

假设只能观测到投掷硬币的结果，不能观测投掷硬币的过程。如何估计投掷三枚硬币出现正面的概率，即三硬币模型的参数？

2. 根据上题的结论，若取迭代初始值为

$$p^{(0)}=0.3,\quad q^{(0)}=0.6,\quad r^{(0)}=0.5$$

试用R语言编程，求出三硬币模型参数 $\theta=(p,q,r)$ 的估计。

3. 假设孟德尔实验中，豌豆颜色的位点有两个等位基因A和a，又假设基因型AA和Aa的表现型为黄色，基因型aa的表现型为绿色。现随机获得一些豌豆样本，其中黄色豌豆数为 n_1，绿色豌豆数为 n_2。若 $n_1=42,n_2=8$，试用EM算法估计等位基因A的概率 $P(\mathrm{A})$。

4. 考虑医学数据中常见的删失数据。设有来自独立同分布正态总体 $N(\mu,4)$ 的样本 $X_1,X_2,\cdots,X_n$。假设 X_i 的负值被截掉了，即实际仅观测到

$$Y_i=\max\{0,X_i\},\ i\in\{1,2,\cdots,n\}$$

对处理后的样本进行重新排列，假定

$$Y_1,Y_2,\cdots,Y_m>0 \text{ 且 } Y_{m+1}=\cdots=Y_n=0$$

试使用EM算法根据重排后的样本 $Y_1,Y_2,\cdots,Y_n$ 估计参数 μ。

第七章

数据降维方法

多元统计分析简称多元分析，是对多元随机变量进行统计分析的理论和方法的总称。由于多元分析处理的是多变量（多指标）的统计问题，而较多的观测变量给问题的分析计算带来许多困难，我们自然希望用少量的综合变量代替原来较多的变量，并能基本反映原变量的信息。本章讨论的主成分分析、因子分析就是利用这种思想所产生的数据降维的多元分析法。

主成分分析和因子分析是两种常用的数据降维技术，它们在人工智能（AI）和大数据研究中有广泛的应用，它们可以帮助简化数据、提取关键信息、识别潜在结构，并在各种任务中提高模型的性能和效率。

主成分分析通过正交变换将一组可能存在相关性的变量转换成一组线性无关的变量，这组新的变量被称为主成分。主成分分析能够减少数据集中的维数，同时尽量保留原始数据的变异性，这对于在图像识别、基因组学等研究中高维数据集的处理非常有用。主成分分析通过提取主成分来去除原始数据中变量间的相关性，这对于后续的分析和模型建立很有帮助，它用于将高维数据压缩为较低维度的数据，从而减少数据的复杂性并保留最重要的信息，有助于数据的可视化和理解。在机器学习中，主成分分析常被用来提取特征，进而提高算法的性能；在图像处理中，它可用于图像压缩、特征提取和图像重建等任务，还可用于信号处理中的降噪、特征提取和模式识别等任务。在噪声过滤中，它可以帮助识别和过滤数据中的噪声，提高模型的准确性。

因子分析是一种建模技术，用于寻找观测变量背后的潜在关系，即"因子"。这些因子是不能直接观测到的隐变量，通常被假设为解释观测变量之间相关性的原因。因子分析在探索性数据分析中用于探索数据中的潜在结构，特别是在变量之间存在复杂相关性时，通过找到少数几个影响力较大的因子，可以简化数据集，减少需要分析的变量数量，有助于解释数据中的变异性，提供对现象更深入的理解。在心理学和社会科学研究中，常用于识别测量概念或构造的潜在维度，如智力、态度或个性特质。在信号处理领域，可以帮助识别多个传感器信号中的共同信号源。在市场研究中，因子分析可以用于分析消费者行为和市场趋势，识别潜在的市场因素并进行市场细分。在金融领域，可以用于资产组合管理、风险评估等金融领域的应用，帮助识别资产之间的关联性和共同风险因素。

在人工智能和大数据研究中，主成分分析和因子分析通常用于预处理阶段，帮助研究者和工程师理解数据的结构，减少数据的复杂性，并发现最重要的特征或因子。这些方法允许后续的机器学习算法更高效地运行，并可能提高模型的预测能力。然而，主成分分析和因子分析也有局限性，比如它们都是基于线性假设，可能不适用于所有的数据集或问题。此外，在应用这些方法时，重要的是要理解其背后的数学原理和假设，以避免错误的解释和应用。

第1节 主成分分析

一、主成分分析

定义 7.1 主成分分析是将研究对象的多个相关变量(指标)化为较少的、互不相关的综合变量(即主成分)的多元统计分析法，其作用在于通过降维来简化数据结构及揭示变量间的关系，一般用于诸如回归分析、因子分析和聚类分析等分析研究的中间环节。

定义 7.2 设所研究的多元数量指标 $x=(x_1,\cdots,x_m)'$ 为 m 维随机向量，其协差阵为 $\Sigma=(\sigma_{ij})_{m\times m}$。考虑其线性组合

$$y_i = a_i'x = \sum_{j=1}^{m} a_{ij}x_j,\quad i=1,\cdots,m$$

其中 $a_1=(a_{i1},\cdots,a_{im})'$ 为 m 维常向量。若我们用 y_i 作为原变量 x 的综合变量来代替 x，则称为原变量 x 的主成分。主成分 y_i 应尽可能多地反映原变量具有的信息，且彼此互不相关。

由于在概率统计上，随机变量 y_i 所具有的信息由其方差 $D(y_i)$ 来表示，其极端情形是：方差为0的随机变量不含任何信息，因为它已是常量而非随机变量。由此 y_i 作为 x 的主成分应满足

(1) 主成分 y_i 与 $y_j(i\neq j)$ 互不相关，即 $\mathrm{cov}(y_i,y_j)=a_i'\Sigma a_j=0$；

(2) y_i 的方差 $D(y_i)=a_i'\Sigma a_i$ 应达到最大值；

(3) $y_i=a_i'x$ 的系数应满足 $a_i'a_i=1(i=1,\cdots,m)$。

其中(3)对系数 a_i 的限制是为了避免 y_i 的方差的增大只是因 a_i 的增大而导致的情形。据此我们即可依次求 x 的主成分

$$y_1=a_1'x,\quad y_2=a_2'x,\quad \cdots,\quad y_m=a_m'x$$

其中 $y_i(1\leqslant i\leqslant m)$ 的求法为：在约束条件

$$a'a=1 \text{ 及 } a'\Sigma a_j=0,\quad (j=1,\cdots,i-1)$$

下求 a_i，使得 $D(y_i)=a'\Sigma a$ 在 $a=a_i$ 处达到最大值。

定理 7.1 设 $x=(x_1,\cdots,x_m)'$ 的协方差矩阵为 Σ，$\lambda_1\geqslant\lambda_2\geqslant\cdots\geqslant\lambda_m\geqslant 0$ 为 Σ 的特征值，$u_1,\cdots,u_m$ 为对应的单位特征向量，则 x 的第 i 主成分为

$$y_i = u_i'x,\quad i=1,\cdots,m$$

且

$$D(y_i)=\lambda_i,\quad \mathrm{cov}(y_i,y_j)=0(i\neq j),\quad (i,j=1,\cdots,m)$$

证明：用数学归纳法来证。对 $i=1$ 由主成分定义知，所求第一主成分 $y=a_1'x$ 的 a_1 应满足

$$a_1'\Sigma a_1=\max_{a'a=1}a'\Sigma a$$

这即在 $a'a=1$ 的条件下，求使得 $D(a'x)=a'\Sigma a$ 达到最大的 a_1。对此，用 Lagrange 乘子法，取 Lagrange 函数为

$$\varphi(a)=a'\Sigma a-\lambda(a'a-1)$$

令

$$\begin{cases}\dfrac{\partial\varphi}{\partial a}=\Sigma a-\lambda a=(\Sigma-\lambda)a=0\\ \dfrac{\partial\varphi}{\partial\lambda}=a'a-1=0\end{cases}$$

故所求 a_1 必为 Σ 的单位特征向量。设 a_1 对应的特征值为 λ^*，则由 $\Sigma a_1=\lambda^* a_1$ 两边左乘 a_1' 可推得

$$D(y_1)=a_1'\Sigma a_1=\lambda^* a_1'a_1=\lambda^*$$

要使 $D(y_1)=\lambda^*$ 达到最大，显然 λ^* 应为 Σ 的最大特征值 λ_1，a_1 为 λ_1 相应的单位特征向量 u_1，故定理对 $i=1$ 成立。

假设定理对 $i\leqslant k-1$ 成立，这即 x 的第 i 主成分为

$$y_i=u_i'x,\quad 且\ D(y_i)=\lambda_i,\quad \mathrm{cov}(y_i,y_j)=0\quad (i\neq j,i,j=1,\cdots,k-1)$$

则当 $i=k$ 时，应求 x 的第 k 主成分 $y_k=a_k'x$ 的 a_k，使得在

$$a'a=1,\quad a'\Sigma u_i=0,\quad i=1,\cdots,k-1$$

条件下，$D(y_k)=a'\Sigma a$ 在 $a=a_k$ 达到最大值。

现对 x 的协差阵 Σ 作谱分解

$$\Sigma=U'\Lambda U=(u_1,\cdots,u_m)\mathrm{diag}\{\lambda_1,\cdots,\lambda_m\}(u_1,\cdots,u_m)'=\sum_{i=1}^{m}\lambda_i u_i u_i'$$

其中 λ_i、u_i 为 Σ 的对应特征值、单位特征向量，且满足

$$\lambda_1\geqslant\lambda_2\geqslant\cdots\geqslant\lambda_m\geqslant 0$$

则对 $i=1,\cdots,k-1$，有

$$0=a'\Sigma u_i=a'\Big(\sum_{j=1}^{m}\lambda_j u_j u_j'\Big)u_i=\sum_{j=1}^{m}\lambda_j a'u_j(u_j'u_i)=\lambda_i a'u_i$$

故

$$a'\Sigma a=a'\Big(\sum_{j=1}^{m}\lambda_i u_i u_i'\Big)a=\sum_{i=1}^{k-1}(\lambda_i a'u_i)u_i'a+\sum_{i=k}^{m}\lambda_i a'u_i u_i'a=a'\Big(\sum_{i=k}^{m}\lambda_i u_i u_i'\Big)a=a'\Sigma_k a$$

其中

$$\Sigma_k=(u_k,\cdots,u_m)\operatorname{diag}\{\lambda_k,\cdots,\lambda_m\}(u_k,\cdots,u_m)'$$

由此,所求 a_k 应满足

$$a'_k\Sigma a_k=\max_{a'a=1}a'\Sigma_k a$$

由 $i=1$ 时求解 a_1 的过程知,a_k 是对应于矩阵Σ_k 的最大特征值λ_k 的单位特征向量u_k,即 $y_k=u'_kx$,且 $D(y_k)=\lambda_k$。由于 $u_i,i=1,\cdots,m$ 为彼此正交的单位特征向量,则对 $i=1,\cdots,k-1$,有

$$\operatorname{Cov}(y_i,y_k)=u'_i\Sigma u_k=\sum_{j=1}^{m}\lambda_j(u'_iu_j)(u'_ju_i)=0$$

故对 $i=k$,定理成立。由归纳法原理可知定理成立。(证毕)

由该定理知,求 x 的主成分过程也即对 x 的协差阵$\Sigma=(\sigma_{ij})_{m\times m}$ 进行与谱分解求其单位特征向量过程。同时还易证明 x 的主成分 $y_i(i=1,\cdots,m)$具有如下性质:

(1) 对 $y=(y_1,\cdots,y_m)',\operatorname{Cov}(y)=\Lambda=\operatorname{diag}\{\lambda_1,\cdots,\lambda_m\}$;

(2) $$\sum_{i=1}^{m}\lambda_i=\sum_{i=1}^{m}\sigma_{ii}\left(\text{即}\sum_{i=1}^{m}D(y_i)=\sum_{i=1}^{m}D(x_i)\right)$$

(3) 主成分 y_k 与原变量 x_i 的相关系数$\rho(y_k,x_i)$称为因子负荷量,对此,我们有

$$\rho(y_k,x_i)=\frac{\sqrt{\lambda_k}u_{ik}}{\sqrt{\sigma_{ii}}},\quad \sum_{i=1}^{m}\sigma_{ii}\rho^2(y_k,x_i)=\lambda_k,\quad \sum_{k=1}^{m}\rho^2(y_k,x_i)=1$$

定义 7.3 在主成分分析中,我们称

$$\lambda_k\Big/\sum_{i=1}^{m}\lambda_i$$

为主成分的贡献率,而称

$$\sum_{j=1}^{m}\lambda_j\Big/\sum_{i=1}^{m}\lambda_i$$

为主成分 $y_1,\cdots,y_k(k\leqslant m)$的累积贡献率。其中 $\lambda_1\geqslant\lambda_2\geqslant\cdots\geqslant\lambda_m\geqslant 0$ 为原变量 x 的协方差矩阵Σ 的特征值。

由于主成分分析的目的在于用尽可能少的主成分 $y_1,\cdots,y_k(k\leqslant m)$来代替原变量 $x=(x_1,\cdots,x_m)'$,并充分反映原变量具有的信息,则主成分个数的 k 的选取可按下列准则之一进行:

(1) 选取 k,使得累积贡献率达 80%(或 70%)以上;

(2) 选取对应于 $\lambda\geqslant\bar{\lambda}$(或 1)的主成分,其中 $\bar{\lambda}$ 为Σ 的特征值均值。

同时还常考虑使主成分 $y=(y_1,\cdots,y_m)'$对于原变量 x_i 的贡献率

$$v_i=\sum_{k=1}^{m}\lambda_k u_{ik}^2\Big/\sigma_{ii},\quad (i=1,\cdots,m)$$

足够大,因该 v_i 表达了原变量 x_i 被提取的信息比例,其中 $u_i=(u_{i1},\cdots,u_{im})'$为$\Sigma$ 的单位特征向量。

在实际问题中，不同变量往往有不同的量纲，而方差(σ_{ii})大的变量一般对主成分结果的影响较大。为了消除量纲可能带来的不合理影响，常用变量标准化方法即从标准化随机变量

$$x_i^* = (x_i - E(x_i))/\sqrt{D(x_i)}, \quad (i=1,\cdots,m)$$

的协差阵即原变量 x 的相关阵 P 出发来求其主成分，其中

$$P=(\rho_{ij})_{m\times m}, \quad \rho_{ij}=\sigma_{ij}/\sqrt{\sigma_{ii}\sigma_{jj}}, \quad (i,j=1,\cdots,m)$$

此时求得的主成分与由协关阵 Σ 求得的主成分一般是不同的。

在实际应用中，通常 x 的协差阵及相关阵是未知的，需由 x 的样本来估计。设 x 的样本数据阵为

$$X=(x_{ij})_{m\times N}=(x_{(1)},\cdots,x_{(N)})'$$

则其样本协差阵 S 和样本相关阵 R 分别为

$$S=\frac{1}{N-1}\sum_{i=1}^{N}(x_{(i)}-\bar{x})'(x_{(i)}-\bar{x})=(s_{ij})_{m\times m}$$

$$R=(r_{ij})_{m\times m}; \quad 其中\ r_{ij}=S_{ij}/\sqrt{s_{ii}s_{jj}}, \quad (i,j=1,\cdots,m)$$

由于 S、R 分别为 x 的协差阵 Σ、相关阵 P 的极大似然无偏估计，且 S、R 的特征值和特征向量分别为 Σ、P 对应的特征值和特征向量的极大似然渐近无偏估计，故我们可按上述方法用样本协差阵 S 来代替 Σ，或以样本相关阵 R 代替 P 来进行主成分分析。

二、主成分分析的计算步骤及实例

下面我们给出主成分分析的算法步骤：

1° 对给出的样本数据阵中心化后设为 X，求出 Σ 的估计值即样本协差阵

$$S=\frac{1}{N-1}X'X=(s_{ij})_{m\times m}$$

再由 $S=(s_{ij})$ 计算样本相关阵

$$R=(r_{ij})_{m\times m} \quad (r_{ij}=s_{ij}/\sqrt{s_{ii}s_{jj}}, \quad i,j=1,\cdots m)$$

亦可先对样本作标准化处理得到标准化数据阵 X^*，再计算样本相关阵 $R=X^{*\prime}X^*$；

2° 用谱分解法求 R 的特征值：$\lambda_1\geqslant\lambda_2\geqslant\cdots\geqslant\lambda_m$ 和相应的单位特征向量 $u_1,\cdots,u_m$，并置小于 0 的 λ_i 为 0；

3° 求出 y_i 的方差 λ_i 及贡献率、累积贡献率，并根据累积贡献率的要求(或 $\lambda_i\geqslant1$)选取主成分的个数 k；

4° 写出所选取的主成分 $y_i=u_i'x$，$(i=1,\cdots,k)$，并给出其实际解释。

例 7.1(服装定型分类问题) 对 $n=128$ 个成年男子进行了体型测量,共测量了下列 16 个指标:x_1—身高,x_2—坐高,x_3—胸围,x_4—头高,x_5—裤长,x_6—下裆,x_7—手长,x_8—领围,x_9—前胸,x_{10}—后背,x_{11}—肩厚,x_{12}—肩宽,x_{13}—袖长,x_{14}—肋围,x_{15}—腰围,x_{16}—腿肚。现需从这 16 项指标中确定起主要作用的综合指标即主成分,以解决服装定型的分类问题。

由测量所得数据 $X=(x_{ij})_{128\times16}$ 进行标准化处理后求其协差阵即原数据的样本相关阵 R,其值如下所示。

$$R=\begin{bmatrix}
1.00 &&&&&&&&&&&&&&& \\
0.79 & 1.00 &&&& \text{对称} &&&&&&&&&& \\
0.36 & 0.31 & 1.00 &&&&&&&&&&&&& \\
0.96 & 0.74 & 0.38 & 1.00 &&&& \text{对称} &&&&&&&& \\
0.89 & 0.58 & 0.39 & 0.90 & 1.00 &&&&&&&&&&& \\
0.79 & 0.58 & 0.30 & 0.78 & 0.79 & 1.00 &&&& \text{对称} &&&&&& \\
0.76 & 0.55 & 0.35 & 0.75 & 0.74 & 0.73 & 1.00 &&&&&&&&& \\
0.26 & 0.19 & 0.58 & 0.25 & 0.25 & 0.18 & 0.24 & 1.00 &&&&&&&& \\
0.21 & 0.07 & 0.28 & 0.20 & 0.18 & 0.18 & 0.29 & -0.04 & 1.00 &&&&&&& \\
0.26 & 0.16 & 0.33 & 0.22 & 0.23 & 0.23 & 0.25 & 0.49 & -0.34 & 1.00 &&& \text{对称} &&& \\
0.07 & 0.21 & 0.38 & 0.08 & 0.02 & 0.00 & 0.10 & 0.44 & -0.16 & 0.23 & 1.00 &&&&& \\
0.52 & 0.41 & 0.35 & 0.53 & 0.48 & 0.38 & 0.44 & 0.30 & -0.05 & 0.50 & 0.24 & 1.00 &&&& \\
0.77 & 0.47 & 0.41 & 0.79 & 0.79 & 0.69 & 0.67 & 0.32 & 0.23 & 0.31 & 0.10 & 0.62 & 1.00 &&& \\
0.25 & 0.17 & 0.64 & 0.27 & 0.27 & 0.14 & 0.16 & 0.51 & 0.21 & 0.15 & 0.31 & 0.17 & 0.26 & 1.00 && \\
0.51 & 0.35 & 0.58 & 0.57 & 0.51 & 0.26 & 0.38 & 0.51 & 0.15 & 0.29 & 0.28 & 0.41 & 0.50 & 0.63 & 1.00 & \\
0.27 & 0.16 & 0.51 & 0.26 & 0.23 & 0.00 & 0.12 & 0.38 & 0.18 & 0.16 & 0.31 & 0.18 & 0.24 & 0.50 & 0.65 & 1.00
\end{bmatrix}$$

$x_1 \quad x_2 \quad x_3 \quad x_4 \quad x_5 \quad x_6 \quad x_7 \quad x_8 \quad x_9 \quad x_{10} \quad x_{11} \quad x_{12} \quad x_{13} \quad x_{14} \quad x_{15} \quad x_{16}$

由样本相关阵 R 求出其特征值及累积贡献率,如表 7.1 所示。

表 7.1 例 7.1 主成分分析特征值及累积贡献率表

序号	1	2	3	4	5	6	7	8
特征值 λ_i	7.03	2.61	1.66	0.84	0.77	0.64	0.58	0.46
累积贡献率(%)	44	60	70	76	80	85	88	90
序号	9	10	11	12	13	14	15	16
特征值 λ_i	0.36	0.31	0.24	0.22	0.17	0.14	0.07	0.04
累积贡献率(%)	93	95	96	97	98	99	100	100

现以 $\lambda_i\geqslant1$ 来选取主成分,则取前三个主成分,其累积贡献率为 70%,求出 $\lambda_1,\lambda_2,\lambda_3$ 所对应的单位化特征向量 u_1,u_2,u_3,即可得所求主成分 y_1,y_2,y_3 如表 7.2 所示。

表 7.2　例 7.1 主成分分析的主成分表

主成分	x_1^*	x_2^*	x_3^*	x_4^*	x_5^*	x_6^*	x_7^*	x_8^*
y_1	0.34	0.27	0.23	0.34	0.33	0.29	0.29	0.19
y_2	0.20	0.14	−0.33	0.18	0.20	0.27	0.19	−0.37
y_3	0.01	−0.06	0.14	0.03	0.03	−0.03	0.02	−0.15
主成分	x_9^*	x_{10}^*	x_{11}^*	x_{12}^*	x_{13}^*	x_{14}^*	x_{15}^*	x_{16}^*
y_1	0.09	0.15	0.10	0.24	0.32	0.18	0.27	0.16
y_2	0.07	−0.17	−0.35	−0.02	0.11	−0.37	−0.27	−0.36
y_3	0.63	−0.53	−0.20	−0.31	−0.02	0.25	0.14	0.24

由该表即得前三个主成分，如

$$y_1 = 0.34x_1^* + 0.27x_2^* + \cdots + 0.27x_{15}^* + 0.16x_{16}^*$$

其中 $x_1^*,\cdots,x_{16}^*$ 为原变量 $x_1,\cdots,x_{16}$ 的标准化变量。

R 编程应用

R 的基础安装包 stats 提供了 princomp()、factanal()等基础函数分别用于进行主成分分析和因子分析，其相关函数与说明表如表 7.3 所示。

表 7.3　主成分和因子分析相关的 R 语言基础函数

R 语言函数	函数主要参数的说明
princomp(x, covmat =, cor =, scores = TRUE) 进行主成分分析，得到的相应输出结果 summary(obj, loadings = TRUE, cutoff = 0) 给出主成分分析的主要输出结果 factanal(x, covmat =, factors, n.obs =, rotation ="varimax", scores = TRUE) 进行因子分析，得到的相应输出结果 screeplot(obj, type =, main =) 绘制主成分或因子分析的碎石图 eigen(x, only.values = TRUE) 计算矩阵的特征值和特征向量 cor(x, method =) 由向量或数据集生成相关系数(矩阵)等 matrix(data =, nrow = 1, ncol = 1, byrow = FALSE, dimnames = NULL) 由数据生成矩阵形式的数据集，其中 nrow = 和 ncol = 分别指定矩阵行列数。	x：用于分析的原始数据阵或者协方差矩阵等 covmat =：指定输入数据的协方差矩阵(包括相关系数矩阵) cor =：选 TRUE 指定用相关系数阵进行主成分分析 scores =：选 TRUE 计算主成分(或因子)得分 obj：主成分或者因子分析得到的输出结果 loadings =：选定 TRUE 将列出载荷系数矩阵 cutoff =：选 0 输出载荷阵所有系数，默认不输出 < 0.1 的系数 factors：设定因子的个数 n.obs =：设定样本观测数(输入数据为相关系数矩阵时要选定) rotation =：指定因子旋转方法(常用"varimax")，不旋转用"none" type =：碎石图类型，默认为条形图，选"lines"为点线状图 only.values =：选 TRUE 只输出特征值，否则同时输出特征向量 main =：碎石图的标题 method =：指定生成相关系数的类型："pearson"、"kendall"或者"spearman"之一。 dimnames =：指定生成矩阵的行、列的名称。 byrow =：选 FALSE 矩阵按列填写

下面给出本例主成分分析的 R 编程应用。

R 编程应用

```
> cor.matrix <- matrix(c(1.00,0.79,0.36,0.96,0.89,0.79,0.76,0.26,0.21,0.26,0.07,0.52,0.77,
0.25,0.51,0.27,+ ……
+ 0.65,0.27,0.16,0.51,0.26,0.23,0.00,0.12,0.38,0.18,0.16,0.31,0.18,0.24,0.50,0.65,
1.00),nrow = 16)
# 输入矩阵形式的数据集
> eigen(cor.matrix,only.value = TRUE)# 计算矩阵的特征值
> round(eigen(cor.matrix)$ values,3)
```

矩阵特征值的输出结果

```
[1] 7.065 2.588 1.615 0.858 0.781 0.622 0.475 0.454 0.378 0.305 0.247 0.207 0.171 0.146
0.064 0.025
```

输出的 16 个主成分的特征值中,其中前三个主成分的特征值大于 1。

```
> PCA <- princomp(covmat = cor.matrix) # 进行主成分分析并得到输出结果
> summary(PCA,loadings = TRUE,cutoff = 0) # 给出主成分分析的主要结果并用
   loadings = TRUE 要求给出载荷系数阵(默认系数<0.1 不予给出)
> screeplot(PCA) # 绘制主成分分析的碎石图
```

主成分分析的输出结果①:各主成分的标准差、方差贡献率、方差累积贡献率

Importance of components:

	Comp.1	Comp.2	Comp.3	Comp.4	Comp.5	…	Comp.16
Standard deviation	2.6579160	1.6086273	1.2707574	0.92612159	0.88364890	…	0.159106774
Proportion of Variance	0.4415323	0.1617301	0.1009265	0.05360632	0.04880221	…	0.001582185
Cumulative Proportion	0.4415323	0.6032624	0.7041890	0.75779529	0.80659750	…	1.000000000

主成分分析的输出结果②:主成分分析的载荷阵系数

Loadings:

	Comp.1	Comp.2	Comp.3	Comp.4	Comp.5	Comp.6	Comp.7	…	Comp.16
[1,]	0.341	0.198	0.018	0.135	0.101	0.075	0.075	…	0.774
[2,]	0.264	0.150	- 0.054	0.530	- 0.035	0.067	- 0.062	…	- 0.153
[3,]	0.238	- 0.324	0.134	- 0.112	- 0.263	0.016	- 0.155	…	0.081
…	…								
[15,]	0.266	- 0.273	0.125	0.001	0.395	0.038	- 0.032	…	0.112
[16,]	0.162	- 0.364	0.223	0.119	0.473	- 0.171	0.494	…	- 0.085

主成分分析的输出结果③:输出主成分分析的碎石图

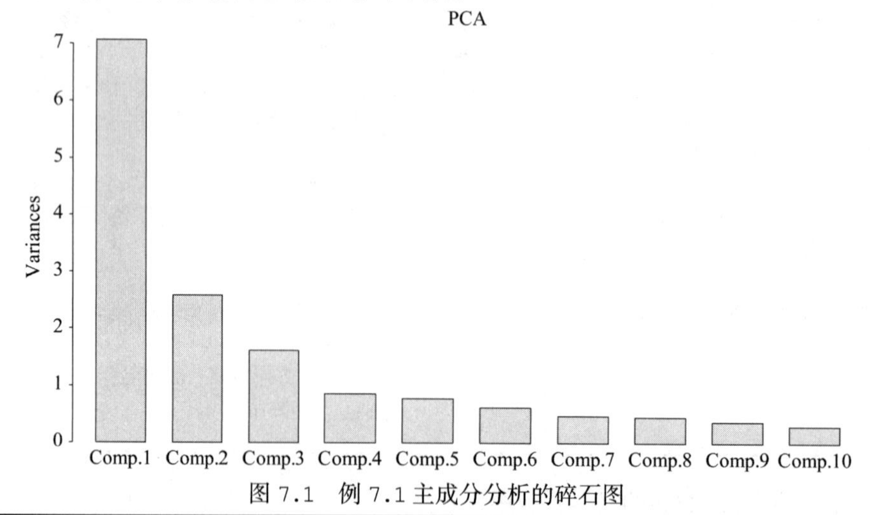

图 7.1　例 7.1 主成分分析的碎石图

上述主成分分析输出结果①中，**Standard deviation** 表示主成分的标准差，即对应特征值的平方根；**Proportion of Variance** 表示方差的贡献率；**Cumulative Proportion** 表示方差的累积贡献率。其中前三个主成分的特征值 λ_i 大于 **1**，其累积贡献率(**Cumulative Proportion**)为 **70.41%**，故主成分模型取前三个主成分。

主成分分析的输出结果②中 **Loadings** 给出了载荷阵系数即主成分表达式的系数，由此得到本例主成分模型的表达式为：

$$\text{Comp. }1 = 0.341x_1{}^* + 0.264x_2{}^* + 0.238x_3{}^* + \cdots + 0.266x_{15}{}^* + 0.162x_{16}{}^*$$

$$\text{Comp. }2 = 0.198x_1{}^* + 0.150x_2{}^* - 0.324x_3{}^* + \cdots - 0.273x_{15}{}^* - 0.364x_{16}{}^*$$

$$\text{Comp. }3 = 0.018x_1{}^* - 0.054x_2{}^* + 0.134x_3{}^* + \cdots + 0.125x_{15}{}^* + 0.223x_{16}{}^*$$

其中 $x_1{}^*$、$x_2{}^*$、…、$x_{16}{}^*$ 为原变量 $x_1, x_2, \cdots, x_{16}$ 的标准化变量。

主成分分析的输出结果③输出的碎石图是按各主成分的方差(即特征值)的大小依次排序的条形图，有助于最终确定主成分的个数。碎石图(**scree plot**)中的“**scree**”一词来自地质学，表示在岩层斜坡下方发现的小碎石，其地质学价值不高，可以忽略。本例前三个主成分大于 **1** 的特征值条形高度明显高于其后的特征值，故确定选取前三个主成分建立主成分分析模型，后面的主成分可以忽略不计。

主成分分析除了用基础包的 **princomp()** 函数，还可以使用 **pysch** 包的 **porincipal()** 函数等，可以提供更丰富的选项与输出结果，其输出结果形式与其他软件(**SAS** 和 **SPSS**)十分相似。可参见下一节的表 **7.5**。

最后我们考察一下所求主成分的实际意义。如表 **7.2** 所示，对第一主成分 y_1，其系数皆正，且均在 **0.1～0.35**，故可视为服装综合尺寸大小的因子；而第二主成分的系数有正有负，且正的主要是“长”的尺寸，如身高、坐高、头高等，而负的主要是“围”的尺寸，如胸围、领围、腰围等，故可看成反映人体胖瘦的形状因子；在第三主成分 y_3 中，其系数大多近似于 **0**，只有前胸、后背、肩宽的系数绝对值较大，故可作为反映人的姿态或体型(如驼背等)的因子。由此，我们将 **16** 项指标综合成大小、形状和体型三类综合指标即主成分，据此，我们即可将样本按这三个综合指标(主成分)进行分类，为服装的分类定型提供依据。

例 7.2　现有某中学 30 名学生身体四项指标(身高 $X1$、体重 $X2$、胸围 $X3$、坐高 $X4$)的数据如表所示，试利用 R 语言编程进行主成分分析，得到主成分分析的模型。

第2节 因子分析

因子分析是主成分分析的推广和发展，它是通过对协差阵或相关阵的内部依赖关系的研究，将一些具有一定关系的变量或样本归结为较少的几个不可观测的综合因子（又称主因子）的多元分析法。在因子分析中，不仅要确定主因子是什么，更主要的是要分析原变量与主因子的因果关系。因子分析是英国的 C. Spearman 于 1904 年首先提出并应用于智力测验得分的统计分析之中，目前它在心理学、社会学、经济学、生物学、地质学、医学等领域都有着广泛的应用。

一、因子分析模型

定义 7.4 设 $x=(x_1,\cdots,x_m)'$ 为 m 个原变量 x_i 组成的可观测随机变量，则 x 的具有 $k(\leqslant m)$ 个因子的因子分析模型为

$$\begin{cases} x_1 = a_{11}f_1+\cdots+a_{1k}f_k+\varepsilon_1 \\ \cdots \\ x_m = a_{m1}f_1+\cdots+a_{mk}f_k+\varepsilon_m \end{cases}$$

若用矩阵表示，则为

$$X = Af+\varepsilon \tag{7.1}$$

其中 $f=(f_1,\cdots,f_k)'$ 是由 x 的 k 个综合因子组成的不可观测随机向量，称为公共因子，其含义要根据具体问题来解释；$\varepsilon=(\varepsilon_1,\cdots,\varepsilon_m)'$ 称为特殊因子，也为不可观测的随机向量，其 ε_i 只对 x_i 起作用；矩阵 $A=(a_{ij})_{m\times k}$ 是待估计的系数阵，称为 x 在 f 上的因子载荷矩阵，其元素 a_{ij} 反映了因子 f_j 对变量 x_i 的影响大小，称为因子载荷。

对上述因子模型(7.1)，一般假设

$$\begin{cases} E(f)=0, \quad \mathrm{Cov}(f)=E(f'f)=I_k \\ E(\varepsilon)=0 \quad \mathrm{Cov}(\varepsilon)=E(\varepsilon'\varepsilon)=\mathrm{diag}\{\varphi_1^2,\cdots,\varphi_m^2\}\triangleq\Phi \end{cases} \tag{7.2}$$

且 ε_i 之间及 ε 与 f 之间均相互独立，则有

$$\mathrm{Cov}(\varepsilon,f)=E(\varepsilon'f)=0$$

此时，由于模型的公共因子之间相互正交，故又称为正交因子模型。

设 x 的协差阵为 $\Sigma=(\sigma_{ij})_{m\times m}$，由模型(7.1)、(7.2)可得协方差结构为

$$\mathrm{Cov}(x)=\Sigma=AA'+\Phi \tag{7.3}$$

且

$$\mathrm{Cov}(x,f)=A$$

分解式(7.3)又称为因子分析的基本公式。因子分析的最基本问题是由样本得到 Σ 的估计值 $\hat{\Sigma}$，用 $\hat{\Sigma}$ 代替 Σ，利用基本公式(7.3)，求出因子载荷阵 A，从而预测公共因子 f 并分析公

共因子在实际问题中的解释。上述基本公式(7.3)又可表为

$$\begin{cases}\sigma_{ij}=\sum_{l=1}^{k}a_{il}a_{jl} & (i\neq j,i,j=1,\cdots,m)\\ \sigma_{ii}=\sum_{l=1}^{k}a_{il}^{2}+\varphi_{i}^{2}=h_{i}^{2}+\varphi_{i}^{2}, & (i=1,\cdots,m)\end{cases}$$

其中

$$h_{i}^{2}\triangleq\sum_{l=1}^{k}a_{il}^{2}$$

为全部公共因子对 x_i 的总方差所作出的贡献,称为 x_i 的公共(因子)方差或共同度;而 φ_i^2 为 Φ 的对角元素,称为 x_i 的特殊(因子)方差。显然,若 h_i^2 大,φ_i^2 必小。当 $h_i^2=\sigma_{ii}$ 时,x_i 由公共因子的线性组合表示;当 $h_i^2\approx 0$ 时,表明公共因子对 x_i 影响很小,x_i 主要由特殊因子 ε_i 来描述。可见 h_i^2 反映了变量 x_i 对公共因子 f 的依赖程度。

另一方面,若记 $A=(a_1,\cdots,a_k)$,显然 A 的第 j 列 a_j 反映了因子 f_j 对 x 的影响,故 a_j 的元素平方和

$$q_{j}^{2}=\sum_{l=1}^{m}a_{lj}^{2}=a_{j}'a_{j}$$

称为因子 f_j 对 x 的方差贡献,可用来衡量因子 f_j 的相对重要性。显然 q_j^2 越大,表明 f_j 对 x 的贡献越大。故在求得载荷阵 A 后,即可依 q_j^2 的大小顺序,提取出最有影响的公共因子。

二、因子模型的参数估计法

给定原变量 $x=(x_1,\cdots,x_m)'$的一组观测值

$$x^{(i)}=(x_{i1},\cdots,x_{im})',\quad i=1,\cdots,n$$

现需由此建立含较少因子 f 的模型(7.1),使其近似满足协方差结构(7.2)。为此我们以样本协差阵

$$S=\frac{1}{n-1}\sum_{i=1}^{n}(x^{(i)}-\bar{x})'(x^{(i)}-\bar{x})\triangleq(s_{ij})_{m\times m}\tag{7.4}$$

$$\left(\text{其中}\bar{x}=\frac{1}{n}\sum_{i=1}^{n}x^{(i)}\right)$$

作为 Σ 的估计,代入(7.2)式,用来估计公共因子个数 k、因子载荷阵 $A=(a_{ij})_{m\times m}$ 和特殊方差 $\varphi_i^2(i=1,\cdots,m)$,从而得到因子模型的解。

下面我们介绍三种常用的因子模型估计法:主成分法、主因子法和极大似然法。

(一) 主成分法

设 $\lambda_1\geqslant\lambda_2\geqslant\cdots\geqslant\lambda_m$ 为 $\Sigma=(\sigma_{ij})_{m\times m}$ 的特征值,$u_1,\cdots,u_m$ 为相应的单位正交化特征向量,则 Σ 有谱分解式

$$\Sigma=\sum_{i=1}^{m}\lambda_i u_i u_i'=(\sqrt{\lambda_1}u_1,\cdots,\sqrt{\lambda_m}u_m)\begin{bmatrix}\sqrt{\lambda_1}u_1\\ \vdots\\ \sqrt{\lambda_m}u_m\end{bmatrix}=AA'$$

该分解表示在因子模型(7.1)中,$k=m$,因子载荷阵

$$A=(\sqrt{\lambda_1}u_1,\cdots,\sqrt{\lambda_m}u_m)$$

而特殊方差 $\varphi_i^2=0(i=1,\cdots,m)$,这即

$$\Sigma=AA'+0$$

上式虽精确,但无实用价值。因为因子分析的目的在于寻找较少的公共因子来解释协方差结构的因子模型。

为此,我们选取适当的 $k(<m)$,取因子模型的主成分解为

$$\begin{cases}A=(\sqrt{\lambda_1}u_1,\cdots,\sqrt{\lambda_k}u_k)\triangleq(a_{ij})_{m\times k}\\ \varphi_i^2=\sigma_{ii}-\sum_{j=1}^{k}a_{ij}^2,\quad(i=1,\cdots,m)\end{cases}\tag{7.5}$$

则有

$$\Sigma\approx AA'+\mathrm{diag}\{\varphi_1^2,\cdots,\varphi_m^2\}\triangleq AA'+\Phi\tag{7.6}$$

可以证明,该近似式的误差平方和

$$EE'=(\Sigma-AA'-\Phi)'(\Sigma-AA'-\Phi)\leqslant\lambda_{k+1}^2+\cdots+\lambda_m^2$$

显然,当 k 选得适当时,该误差平方和即可很小。而 k 的选取准则主要有以下几种:

(1) 根据问题的实际意义或专业理论知识;

(2) 选取最小的 k 使得

$$\sum_{i=1}^{k}\lambda_i\Big/\sum_{j=1}^{m}\lambda_j\geqslant 0.8(\text{或 }0.70)$$

(3) 选取满足

$$\lambda_i\geqslant\bar{\lambda}\left(\bar{\lambda}=\frac{1}{m}\sum_{j=1}^{m}\lambda_j\right)$$

的特征值个数。

当 Σ 未知时,用其样本协差阵 S(见(7.4))作为 Σ 的估计值,将 S 的特征值 $\hat{\lambda}_1\geqslant\cdots\geqslant\hat{\lambda}_m$ 及相应特征向量 $\hat{u}_1\geqslant\cdots\geqslant\hat{u}_m$,代替上述 Σ 的特征值、特征向量即可得相应于因子模型的主成分解:

因子载荷阵

$$\hat{A}=(\sqrt{\hat{\lambda}_1}\hat{u}_1,\cdots,\sqrt{\hat{\lambda}_k}\hat{u}_k)\triangleq(\hat{a}_{ij})_{m\times k}$$

特殊方差

$$\hat{\varphi}_i^2 = s_{ii} - \sum_{j=1}^{k} \hat{a}_{ij}^2, \quad (i=1,\cdots,m)$$

共同度

$$\hat{h}_i^2 = \hat{a}_{i1}^2 + \cdots + \hat{a}_{ik}, \quad i=1,\cdots,m$$

在实际应用中，为避免量纲的影响，即避免有较大方差的变量对因子载荷阵 A 可能产生的过程影响，我们常对数据进行标准化变换，变换后的样本协差阵为样本相关阵 R：

$$R = (r_{ij})_{m\times k}, \quad (\text{其中 } r_{ij} = s_{ij}/s_{ii}s_{jj}, \quad i,j=1,\cdots,m)$$

从 R 出发可类似地得到 R 的因子分析主成分解，其公共因子的个数 k 可由

$$\sum_{i=1}^{k} \hat{\lambda}_i / m \geqslant 0.8 \text{ 或 } \hat{\lambda}_i \geqslant 1$$

的特征值个数来确定。

(二) 主因子法

因子模型的主因子法是上述主成分法的推广和修正，其求解原则是在全部公共因子中，选取 k 个($k \leqslant m$)公共因子 f_j，使其对原变量 x 的方差贡献

$$q_j^2 = \sum_{l=1}^{k} a_{lj}^2 = a_j' a_j, \quad (j=1,\cdots,k)$$

达到最大，由此来求出模型的因子载荷阵 $A=(a_{ij})_{m\times k}$。

实际求解时，可如下进行。考虑由相关阵 $R=(r_{ij})_{m\times m}$ 出发的因子模型

$$R = AA' + \Phi, \quad \text{即 } R - \Phi = AA'$$

若已有特殊方差阵 Φ 的估计

$$\hat{\Phi} = \mathrm{diag}\{\hat{\varphi}_1^2, \cdots, \hat{\varphi}_m^2\}$$

则由

$$r_{ii} = 1 = h_i^2 + \hat{\varphi}_i^2$$

若在 R 中用

$$h_i^2 = 1 - \hat{\varphi}_i^2$$

代替其对角元素即可得约化相关阵

$$R^* = \begin{bmatrix} \hat{h}_1^2 & r_{12} & \cdots & r_{1m} \\ r_{21} & \hat{h}_2^2 & \cdots & r_{2m} \\ \cdots & & & \\ r_{m1} & r_{m2} & \cdots & \hat{h}_m^2 \end{bmatrix}$$

因

$$R^* \triangleq R-\hat{\Phi}=AA'$$

为非负定阵，秩为 k，故存在正交阵 U，使得

$$U'R^*U=\mathrm{diag}\{\lambda_1^*,\cdots,\lambda_k^*,0,\cdots,0\}\triangleq \Lambda$$

其中 $\lambda_1^*\geqslant\cdots\geqslant\lambda_k^*>0$ 为 R^* 的正特征值。若取 U 的前 k 列为 U_1

$$\Lambda_1=\mathrm{diag}\{\lambda_1^*,\cdots,\lambda_k^*\}$$

则有

$$R^*=U\Lambda U'=U_1\Lambda_1U_1'=\left(U_1\Lambda_1^{\frac{1}{2}}\right)\left(U_1\Lambda_1^{\frac{1}{2}}\right)'$$

则

$$A=U_1\Lambda_1^{\frac{1}{2}}=U_1\mathrm{diag}\{\sqrt{\lambda_1^*},\cdots,\sqrt{\lambda_k^*}\}$$

即为所求因子模型的主因子解。而主因子法也即用约化相关阵 R^* 的前 k 个单位正交化特征向量

$$\sqrt{\hat{\lambda}_i}\,\hat{u},\quad i=1,\cdots,k$$

来得到 A 的一个估计

$$\left(U_1\Lambda_1^{\frac{1}{2}}\right)$$

显然，主因子法求解时首先应得到 Φ 的估计

$$\hat{\Phi}=\mathrm{diag}\{\hat{\varphi}_1^2,\cdots,\hat{\varphi}_m^2\}$$

也即共同度的估计

$$\hat{h}_i^2=1-\hat{\varphi}_i^2\quad(i=1,\cdots,m)$$

而常用的估计法有：

(1) 取

$$\hat{\varphi}_i^2=\frac{1}{\tilde{r}_{ii}}$$

其中 $\tilde{r}_{ii}$ 为 R^{-1} 的对角元素，$i=1,\cdots,m$，此时

$$\hat{h}_i^2=1-\hat{\varphi}_i^2=1-\frac{1}{\tilde{r}_{ii}}$$

(2) 取

$$\hat{h}_i^2=\max_{j\neq i}\{|r_{ij}|\}$$

(3) 取 $\hat{\Phi}=0$,即用 R 作为 R^* 的估计,此时主因子解就是主成分解。

而主因子个数 k 的确定,可选用下列准则进行:

(1) (Kaiser-Guffman)取 R^* 的 $\lambda_i^*\geqslant 1$ 的特征值个数;

(2) 取满足

$$\sum_{i=1}^{k}\lambda_i^*/m\geqslant 0.8(\text{或 }0.7)$$

的最小 k 值;

(3) 由于

$$\Phi=R-AA'$$

为对角阵,故可取 k 值,使得

$$R-AA'=R-\sum_{i=1}^{k}\lambda_i^* u_i^* u_i^{*\prime}$$

为(近似)对角阵。

显然,上述方法可类似地用于从样本协差阵 $\hat{\Sigma}=S$ 出发的因子分析问题。

(三) 极大似然估计法

若假定公共因子 f 和特殊因子 ε 服从正态分布,则可得到因子模型的极大似然估计。设样本观测值 $x^{(1)},\cdots,x^{(n)}$ 来自正态总体 $N(0,\Sigma)$,

$$\Sigma=AA'+\Phi$$

利用 Σ 的极大似然估计

$$\hat{\Sigma}=\frac{n-1}{n}S$$

其(A,Φ)的对数似然函数为

$$\begin{aligned}\ln L(A,\Phi)&=c-\frac{1}{2}n\ln|\Sigma|+\frac{1}{2}\text{tr}(\Sigma^{-1}n\hat{\Sigma})\\&=c-\frac{1}{2}n\cdot\ln|AA'+\Phi|+\frac{n-1}{2}\text{tr}[(AA'+\Phi)^{-1}S]\end{aligned}$$

其中 c 为常数。可以证明,所示因子模型的极大似然估计 $\hat{A}$、$\hat{\Phi}$ 应满足

$$\begin{cases}\Sigma\hat{\Phi}^{-1}\hat{A}=\hat{A}(I_k+\hat{A}'\hat{\Phi}^{-1}\hat{A})\\ \hat{\Phi}=\text{diag}\{\hat{\Sigma}-\hat{A}\hat{A}'\}\end{cases}\tag{7.7}$$

其中解 $\hat{A}$ 可通过约束

$$\hat{A}'\hat{\Phi}^{-1}\hat{A}=\text{对角阵}\tag{7.8}$$

使之唯一确定。方程组(7.7)一般用迭代法来求解,其求解步骤为:

1° 选取 Φ 的初始值 Φ_0(Joreskog 建议取)

$$\varphi_i^0=\left(1-\frac{k}{2m}\right)\frac{1}{\bar{s}_{ii}}$$

其中 $\bar{s}_{ii}$ 为 S^{-1} 的对角元素;

2° 对 $i=0,1,2,\cdots$,做(直到解稳定):

① 求

$$\Phi_i^{-\frac{1}{2}}\hat{\Sigma}\Phi_i^{-\frac{1}{2}}$$

的特征值 $\lambda_1\geqslant\cdots\geqslant\lambda_m$ 和相应特征向量 $u_1,\cdots,u_m$,并令

$$\Lambda_1=\mathrm{diag}\{\lambda_1,\cdots,\lambda_k\},\quad U_1=(u_1,\cdots,u_k)$$

② 计算

$$A_i=\Phi_i^{\frac{1}{2}}U_1(\Lambda_1-I_k)^{\frac{1}{2}}$$

③ 由 $\ln L(A_i,\Phi)$ 对 Φ 求极大值从而得 Φ_{i+1}。

可以验证,该迭代步骤中的 (A_i,Φ_i) 满足(7.7)的第一式及(7.8),且在模型正确时收敛到所需的极大似然估计 $(\hat{A},\hat{\Phi})$。

三、因子旋转

上述因子分析所得的因子载荷阵并非唯一的。设 T 为任一 m 阶正交阵,

$$T'T=TT'=I$$

则因子模型(7.1)可表为

$$x=(AT)(T'f)+\varepsilon=A^*f^*+\varepsilon$$

其中

$$A^*=AT,\quad f^*=T'f$$

满足模型假设(7.2)且具有与 A、f 相同的协方差结构:

$$\Sigma=(AT)(T'A')+\Phi=A^*A^{*\prime}+\Phi$$

这表明 $A^*=AT$ 也为因子模型的解,可视为 x 在正交变换后的公共因子

$$f^*=T'f$$

上的因子载荷阵。正交变换 T 可视为对因子 f 的正交旋转,通常我们用"易于解释"的准则来确定 T,使得正交旋转后的新因子

$$f^*=T'f$$

具有更鲜明的实际意义。

下面我们主要介绍方差最大的正交旋转法,并简单介绍一下其他正交旋转法及斜交旋转法。

(一) 方差最大正交旋转法

方差最大的正交旋转,即将各因子轴旋转到一恰当位置,使每个变量在旋转后的因子轴上的投影向最大、最小两极分化,从而使每个因子只与较少的变量有较大的相关性,如此得到的公共因子综合性强,且易作出实际解释。由于 f_i^* 对 x 的影响完全反映在

$$A^*=(a_{ij}^*)_{m\times m}$$

的第 i 列

$$a_i^*=(a_{1i}^*,\cdots,a_{mi}^*)'$$

中,故 a_{ji}^* 越大,f_i^* 与 x_j 的相关性也越大。为使 f_i^* 只与少数变量有较大的相关性,可选取 a_i^*,使得以 $a_{1i}^{*2},\cdots,a_{mi}^{*2}$ 为数据的样本方差

$$V_i=\frac{1}{m}\sum_{j=1}^{m}\left[a_{ji}^{*2}-\left(\frac{1}{m}\sum_{l=1}^{m}a_{li}^{*2}\right)\right]^2$$

尽量大,从而使 a_i^* 的元素绝对值大小的差别增大以达到目的。为使所有因子均具有该特点,我们应选取正交变换 T,使得在 $A^*=AT$ 时,

$$V=\sum_{i=1}^{k}V_i=\frac{1}{m}\sum_{i=1}^{k}\sum_{j=1}^{m}\left[(a_{ji}^{*2}/h_j)^2-\frac{1}{m}\sum_{l=1}^{m}(a_{li}^{*2}/h_l)^2\right]^2 \tag{7.9}$$

达到最大值。其中

$$h_j^2=\sum_{i=1}^{k}a_{ji}^{*2}$$

为 x_j 的共同度,不随正交旋转变化。a_{ji}^{*2} 除以 h_j 是为了消除各变量对公共因子依赖程度不同的影响。由此得到的正交旋转就称为方差最大的正交旋转。

在实际应用时,我们可通过一系列简单的初等旋转变换(即 Givens 变换,参见线上资源:矩阵计算方法章节的第 3 节)

$$G_{st}=\begin{bmatrix}1 & & & & & & \\ & \ddots & & & & & \\ & & \cos\theta & & -\sin\theta & & \\ & & & 1 & & & \\ & & & & \ddots & & \\ & & & & 1 & & \\ & & \sin\theta & & \cos\theta & & \\ & & & & & \ddots & \\ & & & & & & 1\end{bmatrix}\begin{matrix} \\ \\ \cdots 第 s 行 \\ \\ \\ \\ \cdots 第 t 行 \\ \\ \\ \end{matrix}$$

来实现所需的正交旋转。若令 $A^* = AG_{st}$，则应选取 G_{st} 中的 θ，使得(7.9)的 V 达到最大。由

$$\frac{\partial V}{\partial \theta}=0$$

经计算可导出 θ 应满足

$$\operatorname{tg}(4\theta)=\frac{d-4ab/m}{c-(a^2-b^2)/m}=\frac{\alpha}{\beta} \tag{7.10}$$

其中

$$\begin{cases} v_i=[(a_{is}/h_i)^2-(a_{it}/h_i)^2], \quad w_i=2(a_{is}/h_i)/(a_{it}/h_i) \\ a=\sum_{i=1}^m v_i, \quad b=\sum_{i=1}^m w_i, \quad c=\sum_{i=1}^m (v_i^2-w_i^2), \quad d=2\sum_{i=1}^m v_i w_i \end{cases}$$

而 α、β 分别为 $\operatorname{tg}(4\theta)$ 的分子、分母，由 α、β 的符号即可确定 θ 所在象限(如表 7.4 所示)，由此即可解得 θ，即得到所需的 G_{st}。从几何上看，G_{st} 是关于因子对(f_s, f_t)所作的正交旋转。当因子数 $k>2$ 时，将全部因子两两配对作 $k(k-1)/2$ 次旋转，作为一轮循环。每轮循环只会使载荷阵各列平方的方差和 V 增大，如此反复配对旋转，直至方差 V 的增量很小。最后即得所需的因子载荷阵

$$A^* = AG_1\cdots G_l = AT, \quad (T \triangleq G_1\cdots G_l)$$

其中 G_i 是第 i 轮循环旋转时各初等旋转阵 G_{st} 的乘积。

表 7.4　旋转角 θ 所在象限表

α	β	象限	4θ 值的范围	θ 值的范围
+	+	1	$0\sim\pi/2$	$0\sim\pi/8$
+	−	2	$\pi/2\sim\pi$	$\pi/8\sim\pi/4$
−	−	3	$-\pi\sim-\pi/2$	$-\pi/4\sim-\pi/8$
−	+	4	$-\pi/2\sim0$	$-\pi/8\sim0$

(二) 其他正交旋转法

除了上述最常见的方差最大正交旋转法外，还有多种正交旋转法可用于旋转公共因子，使之结构简化，更易解释。这里我们再简单列举两种正交旋转法。

四次方最大的正交旋转法是使因子载荷阵的列向量内积达到最小，从而使其各列向量简化的正交旋转法。这即求

$$A^* \triangleq (a_{ij}^*)_{m\times m} = AT$$

使得

$$G_0=\sum_{0\leqslant s<t\leqslant k}\sum_{i=1}^m[(a_{is}^*/h_i)(a_{it}^*/h_i)]^2$$

达到最小。由于任一正交变换均不能改变 AA' 的值,故 AA' 的对角线上的各项也为常数,即

$$\left[\sum_{j=1}^{k}\sum_{i=1}^{k}(a_{ij}^{*}/h_{i})^{2}\right]^{2}=\text{常数}$$

而

$$\left[\sum_{j=1}^{k}\sum_{i=1}^{m}(a_{ij}^{*}/h_{i})^{2}\right]^{2}=\sum_{j=1}^{k}\sum_{i=1}^{m}(a_{ij}^{*}/h_{i})^{4}+G_{0}$$

则 G_0 的最小化就等价于(a_{ij}^{*}/h_{i})的四次方和

$$\sum_{j=1}^{k}\sum_{i=1}^{m}(a_{ij}^{*}/h_{i})^{4}$$

最大化,这即该正交旋转法名称的由来。

平均最大正交旋转法是使

$$H=\sum_{0\leqslant s<t\leqslant k}\left[\sum_{i=1}^{m}\left(\frac{a_{is}^{*}}{h_{i}}\right)^{2}\left(\frac{a_{it}^{*}}{h_{i}}\right)^{2}-\frac{k}{2m}d_{s}d_{t}\right]$$

在 $A^{*}=AT$ 达到最小的正交旋转法,其中

$$d_{l}=\sum_{j=1}^{m}(a_{jl}^{*}/h_{j})^{2}$$

该法通过正交旋转将使载荷阵的行向量趋于简化。

(三) 因子的斜交旋转

正交旋转适用于正交因子模型,即公共因子互不相关情形。但若实际应用中公共因子彼此相关时,则需用斜交旋转。此时旋转变换阵 T 不限于正交阵,而是一般非奇异阵($|T|\neq 0$),而因子模型(7.1)(7.2)相应地变为

$$X=(AT)(T^{-1}f)+\varepsilon=A^{*}f^{*}+\varepsilon$$
$$\mathrm{Cov}(f^{*})=E(f^{*\prime}f^{*})=(T'T)^{-1}$$

此时因子模型称为斜交因子模型,其中

$$f^{*}=T^{-1}f$$

为斜交因子,

$$A^{*}=AT$$

为 x 在斜交因子 f^{*} 上的因子载荷阵。因子的斜交旋转法也有多种,常用的有 Promax 法和 Harris-Kaiser 法(HK 法),旋转的目的依然是使因子载荷阵"结构简化",从而使斜交因子 f^{*} 更易解释。

这里我们仅列出用 Promax 法进行斜交旋转,求得因子载荷阵 A^{*} 的算法步骤:

1° 对初始因子载荷阵进行正交旋转得因子载荷阵 $A=(a_{ij})_{m\times m}$;

2° 对事先选定的 k 个整数 $n_1,\cdots,n_k$,由 $A=(a_{ij})$,按下式

$$d_{ij}=\mathrm{sign}(a_{ij})|a_{ij}|^{n_j},\quad(i=1,\cdots,m;\quad j=1,\cdots,k)$$

构造目标矩阵 $D=(d_{ij})_{m\times k}$；

3° 求方程 $AT=D$ 的最小二乘解 T；

4° 计算 $S\triangleq(s_{ij})_{m\times m}=(T'T)^{-1}$；

5° 构造 $H=\mathrm{diag}\{h_1,\cdots,h_k\}$，

其中 $h_i=\sqrt{s_{ii}}$，$(i=1,\cdots,k)$；

6° 计算斜交因子载荷阵 $A^*=ATH^{-1}$。

由于指定的目标阵 D 中，因子仅对少数变量有较高的相关性，故所求得的因子载荷阵 A^* 较为简化。

四、因子得分

得到了适当的因子模型后，我们即可考虑由原变量观测值来估计公共因子的值即因子得分问题。

(1) Thompson 因子得分

考虑用回归法来求因子得分。

对因子模型 $x=Af+\varepsilon$，

先假定 A、Φ 已知，又设

$$f\sim N_k(0,I_k),\quad \varepsilon\sim N_m(0,\Phi)$$

则

$$(x,f)\sim N(0,\Sigma^*)$$

其中

$$\Sigma^*=\begin{bmatrix}\Sigma & A\\ A' & I_m\end{bmatrix},\quad (\Sigma=AA'+\Phi)$$

则对给定的 x、f 的条件分布为多元正态分布，且

$$E(f\mid x)=A'\Sigma^{-1}x=A'(AA'+\Phi)^{-1}x$$
$$\mathrm{Cov}(f\mid x)=I_k-A'\Sigma^{-1}A=I_k-A'(AA'+\Phi)^{-1}A$$

其中 $A'\Sigma^{-1}$ 为 f 对 x 的多元多重回归系数。现以估计 $\hat{A}$、$\hat{\Phi}$ 代替 A、Φ 即得 $x=x^{(i)}$ 对应的因子得分 $\hat{f}^{(i)}$：

$$\hat{f}^{(i)}=\hat{A}'\hat{\Sigma}^{-1}x^{(i)}=\hat{A}'(\hat{A}\hat{A}'+\hat{\Phi})^{-1}x^{(i)}$$

实际应用时，通常用样本协差阵 S 或相关阵 R 代替

$$\hat{\Sigma}=\hat{A}\hat{A}'+\hat{\Phi}$$

即得回归法所得的因子得分

$$\hat{f}^{(i)}=\hat{A}'S^{-1}x^{(i)}\ \text{或}\quad \hat{f}^{(i)}=\hat{A}'R^{-1}\tilde{x}^{(i)}$$

其中 $x^{(i)}$ 为 x 的中心化样本，$\tilde{x}^{(i)}$ 为 x 的标准化样本。该因子得分一般称为 Thompson 因子

得分，是由 Thompson 提出的。

（二）Bartlett 因子得分

对因子模型

$$x = Af + \varepsilon$$

同样先假定 A、Φ 已知，并将特殊因子 ε 视为误差。现因 $\mathrm{Cov}(\varepsilon) = \Phi$ 未必为单位阵 I_m，故用加权最小二乘法来估计公共因子 f 的值。

在因子模型两边乘以 $\Phi^{-1/2}$ 得

$$\Phi^{-1/2}x = (\Phi^{-1/2}A)f + \Phi^{-1/2}\varepsilon$$

并记为

$$x^* = A^* f + \varepsilon^*$$

此时

$$\mathrm{Cov}(\varepsilon^*) = \mathrm{Cov}(\Phi^{-1/2}\varepsilon) = I_m$$

则模型已化为回归模型，用最小二乘法即可得 f 的估计为

$$\hat{f} = (A^{*\prime}A^*)^{-1}A^{*\prime}x = (A'\Phi^{-1}A)^{-1}A'\Phi^{-1}x$$

实际求解时，A、Φ 均未知，可用其 $\hat{A}$、$\hat{\Phi}$ 估计来代替。对中心化样本 $x^{(i)}$，其对应因子得分为

$$\hat{f}^{(i)} = (\hat{A}'\hat{\Phi}^{-1}\hat{A})^{-1}\hat{A}'\hat{\Phi}^{-1}x^{(i)}$$

该因子得分称为 Bartlett 因子得分。

若用主成分法求得因子载荷阵 $\hat{A}$ 时，则用不加权的最小二乘法来估计公共因子 f，此时所求因子得分为

$$\hat{f}^{(i)} = (\hat{A}'\hat{A})^{-1}\hat{A}'x^{(i)} = \left(u_1'x^{(i)}\Big/\sqrt{\hat{\lambda}_1}, u_2'x^{(i)}\Big/\sqrt{\hat{\lambda}_2}, \cdots, u_k'x^{(i)}\Big/\sqrt{\hat{\lambda}_k}\right)'$$

此时，因子得分 $\hat{f}^{(i)}$ 与由 $x^{(i)}$ 算出的主成分 $y^{(i)}$ 仅差系数 $1/\sqrt{\hat{\lambda}_j}$。

五、因子分析的计算步骤及实例

综上所述，以主成分法为例，可得因子分析的具体计算步骤：

1° 输入原变量 x 的观测数据阵并对其标准化，记之为 X；

2° 求 x 的样本相关阵

$$R = \frac{1}{N}X'X$$

3° 用 Jacobi 法求 R 的特征值 $\lambda_1 \geqslant \cdots \geqslant \lambda_m$ 及相应的单位特征向量 $u_1, \cdots, u_m$；

4° 确定公共因子的个数 k 值；

5° 计算初始因子载荷阵 $A = (a_1, \cdots, a_k)$，其中

$$a_i=\sqrt{\lambda_i}u_i,\quad i=1,\cdots,k$$

6° 计算共同度

$$H=(h_1^2,\cdots,h_m^2),\quad h_i^2=\sum_{j=1}^{k}a_{ij}^2,\quad i=1,\cdots,m$$

7° 求正交(旋转)因子解——因子的正交旋转：

① 用 h_i 除 A 的各元素 a_{ij} 使 A 正规化；

② 将 k 个因子两两配对进行旋转，由(7.10)得到相应的 G_{st} 的及正交变换 $G_i=G_{12}G_{13}\cdots G_{k-1,k}$、旋转因子载荷阵 $A_i^*=AG_i$ 和相应于 G_i 的相对方差和 $V_{(i)}$；

③ 以 A_i^* 作为新的载荷阵，重复②，直至对允许误差 δ，有

$$|V_{(i)}-V_{(i-1)}|<\delta$$

④ 将最后所得的因子载荷阵

$$A_l^*=(a_{ij}^{(l)})_{m\times m}$$

正规化还原：

$$A^*=(a_{ij}^{(l)}h_i)_{m\times m}$$

则 A^* 即为所示的正交因子载荷阵；

8° 计算因子得分，如可求 R^{-1} 从而得到因子得分矩阵

$$\hat{F}=(A^*)'R^{-1}X$$

例 7.3 M. Linden 于 1977 年在其 *A Factor Analytic Study of Olympic Decathlon Data* 一文中对二战以来的奥林匹克十项全能得分共 160 组数据进行了因子分析。他指出每项运动得分标准化后将服从或近似服从正态分布，由数据所得的样本相关阵为 R。

	100 米	跳远	铅球	跳高	400 米	110 米跨栏	铁饼	撑竿跳高	标枪	1500 米
$R=$	1.0	0.59	0.35	0.34	0.63	0.40	0.28	0.20	0.11	−0.07
		1.0	0.42	0.51	0.49	0.52	0.31	0.36	0.21	0.09
			1.0	0.38	0.19	0.36	0.73	0.24	0.44	−0.08
		对称		1.0	0.29	0.46	0.27	0.39	0.17	0.18
					1.0	0.34	0.17	0.23	0.13	0.39
						1.0	0.32	0.33	0.18	0.00
				对称			1.0	0.24	0.34	−0.02
								1.0	0.24	0.17
						对称			1.0	−0.00
										1.0

由 R 的前四个特征值：3.78，1.52，1.11 和 0.91 及相应的累积贡献：0.38，0.53，0.64，0.73，故取因子个数 $k=4$。

下面我们结合本例的 R 编程求解来介绍因子分析的 R 语言的编程应用。

R 编程应用

这里我们将调用 R 语言中的 psych 程序包的函数进行因子分析。psych 包中提供的主成分分析和因子分析相关函数包含了比基础函数更丰富的选项和输出结果。另外，它的函数输出的结果形式与其他统计软件(SAS 和 SPSS)的输出结果十分相似。psych 包中实用的与因子分析相关的函数如表 7.5 所示。

表 7.5　psych 包中因子分析相关的 R 语言函数

R 语言函数	主要参数的说明
principal(x,nfactors =,rotate =,scores = TRUE) 进行主成分分析，包括多种方差旋转法，产生输出结果 fa (x, nfactors =, n. obs =, rotate =, scores =,fm =) 进行因子分析，产生输出结果集 fa.parallel(x, fa =,n.iter =,main = "标题") 生成包含平行分析的碎石图，判断所需因子个数 factor.plot(obj,label =) 绘制因子分析或主成分分析的因子散点图 fa.diagram(obj,simple = TRUE) 绘制因子分析或主成分分析的载荷矩阵图 scree(x,factor = TRUE,pc = TRUE,main =标题) 绘制因子或主成分的碎石图	x:用于分析的相关系数矩阵或者原始数据阵 nfactors =:设定因子(或主成分)数(默认 1) rotate =:指定旋转方法(默认"varimax")，不旋转用"none" scores =:选 TRUE 计算因子(主成分)得分 fm =:设定提取公因子方法(默认是"minres") n.obs =:样本观测数(输入相关系数矩阵时要填写) fa =:对主成分(选"pc")或主因子(选"fa")分析或者两者(选"both")给出特征值结果。 main =:碎石图的标题 n.iter =:进行模拟分析的次数(例如 20) obj:因子分析的输出结果集 label =:图中变量的标签 simple =:选 TRUE 只显示每项的最大载荷

实际处理时可先通过碎石图函数 fa.parallel()选择合适的因子数目。在 fa.parallel()函数中，通过指定参数 fa= "fa"(因子)或者"pc"(主成分)，生成主成分分析或因子分析的碎石图，并可通过平行分析给出构成模型的主因子(或者主成分)的建议个数。

下面给出本例进行因子分析的 R 编程应用。

R 编程应用

```
> library(psych)# 调用程序包 psych
> cormat <- matrix(c(1.00,0.59,0.35,0.34,0.63,0.40,0.28,0.20,0.11,- 0.07,
+ ……
+   - 0.07,0.09,- 0.08,0.18,0.39,0.00,- 0.02,0.17,0.00,1.00),nrow = 10)# 输入相关系数矩阵数据
> eigen(cormat,only.values = TRUE)# 计算相关矩阵的特征值
  $ values(特征值输出结果)
[1] 3.7866080 1.5173025 1.1144095 0.9133682 0.7201090 0.5949818 …… 0.2074872
```

其方差的贡献(特征值)的累积比例为 0.37866　0.53039　0.64183　0.73316　0.79266 …。其中前三个特征值大于 1，其累积方差贡献为 73.316% 。

```
> colnames(cormat) <- c("100","跳远","铅球","跳高","400","跨栏","铁饼","撑竿","标枪","1500") # 为相关系数矩阵数据的列变量定义名称
> fa.parallel(cormat,fa ="fa",n.obs = 160,fm ="ml")# 绘制平行分析的因子碎石图，fa ="fa"表示进行因子分析，fm ="ml"表示用极大似然法建立因子模型。
```

平行分析建议因子数的输出结果:

```
Parallel analysis suggests that the number of factors = 4 and the number of components = Na
```

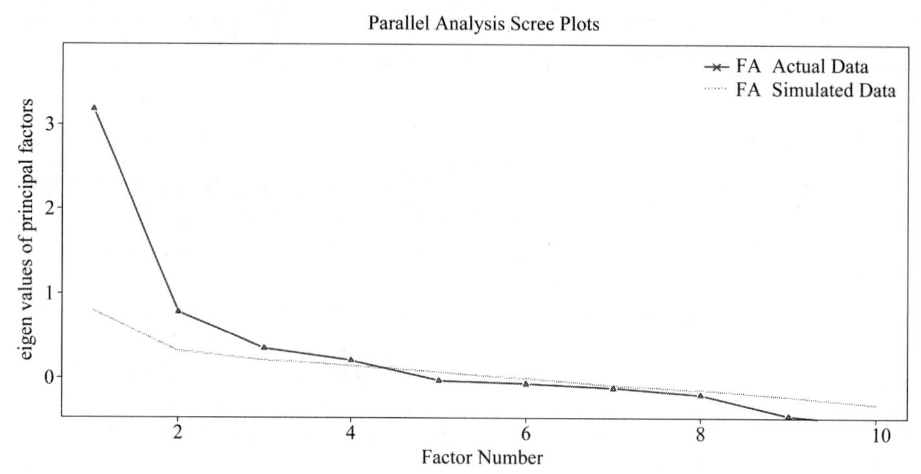

图 7.2　例 7.3 平行分析的因子碎石图

根据平行分析的建议结果,结合碎石图可选定因子模型的个数为前 4 个因子。

```
> Fa1 <- fa(r = cormat, nfactors = 4, n.obs = 160, rotate ="none", fm ="ml")
> Fa1 # 进行极大似然法("ml")的因子分析并得到不旋转(none)的初始因子模型结果
```

因子初始模型输出结果①:标准化的因子模型载荷系数、共同度(h2)、公因子残差(u2)

Standardized loadings (pattern matrix) based upon correlation matrix

	ML2	ML3	ML1	ML4	h2	u2	com
100	0.21	0.82	0.30	- 0.17	0.84	0.159	1.5
跳远	0.38	0.59	0.25	0.27	0.62	0.379	2.6
铅球	0.64	- 0.02	0.76	0.00	1.00	0.005	1.9
跳高	0.41	0.33	0.16	0.44	0.50	0.499	3.1
400	0.45	0.66	- 0.11	- 0.14	0.67	0.328	1.9
跨栏	0.26	0.42	0.26	0.39	0.46	0.539	3.4
铁饼	0.50	0.01	0.54	0.01	0.54	0.462	2.0
撑竿	0.31	0.22	0.06	0.39	0.30	0.699	2.6
标枪	0.31	- 0.02	0.31	0.09	0.21	0.795	2.2
1500	0.71	- 0.01	- 0.70	0.00	1.00	0.005	2.0

因子初始模型输出结果②:各因子的特征值、方差贡献率、累积贡献率、解释方差比、累积比

	ML2	ML3	ML1	ML4
SS loadings	1.98	1.79	1.72	0.63
Proportion Var	0.20	0.18	0.17	0.06
Cumulative Var	0.20	0.38	0.55	0.61
Proportion Explained	0.32	0.29	0.28	0.10
Cumulative Proportion	0.32	0.62	0.90	1.00

ML2 到 ML4 的 4 列标准化的因子载荷(Standardized loadings)系数结果表明,因子 2(ML2)在较多的项目(铅球、跳高、400 米、铁饼、1500 米)上的载荷较大(分别为 0.64、0.41、0.45、0.50、0.71),因子 3(ML3)在 100、跳远、400、跨栏项目上有较大的载荷(分别为 0.82、0.59、0.66、0.42),因子 1(ML1)在铅球、铁饼、1500 项目上有较大的载荷(分别为 0.76、0.54、- 0.70),因子 4(ML4)在跳高、跨栏、撑竿跳高项目上有较大的载荷(分别为 0.44、0.39、0.39)。由此可知,除了因子 2 可以大致认为是综合因子外,因子 1 和因子 3 意义不明。故需要进行因子旋转,以得到旋转后因子意义更明确的因子旋转模型。

h2 列为各变量的共同度;u2 列为特殊因子的方差,h2+ u2= 1。

因子分析初始模型输出结果②:SS loadings 为各因子的特征值即各因子的方差贡献;Proportion Var 为各因子的方差贡献率;Cumulative Var 为累积方差贡献率;Proportion Explained 为各因子的方差贡献占因子总方差的比例、Cumulative Proportion 为累积比例。

下面我们采用最常用的方差最大旋转法(varimax)进行因子正交旋转,求得因子旋转模型以便于各因子的解释。

```
> Fa2 <- fa(r = cormat,nfactors = 4,n.obs = 160,rotate= "varimax",fm= "ml");
> Fa2 # 进行极大似然法的因子分析并得到因子旋转(rotate= "varimax")模型
```

因子旋转模型输出结果①

Standardized loadings (pattern matrix) based upon correlation matrix

	ML1	ML3	ML4	ML2	h2	u2	com
100	0.17	0.86	0.25	- 0.14	0.84	0.159	1.3
跳远	0.24	0.48	0.58	0.01	0.62	0.379	2.3
铅球	0.96	0.15	0.20	- 0.06	1.00	0.005	1.1
跳高	0.24	0.17	0.63	0.11	0.50	0.499	1.5
400	0.06	0.71	0.24	0.33	0.67	0.328	1.7
跨栏	0.21	0.26	0.59	- 0.07	0.46	0.539	1.7
铁饼	0.70	0.13	0.18	- 0.01	0.54	0.462	1.2
撑竿	0.14	0.08	0.51	0.12	0.30	0.699	1.3
标枪	0.42	0.02	0.17	0.00	0.21	0.795	1.3
1500	- 0.05	0.06	0.11	0.99	1.00	0.005	1.0

因子旋转模型输出结果②:

	ML1	ML3	ML4	ML2
SS loadings	1.80	1.61	1.58	1.14
Proportion Var	0.18	0.16	0.16	0.11
Cumulative Var	0.18	0.34	0.50	0.61
Proportion Explained	0.29	0.26	0.26	0.19
Cumulative Proportion	0.29	0.56	0.81	1.00

我们还可以使用 fa.diagram()函数生成因子分析结果图,从而更直观地展示上述因子分析结果。

```
> Fa.diagram(Fa2,digits = 2)# 绘制反映各因子意义的因子分析结果图
```

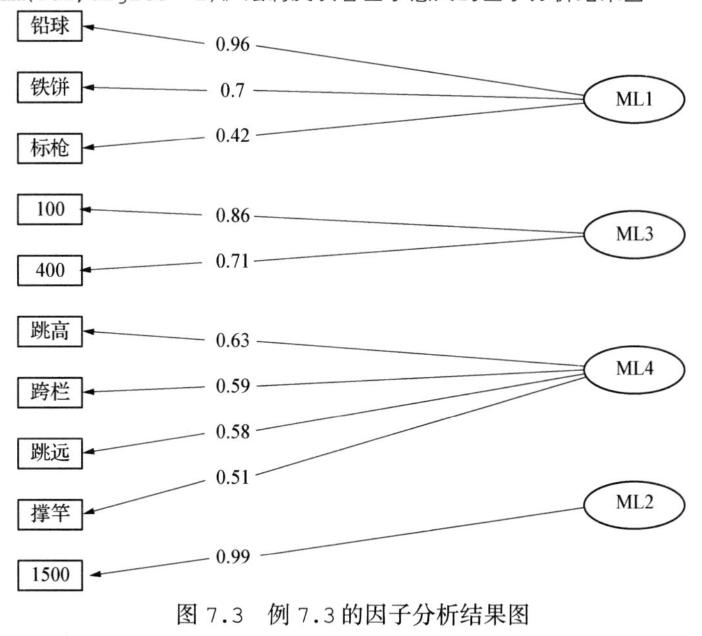

图 7.3 例 7.3 的因子分析结果图

由上述R编程的因子旋转模型输出结果①,可以得到本例因子分析的因子旋转模型为

X1(100米)= 0.17ML1+**0.86**ML3+0.25ML4-0.14ML2+ε

X2(跳远) = 0.24ML1+**0.48**ML3+**0.58**ML4+0.01ML2+ε

X3(铅球) = **0.96**ML1+0.15ML3+0.20ML4-0.06ML2+ε

X4(跳高) = 0.24ML1+0.17ML3+**0.63**ML4+0.11ML2+ε

X5(400米)= 0.06ML1+**0.71**ML3+0.24ML4+0.33ML2+ε

X6(跨栏) = 0.21ML1+0.26ML3+**0.59**ML4-0.07ML2+ε

X7(铁饼) = **0.70**ML1+0.13ML3+0.18ML4-0.01ML2+ε

X8(撑竿) = 0.14ML1+0.08ML3+**0.51**ML4+0.12ML2+ε

X9(标枪) = **0.42**ML1+0.02ML3+0.17ML4+0.00ML2+ε

X10(1 500米)= -0.05ML1+0.06ML3+0.11ML4+**0.99**ML2+ε

该模型表明,因子正交旋转后,ML1~ML4这四个因子仅在较少几个项目上有较大的系数,各因子的意义变得容易解释了。其中因子1(ML1)可称为臂力因子(铅球0.96、铁饼0.70、标枪0.42),因子3(ML3)可称为短跑速度因子(100米0.86、400米0.71、兼及跳远0.48),因子4(ML4)可称为腿力因子(跳高0.63、撑竿跳高0.51、跨栏0.59、跳远0.58)、因子2(ML2)可称为长跑耐力因子(1 500米0.99),可见由因子分析法得到的正交(旋转)因子其基本作用与田径运动的基本分类是一致的,该因子旋转模型可用于实际应用,而这四个因子对方差解释的累积贡献率(Cumulative Var)为61%。

例7.4 为了研究全国31个省市自治区某年城镇居民生活消费的分布规律,调查了各省市城镇居民在食品、衣着、设备、医疗、交通、教育、居住和杂项方面的8项消费情况,数据资料如表所示。根据调查资料进行区域消费类型划分。试用R语言编程对该调查数据资料进行区域消费类型的因子分析。

习题七

1. 比较主成分分析与因子分析模型的关系,说明其异同。能否将因子旋转方法用于主成分分析,使主成分具有更鲜明的实际背景?

2. 考虑等相关随机变量 x_1, x_2, x_3 的相关矩阵

$$P = \begin{bmatrix} 1 & \rho & \rho \\ \rho & 1 & \rho \\ \rho & \rho & 1 \end{bmatrix}$$

证明:该相关阵的特征值为

$$1+(\rho-1)\rho, \quad 1-\rho, \quad 1-\rho$$

其对应的单位特征向量可选为

$$u_1'=\left(\frac{1}{\sqrt{3}},\frac{1}{\sqrt{3}},\frac{1}{\sqrt{3}}\right),$$

$$u_2'=\left(\frac{1}{\sqrt{1\times 2}},\frac{-1}{\sqrt{1\times 2}},0\right),$$

$$u_3'=\left(\frac{1}{\sqrt{2\times 3}},\frac{1}{\sqrt{2\times 3}},\frac{-2}{\sqrt{2\times 3}}\right),$$

由此即可求其主成分及各主成分的贡献率。

3. 在关于海龟的大小和形状之间关系的研究中，测量了24个雄海龟壳的长、宽和高。在对原始数据作了对数变换之后，其样本均值为$\bar{x}'=(4.725,4.478,3.703)$，样本协差阵为

$$S=10^{-2}\begin{bmatrix}11.555 & 8.367 & 8.508\\ 8.367 & 6.697 & 6.264\\ 8.508 & 6.264 & 7.061\end{bmatrix}$$

试编制主成分分析程序，对其进行主成分分析。

4. 试比较三种常用的因子模型估计法的异同，并比较因子正交旋转与斜交旋转的适用范围及目的。

5. 在某市高考的理科考生中，抽取90名考生的成绩进行因子分析，以所考七门课程为变量，其样本相关系数矩阵为

	x_1	x_2	x_3	x_4	x_5	x_6	x_7
政治 x_1	1.00						
语文 x_2	0.35	1.00					
数学 x_3	0.15	0.34	1.00		对称		
物理 x_4	0.29	0.39	0.49	1.00			
化学 x_5	0.43	0.34	0.55	0.54	1.00		
外语 x_6	0.40	0.43	0.25	0.34	0.35	1.00	
生物 x_7	0.49	0.56	0.42	0.49	0.49	0.20	1.00

试用所编制的主成分法因子分析程序对其进行因子分析，并进行因子正交旋转，提取三个公共因子，并对公共因子进行解释。

第八章

数据分类方法

分类判别学是人们认识世界的基础科学，而分类判别问题也是人们经常遇到的问题。例如，在气象预报中，要根据已有的气象资料(气压、气温等)来判断明天是有雨还是无雨，是晴天还是阴天；在考古学中，要根据一些古生物化石进行科学的分类，在医学、生物学、经济学、社会经济统计等许多领域同样有很多分类判别问题。

本章将介绍的判别分析和聚类分析则是两种进行统计分类的多元统计分析方法，其中判别分析是在分类的类别事先已确定时将研究对象即样本进行判别归类，而聚类分析则是在研究对象的属类未知或知之甚少时，将其按数值分类法进行分类。它们作为数据科学和人工智能领域中常用的两种数据分析技术，在不同领域有着广泛的应用。

判别分析可用于模式识别任务，如图像识别、语音识别和手写识别等，在分类问题中起着重要作用，比如电子邮件的垃圾邮件与非垃圾邮件分类等，还可用于对文本、语音等数据进行情感分析，帮助了解用户的情绪和态度。在医学领域，判别分析可以帮助区分不同疾病类型、预测疾病发展趋势和患者生存率等。在金融领域，它可用于信用评估、欺诈检测和风险管理等任务。在市场营销中，可用于客户分类、市场细分和预测客户行为等，帮助企业制定精准的营销策略。

聚类分析可用于对客户群体进行分组，帮助企业了解不同客户群体的特征和需求，从而制定个性化营销策略；还可用于构建用户群体并为用户推荐个性化的产品或服务，提高推荐系统的准确性。在图像处理领域，聚类分析可用于图像分割，将图像中的像素分成不同的区域或对象。在生物信息学领域，聚类分析可用于对基因表达数据进行聚类，发现基因表达模式并推断功能相关性。聚类分析可以帮助识别数据中的结构或模式，常用于市场细分、社交网络分析中的社区检测等。它通过识别不属于任何主要簇的点，用于识别异常或离群点，这在欺诈检测、网络安全等领域特别重要。

在人工智能和大数据的研究与应用中，判别分析和聚类分析常常被用于互补。例如，可以首先使用聚类分析来探索数据集的结构，然后用判别分析建立更准确的分类模型。随着机器学习和统计建模技术的发展，这两种方法正在变得越来越复杂和精细化，能够处理的数据类型和规模也在不断扩大。

总之，判别分析和聚类分析是理解数据和从数据中提取可操作见解的关键工具，可以帮助理解数据、识别模式、发现规律，从而为决策制定和问题解决提供有力支持，并随着技术的进步，在处理大规模、高维度和流数据方面的能力将继续增强。

第1节　判别分析

在实际工作中，我们还常遇到需根据样本的观测值对其进行分类判别的问题。

定义 8.1　在已知总体类别的基础上，按照一定的判别准则，建立相应的判别函数，用以对未知总体的样本进行归类，这种多元分析法就称为判别分析。

判别分析法由来已久，该法由 Pearson 于 1921 年首先提出并应用于种族的判别，当时称之为种族相似系数法。而 Fisher 于 1936 年提出的线性判别函数及 Fisher 准则，使该法得以日趋广泛的应用。本节主要介绍判别分析的基本方法，即距离判别、Fisher 判别、Bayes 判别和逐步判别等判别法。

一、距离判别法

距离判别法是根据其样本与各总体统计距离的远近来判别样本属于哪个总体的直观判别法。

(一) 统计距离

定义 8.2　设 D 为给定点集，$d(\cdot,\cdot)$ 为 $D\times D$ 到 $[0,\infty)$ 的函数，若对 D 中任意点 x、y、z，满足

(1) $d(x,y)\geqslant 0$ 且 $d(x,y)=0\Leftrightarrow x=y$；

(2) $d(x,y)=d(y,x)$；

(3) $d(x,y)\leqslant d(x,z)+d(z,y)$；

则称 $d(x,y)$ 为 x 与 y 间的距离。

设 $x=(x_i,\cdots,x_m)'$，$y=(y_i,\cdots,y_m)'$ 为给定集中任意两点，则在多元统计分析中，常用的统计距离有：

(1) Минковскни 距离（明氏距离）

$$d_q(x,y)=\left(\sum_{i=1}^{m}|x_i-y_i|^q\right)^{\frac{1}{q}}$$

特别地，当 $q=2$ 时，即为我们常见的欧氏(Euclid)距离

$$d_2(x,y)=\left(\sum_{i=1}^{m}(x_i-y_i)^2\right)^{\frac{1}{2}}$$

当观察点各分量的数值较为悬殊时，通常应先对数据进行标准化，再计算其相应距离才较为合适。

(2) Mahalanobis 距离（马氏距离）

定义 8.3 设 x、y 为来自均值是 μ，协方差阵为 Σ 的总体 G 的样本，则 x 与 y 的 Mahalanobis 距离（马氏距离）为

$$d^2(x,y)=(x-y)'\Sigma^{-1}(x-y) \tag{8.1}$$

当 $\Sigma=I$ 时，该马氏距离就是上述 Euclid 距离。而点 x 与总体 G 的马氏距离定义为

$$d^2(x,G)=d^2(x,\mu)=(x-\mu)'\Sigma^{-1}(x-\mu) \tag{8.2}$$

由于马氏距离不受样本量纲的影响，能刻画变量指标间的相关程度，故在判别分析中，马氏距离的应用更常见，也更为合理。

（二）两总体的距离判别

设有两个总体 G_1、G_2，其均值向量、协差阵分别为 μ_i、$\Sigma_i(i=1,2)$。对任一给定的样本 x，要判别 x 属于哪个总体可用下列距离判别准则：

$$\begin{cases}x\in G_1, & 若\ d^2(x,G_1)\leqslant d^2(x,G_2)\\ x\in G_2, & 若\ d^2(x,G_1)>d^2(x,G_2)\end{cases} \tag{8.3}$$

其中 $d^2(x,G_i)$ 为 x 与总体 $G_i(i=1,2)$ 的马氏距离：

$$d^2(x,G_i)=d^2(x,\mu_i)=(x-\mu_i)'\Sigma_i^{-1}(x-\mu_i)\quad (i=1,2)$$

当两总体的协差阵相等即 $\Sigma_1=\Sigma_2=\Sigma$ 时，上述距离判别准则可化简为

$$\begin{cases}x\in G_1, & 若\ W(x)\geqslant 0\\ x\in G_2, & 若\ W(x)<0\end{cases} \tag{8.4}$$

其中

$$W(x)=\frac{1}{2}[d^2(x,G_2)-d^2(x,G_1)]=\left[x-\frac{1}{2}(\mu_1+\mu_2)\right]'\Sigma^{-1}(\mu_1-\mu_2)=a'(x-\bar{\mu})$$

$$\left(\bar{\mu}=\frac{1}{2}(\mu_1+\mu_2),\quad a=\Sigma^{-1}(\mu_1-\mu_2)\right)$$

显然 $W(x)$ 为样本 x 的线性函数，称为线性判别函数。

上述距离判别准则只需总体的二阶矩存在即可应用，而不涉及分布的具体类型。利用上述距离判别准则判别时仍会产生误判，特别是当两总体 G_1、G_2 十分接近时，无论用何种方法，其误判概率都很大，此时判别失效。因此在判别分析之前应检验两总体的均值差异是否显著。此外，由于在 $\bar{\mu}$ 附近误判的可能性较大，有时我们将 $\bar{\mu}$ 的邻域（如 $(\bar{\mu}-0.2|\mu_1-\mu_2|, \bar{\mu}+0.2|\mu_1-\mu_2|)$）取为待判区域。

实际计算时，μ_i、$\Sigma_i(i=1,2)$ 一般是未知的，常用 G_1、G_2 的各自样本

$$G_1: x^{(i)}, i=1,\cdots,n_1;\quad G_2: y^{(i)}, i=1,\cdots,n_2$$

来得到相应的估计值，即

$$\hat{\mu}_1=\bar{x}=\frac{1}{n_1}\sum_{i=1}^{n_1}x^{(i)},\quad \hat{\mu}_2=\bar{y}=\frac{1}{n_2}\sum_{i=1}^{n_2}y^{(i)}$$

$$A_1=\sum_{i=1}^{n_1}(x^{(i)}-\bar{x})(x^{(i)}-\bar{x})',\quad A_2=\sum_{i=1}^{n_2}(y^{(i)}-\bar{y})(y^{(i)}-\bar{y})'$$

$$\hat{\Sigma}=\frac{1}{n_1+n_2-2}(A_1+A_2)$$

则线性判别函数可取为

$$W(x)=\left[x-\frac{1}{2}(\hat{\mu}_1+\hat{\mu}_2)\right]'\Sigma^{-1}(\hat{\mu}_1-\hat{\mu}_2)$$

当两总体的协差阵 Σ_1、Σ_2 不相等时，判别函数

$$W(x)=\frac{1}{2}[d^2(x,G_2)-d^2(x,G_1)]=\frac{1}{2}[(x-\mu_2)'\Sigma_2^{-1}(x-\mu_2)-(x-\mu_1)'\Sigma_1^{-1}(x-\mu_1)]$$

为 x 的二次函数。此时距离判别准则(8.4)仍成立，只是计算较为复杂些。

(三) 多总体的距离判别

两总体的距离判别准则可推广到多个总体的情形。设有 k 个总体 $G_1,\cdots,G_k$，其均值、协差阵分别为 μ_i、$\Sigma_i(i=1,\cdots,k)$，现对给定的样本 $x=(x_1,\cdots,x_m)$，要判别 x 属于哪个总体的距离判别准则为：直接计算 $d(x,G_i)$，$i=1,\cdots,k$，并将 x 判入距离最小的总体。这即

$$x\in G_r,\quad 若\ d(x,G_r)=\min_{1\leqslant i\leqslant k}\{d(x,G_i)\}$$

而当各总体的协差阵相等时，即 $\Sigma_1=\cdots=\Sigma_k=\Sigma$ 时，则可利用其线性判别函数

$$W_{ij}(x)=\frac{1}{2}[d^2(x,G_j)-d^2(x,G_i)]=\left[x-\frac{1}{2}(\mu_i+\mu_j)\right]'\Sigma^{-1}(\mu_i-\mu_j)$$

建立的相应判别准则：

$$x\in G_r,\quad 若\ W_{rj}(x)\geqslant 0,(对一切\ j\neq r,j=1,\cdots,k)$$

来进行判别。类似地，当 μ_i、Σ_i 未知时，可用其估计 $\hat{\mu}_i$、$\hat{\Sigma}_i$ 来代替，这即设 $x_j^{(i)}$，$j=1,\cdots,n_i$ 为取自总体 G_i 的样本，则

$$\hat{\mu}_i=\frac{1}{n_i}\sum_{j=1}^{n_i}x_j^{(i)}\triangleq\bar{x}^{(i)}$$

$$A_i=\sum_{j=1}^{n_i}(x_j^{(i)}-\bar{x}^{(i)})(x_j^{(i)}-\bar{x}^{(i)})'$$

$$\hat{\Sigma}=\frac{1}{n-k}\sum_{j=1}^{k}A_i,\left(n=\sum_{i=1}^{k}n_i\right)$$

在具体计算马氏距离

$$d^2(x,G_i)=(x-\hat{\mu}_i)'\sum_i^{-1}(x-\hat{\mu}_i)$$

时，可利用矩阵分解定理，按下列步骤进行计算：

1° 对正定阵 $\hat{\Sigma}_i$ 作三角分解：

$$\hat{\Sigma}_i = C_i' C_i$$

2° 对下三角阵 C_i 用回代法求其逆矩阵 C_i^{-1}；

3° 计算 $h_i = C_i^{-1}(x - \hat{\mu}_i)$；

4° 计算 $d^2(x, G_i) = (x - \hat{\mu}_i)'(C_i^{-1})' C_i^{-1}(x - \hat{\mu}_i) = h_i' h_i$。

二、Fisher 判别法

Fisher 判别分析的思想是将来自 k 个总体 $G_1, \cdots, G_k$ 的 k 组样本数据投影到低维空间，通过投影方向的选取，使得不同总体的投影尽可能地分开，再在低维投影空间用距离判别法进行判别分类。

设从 $G_1, \cdots, G_k$ 这 k 个总体分别取得 k 组 m 维变量 $x = (x_1, \cdots, x_m)'$ 的观测数据(左侧)：

$$\begin{array}{l|l} G_1: x_1^{(1)}, \cdots, x_{n_k}^{(1)} & a'x_1^{(1)}, \cdots, a'x_{n_1}^{(1)} \\ \cdots & \cdots \\ G_k: x_1^{(k)}, \cdots, x_{n_k}^{(k)} & a'x_1^{(k)}, \cdots, a'x_{n_k}^{(k)} \end{array}$$

上列右侧列出的是以 a 为投影方向的 x 的投影 $y = a'x$ 的对应值，其中 a 为待定的 m 维向量。不难看出，上列右侧投影数据正好组成一元方差分析的数据，其类间(即因素)平方和为

$$S_A = \sum_{i=1}^{k} n_i (a'\bar{x}^{(i)} - a'\bar{x})^2 = a'\left[\sum_{i=1}^{k} n_i (\bar{x}^{(i)} - \bar{x})(\bar{x}^{(i)} - \bar{x})'\right] a \triangleq a'Ba$$

而类内(即误差)平方和为

$$S_e = \sum_{i=1}^{k} \sum_{j=1}^{n_i} (a'x_j^{(i)} - a'\bar{x}^{(i)})^2 = a'\left[\sum_{i=1}^{k} \sum_{j=1}^{n_i} (x_j^{(i)} - \bar{x}^{(i)})(x_j^{(i)} - \bar{x}^{(i)})'\right] a \triangleq a'Wa$$

其中

$$\bar{x}^{(i)} = \frac{1}{n_i} \sum_{j=1}^{n_i} x_j^{(i)}, \quad \bar{x} = \frac{1}{k} \sum_{i=1}^{k} \bar{x}^{(i)}$$

而

$$B = \sum_{i=1}^{k} n_i (\bar{x}^{(i)} - \bar{x})(\bar{x}^{(i)} - \bar{x})'$$

$$W = \sum_{i=1}^{k} \sum_{j=1}^{n_i} (x_j^{(i)} - \bar{x}^{(i)})(x_j^{(i)} - \bar{x}^{(i)})'$$

分别称为类间协差阵和合并类内协差阵。

当 k 个总体的均值 μ_i 有显著差异时，即分类判别效果显著时，

$$F=\frac{S_A/(k-1)}{S_e/(n-k)}=\frac{n-k}{k-1}\ \frac{a'Ba}{a'Wa}$$

即

$$\Delta(a)=\frac{a'Ba}{a'Wa}$$

应足够大。要使投影数据尽可能分开，就应选取使 $\Delta(a)$ 达到最大的投影方向 a。显然这样的 a 不唯一，我们取 a，使得 $a'Wa=1$，这样问题化为求投影方向 a，使得 $\Delta(a)=a'Ba$ 在 $a'Wa=1$ 的约束条件下达到最大。用 Lagrange 乘子法，取

$$\varphi(a)=a'Ba-\lambda(a'Wa-1)$$

由

$$\begin{cases}\dfrac{\partial\varphi}{\partial\alpha}=2(B-\lambda W)a=0\\[2mm]\dfrac{\partial\varphi}{\partial\lambda}=1-a'Wa=0\end{cases}$$

得

$$(W^{-1}B-\lambda)a=0$$

且有

$$\Delta(a)=a'Ba=\lambda a'Wa=\lambda$$

即所求 a 为对应于 $W^{-1}B$ 的最大特征值对应的特征向量。

设 $W^{-1}B$ 的非零特征值及其对应特征向量为

$$\lambda_1\geqslant\lambda_2\geqslant\cdots\geqslant\lambda_r>0 \text{ 和 } u_1,u_2,\cdots,u_r$$

则当投影方向向量 $a=u_1$ 时，可使 $\Delta(a)$ 达到极大值 λ，故取第一个线性判别函数为

$$y_1(x)=u_1'x$$

而 $\Delta(a)$ 可衡量判别函数 $y=a'x$ 的判别效果，故称 $\Delta(a)$ 为判别效率。显然，$y_1(x)$ 的判别效率为 $\Delta(u_1)=\lambda_1$。

有些问题中，若仅用

$$y_1(x)=u_1'x$$

不能很好地区分各总体时，我们还可取 λ_2 对应的特征向量 u_2 建立第二个线性判别函数

$$y_2(x)=u_2'x$$

类似的还可建立

$$y_3(x)=u_3'x,\quad y_4(x)=u_4'x,\quad \cdots$$

其判别效率即为对应的特征值。

当选定 $q(\leqslant m)$ 个判别函数

$$y_i(x)=u_i'x$$

后，即可用

$$Y(x)=(y_1(x),\cdots,y_q(x))$$

的值按距离判别法进行分类判别。令

$$V^{(i)}=(u_1'\bar{x}^{(i)},\cdots,u_q'\bar{x}^{(i)}),\quad i=1,\cdots,k$$

则其判别准则为

$$x\in G_r,\quad 若\ \|Y-V^{(r)}\|^2=\min_{1\leqslant i\leqslant k}\{\|Y-V^{(i)}\|^2\}$$

其中

$$\|Y-V^{(i)}\|^2=\sum_{j=1}^{q}(y_j(x)-u_j'\bar{x}^{(i)})^2=\sum_{j=1}^{q}[u_j'(x-\bar{x}^{(i)})]^2$$

对于 $k=2$，即仅有两个总体 G_1,G_2 的情形，考虑其线性判别函数及判别准则。利用

$$\bar{x}=(n_1\bar{x}^{(1)}+n_2\bar{x}^{(2)})/(n_1+n_2)$$

可得

$$W^{-1}B=\frac{n_1n_2}{n_1+n_2}W^{-1}(\bar{x}^{(1)}-\bar{x}^{(2)})(\bar{x}^{(1)}-\bar{x}^{(2)})'$$

由于 B 的秩为 1，故

$$|W^{-1}B-\lambda I|=0$$

仅有一个非零特征值，且同于

$$\frac{n_1n_2}{n_1+n_2}(\bar{x}^{(1)}-\bar{x}^{(2)})'W^{-1}(\bar{x}^{(1)}-\bar{x}^{(2)})$$

这为一个数，即所求的特征值 λ，将之代入

$$(W^{-1}B-\lambda)a=0$$

可得

$$a=W^{-1}(\bar{x}^{(1)}-\bar{x}^{(2)})$$

故当仅有两个总体时，Fisher 线性判别函数为

$$y(x)=x'W^{-1}(\bar{x}^{(1)}-\bar{x}^{(2)})\triangleq a'x$$

相应的判别效率为

$$\Delta a=\frac{n_1n_2}{n_1+n_2}(\bar{x}^{(1)}-\bar{x}^{(2)})'W^{-1}(\bar{x}^{(1)}-\bar{x}^{(2)})$$

它正比于两总体间的马氏距离 $d^2(\hat{\mu}_1,\hat{\mu}_2)$。

判别分类时，首先计算

$$\bar{y}^{(1)}=a'\bar{x}^{(1)},\quad \bar{y}^{(2)}=a'\bar{x}^{(2)}$$

令判别临界值为

$$\bar{y}_0=\frac{n_1\bar{y}^{(1)}+n_2\bar{y}^{(2)}}{n_1+n_2}$$

则对样本 x,其判别准则为:

当 $\bar{y}^{(1)}\geqslant\bar{y}^{(2)}$ 时，$\begin{cases}x\in G_1, & \text{若 } y(x)\geqslant\bar{y}_0\\ x\in G_2, & \text{若 } y(x)<\bar{y}_0;\end{cases}$

当 $\bar{y}^{(1)}<\bar{y}^{(2)}$ 时，$\begin{cases}x\in G_1, & \text{若 } y(x)\leqslant\bar{y}_0\\ x\in G_2, & \text{若 } y(x)>\bar{y}_0\end{cases}$

三、Bayes 判别法

距离判别法和 Fisher 判别法均只需知道总体的均值和协差阵，而不涉及总体的分布类型，故其方法简单实用。但其不足之处在于判别方法不考虑各总体出现的概率大小，不考虑错判造成的损失。而 Bayes 判别法正是为解决这两方面问题而提出的。

(一) Bayes 判别准则

设有样本 $x=(x_1,\cdots,x_m)'$,它来自 k 个总体 $G_1,\cdots,G_k$ 之一。已知总体 G_i 的概率密度为 $f_i(x)$,出现 G_i 的先验概率为 $q_i(i=1,\cdots,k)$,现需建立判别函数和判别准则，来判定 x 属于哪个总体。

设想将 x 视为 m 维空间 R 中的一点，若以某种方法将 R 划分为互不相交的空间 $R_1,\cdots,R_k$,则判别准则可选为

$$x\in G_i,\quad \text{若 } x \text{ 落在空间} R_i \text{ 中}$$

而 Bayes 准则就是选取这样的空间划分法，使错判的平均损失达到最小。

令 $L(i|j)$表示属于 G_j 的 x 被错判为 G_i 的“错判损失”,并约定

$$L(j\mid j)=0$$

相应的错判概率为

$$P(i\mid j)=\int_{R_i}f_j(x)\mathrm{d}x$$

则一种空间划分法错判的平均损失为

$$\sum_{j=1}^{k}q_j\left\{\sum_{i\neq j}^{k}P(i\mid j)L(i\mid j)\right\}$$

而对于给定的样本 x,它来自总体 G_j 的条件概率(后验概率)为

$$P(j\mid x)=q_jf_j(x)\Big/\left(\sum_{l=1}^{k}q_lf_l(x)\right)$$

则将 x 错判为 G_i 的平均损失为

$$E_i(x)=\sum_{j\neq i}^{k}\left[q_jf_j(x)\Big/\sum_{l=1}^{k}q_lf_l(x)\right]L(i\mid j)$$

则 Bayes 判别准则为：

$$x \in G_r, \quad 若\ E_r(x)=\min_{1\leqslant i\leqslant k}\{E_i(x)\}$$

这样的划分法则称为 Bayes 判别法。

由于上述 $E_i(x)$ 表达式中

$$\sum_{l=1}^{k} q_l f_l(x)$$

与 i 无关，且在实用中一般假设

$$L(i \mid j)=1 \quad (i \neq j)$$

则 $E_i(x)$ 可取为

$$E_i(x)=\sum_{j=1,j\neq i}^{k} q_j f_j(x) L(i \mid j)=\sum_{j=1}^{k} q_j f_j(x)-q_i f_i(x)$$

显然，$E_i(x)$ 为最小等价于 $q_i f_i(x)$ 为最大，亦等价于将 x 划归 G_i 的后验概率 $P(i|x)$ 为最大。由此，我们就取

$$q_i f_i(x), \quad i=1,\cdots,k$$

为判定 x 归属的判别函数，则 Bayes 判别准则为

$$x \in G_r, \quad 若\ q_r f_r(x)=\max_{1\leqslant i\leqslant k}\{q_i f_i(x)\}$$

（二）正态总体的 Bayes 参数判别法

在上述讨论中，$f_i(x)$ 为任意分布的密度，而在实际应用中主要考虑正态总体的情形，此时只需利用其参数估计即可建立 Bayes 判别准则。

设总体

$$G_i \sim N(\mu_i, \Sigma_i), \quad i=1,\cdots,k$$

其中

$$\Sigma_1=\cdots=\Sigma_k=\Sigma$$

现从这 k 个总体中分别取 n_i 个样本：

$$x_1^{(i)},\cdots,x_{n_i}^{(i)}, \quad (i=1,\cdots,k)$$

则其参数 μ_i, Σ 的相应估计为

$$\hat{\mu}_i=\frac{1}{n_i}\sum_{j=1}^{n_i} x_j^{(i)} \triangleq \bar{x}^{(i)}, \quad (i=1,\cdots,k)$$

$$\hat{\Sigma}=\frac{1}{n-k}\sum_{i=1}^{k}\sum_{j=1}^{n_i}(x_j^{(i)}-\bar{x}^{(i)})(x_j^{(i)}-\bar{x}^{(i)})' \triangleq S$$

其中

$$n=\sum_{i=1}^{k} n_i$$

进行 Bayes 判别时，为使判别函数 $q_i f_i(x)$ 达到最大，只需求出 i，使其对数

$$\ln[q_i f_i(x)] = \ln q_i - \ln\left[(2\pi)^{\frac{m}{2}} \mid S \mid^{\frac{1}{2}}\right] - \frac{1}{2}(x - \bar{x}^{(i)})' S^{-1} (x - \bar{x}^{(i)})$$

$$= \ln q_i - \ln\left[(2\pi)^{\frac{m}{2}} \mid S \mid^{\frac{1}{2}}\right] - \frac{1}{2} x' S^{-1} x + x' S^{-1} \bar{x}^{(i)} - \frac{1}{2} \bar{x}^{(i)\prime} S^{-1} \bar{x}^{(i)}$$

达到最大。略去上式右边与 i 无关的项，并记

$$c_i = (c_{1i}, \cdots, c_{mi})' = S^{-1} \bar{x}^{(i)}, \quad c_{0i} = -\frac{1}{2} \bar{x}^{(i)\prime} S^{-1} \bar{x}^{(i)}$$

则得线性判别函数

$$y_i(x) = \ln q_i - \frac{1}{2} \bar{x}^{(i)\prime} S^{-1} \bar{x}^{(i)} + x' S^{-1} \bar{x}^{(i)} = \ln q_i + c_{0i} + c_i' x$$

其中 c_{0i}、c_i 称为判别系数。故正态总体的 Bayes 判别准则为

$$x \in G_r, \quad 若\ y_r(x) = \max_{1 \leqslant i \leqslant k} \{y_i(x)\}$$

实用中为获得最好的判别效果，常用逐步判别法只将显著指标引入判别函数中。

进行判别分析时，往往先验概率 $q_i, i = 1, \cdots, k$ 是未知的，此时一般利用历史资料及经验进行估计，通常还可将其取为

$$q_i = n_i / n, \quad i = 1, \cdots, k\left(n = \sum_{i=1}^{k} n_i\right)$$

有时可不考虑先验概率的影响，则取 $q_i = 1/k, i = 1, \cdots, k$。此时判别函数可简化为

$$y_i(x) = c_{0i} + c_i' x, \quad i = 1, \cdots, k$$

而使判别函数达到最大的 i，亦即使马氏距离

$$d^2(x, G_i) = (x - \bar{x}^{(i)})' S^{-1} (x - \bar{x}^{(i)})$$

达到最小，这即为距离判别分析。

标准的 Bayes 判别法应计算后验概率分布，上述 Bayes 判别准则也使后验概率 $P(i|x)$ 达到最大。在求得线性判别函数 $y_i(x)$ 后，其后验概率为

$$P(i \mid x) = q_i f_i(x) \Big/ \sum_{l=1}^{k} q_l f_l(x) = \exp\{y_i(x)\} \Big/ \left(\sum_{l=1}^{k} \exp\{y_l(x)\}\right)$$

在计算时，为防止数字溢出，还常用

$$y_i(x) - \max_{1 \leqslant j \leqslant k} \{y_j(x)\}$$

代替上式中的 $y_i(x)$。

另外，若各正态总体的协差阵 $\Sigma_1, \cdots, \Sigma_k$ 不相等时，判别函数变为

$$y_i(x) = \ln q_i + \frac{1}{2} \ln |S_i^{-1}| - \frac{1}{2} (x - \bar{x}^{(i)})' S_i^{-1} (x - \bar{x}^{(i)}), \quad i = 1, \cdots, k$$

为 x 的二次函数，其中 S_i 为 Σ_i 的估计值

$$S_i=\frac{1}{n_i-1}\sum_{j=1}^{n_i}(x_j^{(i)}-\bar{x}^{(i)})(x_j^{(i)}-\bar{x}^{(i)})'$$

此时所进行的判别分析计算较上述等协差阵情形要复杂些。

四、分类判别效果及判别能力检验

上述判别分析中,我们一般先由各总体的样本观察值建立判别函数,从而得到判别准则来进行样本的分类判别,而判别函数及准则的有效性与样本是否来自不同的总体有关。事实上,当各总体间无显著差异时,则不同的总体难以区别,此时不论用何种判别法进行判别分析,其误判概率都较大,由此而进行的分类判别实际上已失去意义。因此,我们有必要对建立的判别函数(及准则)进行判别效果的检验,亦即检验各总体间差异的显著性。同时,我们还对构成判别函数的各变量的判别能力进行检验,使所建立的判别函数只含有判别能力显著的重要变量,从而提高其判别分类效果。

下面我们将利用马氏(Mahalanobis)距离 D^2 和 Wilks 统计量 U 来建立各总体间分类判别效果及各变量判别能力的检验。

假设 m 维正态总体

$$G_i\sim N(\mu_i,\Sigma),\quad i=1,\cdots,k$$

而

$$x_j^{(i)}=(x_{j1}^{(i)},\cdots,x_{jm}^{(i)}),\quad j=1,\cdots,n_i;\quad i=1,\cdots,k$$

为来自总体 G_i 的样本观察值,则

$$\bar{x}^{(i)}=\frac{1}{n_i}\sum_{j=1}^{n_i}x_j^{(i)},\quad S_i=\sum_{j=1}^{n_i}(x_j^{(i)}-\bar{x}^{(i)})(x_j^{(i)}-\bar{x}^{(i)})'$$

分别为来自 G_i 的样本均值和样本离差阵。

(一) 两总体间判别效果的检验

欲检验两个等协差阵的正态总体 G_1、G_2 间分类判别效果是否显著,只需检验其均值向量是否相等,即检验

$$H_0:\mu_1=\mu_2$$

此时,我们可利用两总体间的样本马氏距离

$$D^2=d^2(\bar{x}^{(1)},\bar{x}^{(2)})=(\bar{x}^{(1)}-\bar{x}^{(2)})'S^{-1}(\bar{x}^{(1)}-\bar{x}^{(2)})$$

作检验统计量,其中

$$S=\frac{1}{n_1+n_2-2}(S_1+S_2)=\frac{1}{n_1+n_2-2}\sum_{i=1}^{2}\sum_{j=1}^{n_i}(x_j^{(i)}-\bar{x}^{(i)})(x_j^{(i)}-\bar{x}^{(i)})'$$

为 G_1、G_2 的合并样本协差阵。可以证明,当 H_0 成立时,

$$F=\frac{(n_1+n_2-m-1)n_1n_2}{m(n_1+n_2-2)(n_1+n_2)}D^2\sim F(m,n_1+n_2-m-1)$$

则对给定显著水平 α，当概率 P 值$(P_r>F)<\alpha$ 时，拒绝 H_0，即认为判别效果显著；否则，若概率 P 值$>\alpha$ 时，接受 H_0，则认为判别效果不显著，此时判别分类已失去意义。

通常，人们还将正比于样本马氏距离 D^2 的

$$T^2=\frac{n_1n_2}{n_1+n_2}D^2=\frac{n_1n_2}{n_1+n_2}(\bar{x}^{(1)}-\bar{x}^{(2)})'S^{-1}(\bar{x}^{(1)}-\bar{x}^{(2)})$$

称为 Hotelling 的 T^2 统计量。同时应注意，上述 D^2 的计算可利用判别系数 $c_i(i=1,2)$来进行：

$$D^2=(\bar{x}^{(1)}-\bar{x}^{(2)})'(S^{-1}\bar{x}^{(1)}-S^{-1}\bar{x}^{(2)})=(\bar{x}^{(1)}-\bar{x}^{(2)})'(c_1-c_2)$$

（二）多个总体间判别效果的检验

对多个等协差阵的正态总体，设为 $G_1,\cdots,G_k$，要检验其分类判别效果的显著性，我们可利用 Wilks 统计量 U，首先检验这 k 个总体均值的显著性，即检验

$$H_0:\mu_1=\mu_2=\cdots=\mu_k \tag{8.5}$$

为此可仿照方差分析法，考虑其类间协差阵 $B=(b_{ij})_{m\times m}$、合并类内协差阵 $W=(w_{ij})_{m\times m}$ 和总样本协差阵 $T=(t_{ij})_{m\times m}$：

$$B=\sum_{i=1}^{k}n_i(\bar{x}^{(i)}-\bar{x})(\bar{x}^{(i)}-\bar{x})'$$

$$W=\sum_{i=1}^{k}S_i=\sum_{i=1}^{k}\sum_{j=1}^{n_i}(x_j^{(i)}-\bar{x}^{(i)})(x_j^{(i)}-\bar{x}^{(i)})'$$

$$T=B+W=\sum_{i=1}^{k}\sum_{j=1}^{n_i}(x_j^{(i)}-\bar{x})(x_j^{(i)}-\bar{x})'$$

其中

$$\bar{x}=\frac{1}{N}\sum_{i=1}^{k}n_i\bar{x}^{(i)}=\frac{1}{N}\sum_{i=1}^{k}\sum_{j=1}^{n_i}x_j^{(i)};\quad N=\sum_{i=1}^{k}n_i$$

则用于检验(8.5)的 H_0 的 Wilks 统计量

$$U_{(m)}=\frac{|W|}{|T|}=\frac{|W|}{|B+W|}$$

为行列式之比。这里 $U_{(m)}$ 的下标(m)强调有 m 个变量。当 $U_{(m)}$ 值越小时，意味着类间协差阵（相对于合并类内协差阵而言）越大，则这 k 个总体的差异越显著，从而其分类判别效果越强。

实际应用时，由于 $U_{(m)}$ 的精确分布较复杂，通常利用下列两个近似公式来进行检验：

(1) Bartlett 近似公式

对大样本情形，即样本容量 $N=\sum_{i=1}^{k}n_i$ 足够大时，可用（在 H_0 下）

$$Q=-[N-1-(m+k)/2]\ln U_{(m)}\sim\chi^2(m(k-1))\quad（渐近）\tag{8.6}$$

来检验 H_0。

(2) Rao 近似公式

对一般情形,在 H_0 下,近似地有

$$F=\frac{1-U_{(m)}^{1/a}}{U_{(m)}^{1/a}}\frac{l}{m(k-1)}\sim F(m(k-1),l) \tag{8.7}$$

其中

$$a=\begin{cases}\sqrt{\dfrac{m^2(k-1)^2-4}{m^2+(k-1)^2-5}}, & \text{当 } m^2+(k-1)^2-5\neq 0 \text{ 时}\\ 0, & \text{当 } m^2+(k-1)^2-5=0 \text{ 时}\end{cases}$$

$$l=[N-1-(m+k)/2]a+m(k-1)/2+1$$

该式虽然形式复杂,但精确度高。特别地,当 $m=1,2$(k 任意)或 $k=2,3$(m 任意)的最基本情形,该式精确成立。

例如,对常用的 $m=1$ 情形,(8.7)式变为

$$F=\frac{1-U_{(1)}}{U_{(1)}}\frac{N-k}{k-1}=\frac{t_{ii}-w_{ii}}{w_{ii}}\frac{N-k}{k-1}\sim F(k-1,n-k)$$

其中

$$U_{(1)}=w_{ii}/t_{ii}$$

这就是一元方差分析中的 F 统计量,可用于检验变量 x_i 在 k 个总体间是否有显著差异。

当(8.6)式对应的概率 P 值($P_r>Q$)$<\alpha$ 或(8.7)式对应的概率 P 值($P_r>F$)$<\alpha$ 时,拒绝 H_0,即认为这 k 个总体间分类判别效果是显著的。但此时不能排除其中有些总体间差异不显著,即判别效果不显著的情形。故一般我们还应检验多个总体两两之间的判别效果,此时只需将总体两两配对,利用马氏距离逐对检验其总体差异的显著性,即检验

$$H_0':\mu_i=\mu_j,\quad (i\neq j,i,j=1,2,\cdots k)$$

显然,只要利用马氏距离

$$D_{ij}^2=(\bar{x}^{(i)}-\bar{x}^{(j)})'S^{-1}(\bar{x}^{(i)}-\bar{x}^{(j)})$$

其中

$$S=\frac{1}{N-k}\sum_{i=1}^{k}S_i=\frac{1}{N-k}\sum_{i=1}^{k}\sum_{j=1}^{n_i}(x_j^{(i)}-\bar{x}^{(i)})(x_j^{(i)}-\bar{x}^{(i)})'=\frac{1}{N-k}W$$

作检验统计量(在 H_0' 下)

$$F_{ij}=\frac{N-k-m+1}{m(N-k)}\frac{n_in_j}{n_i+n_j}D_{ij}^2\sim F(m,N-k-m+1)$$

当概率 P 值($P_r>F_{ij}$)$<\alpha$ 时,拒绝 H_0',即认为总体 G_i 与 G_j 间判别效果显著。实际计算 D_{ij}^2 时,仍可利用判别系数 c_i、c_j 来进行:

$$D_{ij}^2=(\bar{x}^{(i)}-\bar{x}^{(j)})'(c_i-c_j)$$

(三) 各变量判别能力的检验

由上述讨论知，当各总体间差异显著时，用 m 个变量建立的判别函数其判别效果显著。但这 m 个变量中，有的判别能力很强，有的则对各总体的区分影响很小。实际应用表明，将那些判别能力很小的变量引入判别函数，不仅增大计算量，还可能引起协差阵 S 的病态或退化，导致所建立的判别函数不稳定，从而影响判别效果。为此我们应检验各变量的判别能力的显著性，以便进行判别变量的筛选，提高判别效果。

在前面检验各总体间判别效果时，我们利用了 Wilks 统计量

$$U_{(m)}=\frac{|W|}{|T|}$$

我们可用消去变换来计算行列式 $|W|$、$|T|$ 的值。为表述方便，不妨设消去变换是顺序进行的，则有

$$|W|=w_{11}w_{22}^{(1)}\cdots w_{mm}^{(m-1)}$$

其中

$$w_{ii}^{(i-1)}=w_{ii}^{(i-2)}-w_{i,i-1}^{(i-2)}w_{i-1,i}^{(i-2)}/w_{i-1,i-1}^{(i-2)},\quad (i=2,3,\cdots,m)$$
$$(w_{ij}^{(0)}=w_{ij},\quad i,j=1,\cdots,m)$$

对 $|T|$ 作类似的计算，即可得

$$U_{(m)}=\frac{|W|}{|T|}=\frac{w_{11}}{t_{11}}\frac{w_{22}^{(1)}}{t_{22}^{(1)}}\cdots\frac{w_{mm}^{(m-1)}}{t_{mm}^{(m-1)}}$$

显然

$$U_{(m)}=U_{(m-1)}\frac{w_{mm}^{(m-1)}}{t_{mm}^{(m-1)}}$$

为一递推式，令

$$U_{m|(m-1)}=w_{mm}^{(m-1)}/t_{mm}^{(m-1)}$$

这为 $x_1,\cdots,x_{m-1}$ 给定时，引入 x_m 所引起的 Wilks 统计量 U 的变化量，可用于检验变量 x_m（在 $x_1,\cdots,x_{m-1}$ 给定时）对 k 个总体区分的判别能力。

一般地，在 $x_1,\cdots,x_s$ 给定时，变量 $x_r(r>s)$ 的判别能力的度量为

$$U_{r|(s)}=w_{rr}^{(s)}/t_{rr}^{(s)}\tag{8.8}$$

它也为一维 Wilks 统计量，其值愈小，变量 x_r 的判别能力就愈强。

实际检验时，可用 Rao 的近似 F 统计量

$$F_r=\frac{1-U_{r|(s)}}{U_{r|(s)}}\frac{N-k-s}{k-1}=\frac{t_{rr}^{(s)}-w_{rr}^{(s)}}{w_{rr}^{(s)}}\frac{N-k-s}{k-1}\sim F(k-1,N-k-s)\tag{8.9}$$

当概率 P 值($P_r>F_r$)$<\alpha$ 时,即认为变量 x_r 的判别能力显著;否则,变量 x_r 对各总体的分类判别不能提供新的附加信息,应从判别函数中予以剔除。

例 8.1 在 R 语言的 datasets 程序包里有数据集 iris,该数据集包含 150 个鸢尾花样本的 4 项测量指标数据(即鸢尾花的四个特征:Sepal. Length 萼片长度、Sepal. Width 萼片宽度、Petal. Length 花瓣长度、Petal. Width 花瓣宽度)以及鸢尾花对应的三种类别(Species):setosa、versicolor、virginica,其中前 50 行是 setosa 鸢尾花数据,中间 50 行是 versicolor 鸢尾花数据,后 50 行是 virginica 鸢尾花数据。将鸢尾花的四个特征测量指标作为预测变量,类别 Species 作为响应变量。

试利用 R 语言编程,对 iris 数据集进行线性判别分析,试求出其线性判别函数。

表 8.1 R 语言的 datasets 程序包的数据集 iris

	Sepal. Length	Sepal. Width	Petal. Length	Petal. Width	Species
1	5.1	3.5	1.4	0.2	setosa
2	4.9	3.0	1.4	0.2	setosa
…	…				
149	6.2	3.4	5.4	2.3	virginica
150	5.9	3.0	5.1	1.8	virginica

R 编程应用

在 R 语言中常用来自 MASS 程序包中的 lda()和 qda()等函数来进行判别分析。其相关函数与说明表如表 8.2 所示。

表 8.2 判别分析相关的 R 语言函数

R 语言函数	函数的主要参数说明
lda(formula,data =) 进行判别分析,建立线性判别模型 qda(formula,data =) 进行判别分析,建立二次判别模型 mahalanobis(x,center =, cov =) 计算平方马氏距离矩阵 predictd(obj) 线性判别模型进行分类预测 print(obj,digits =) 显示输出分析结果 data(x) 调用数据集 which(logic) 获取指定对象中符合条件的序号 table(rfactor,cfactor) 用交叉分类因子来生成一个频数列联表	x:用于分析的原始数据阵 formula:判别模型公式(类别变量~ 判别变量) data =:数据框名 center =:作为类中心的均值向量 cov =:协方差矩阵 obj:分析输出结果对象 digits =:显示结果数字的最小位数 logic:指定对象符合的条件 rfactor:行分类因素 cfactor:列分类因素

下面给出本例线性判别分析的 R 编程应用。

R 编程应用

```
# 安装和加载 MASS 包
install.packages("MASS")
library(MASS)
# 加载 iris 数据集
data(iris)
# 执行线性判别分析
lda_model <- lda(Species ~  Sepal.Length + Sepal.Width + Petal.Length + Petal.
Width,data = iris)
# 查看线性判别分析的结果
print(lda_model)
## 判别分析输出结果
Call:
lda(Species ~  Sepal.Length + Sepal.Width + Petal.Length + Petal.Width,data =
iris)
# 判别分析输出结果①:各类的先验概率
Prior probabilities of groups:
    Setosa    versicolor    virginica
  0.3333333   0.3333333     0.3333333
## 判别分析输出结果②:各类的均值向量
Group means:
              Sepal.Length  Sepal.Width  Petal.Length  Petal.Width
setosa        5.006         3.428        1.462         0.246
versicolor    5.936         2.770        4.260         1.326
virginica     6.588         2.974        5.552         2.026
## 判别分析输出结果③:线性判别函数的系数
Coefficients of linear discriminants:
              LD1           LD2
Sepal.Length  0.8293776     - 0.02410215
Sepal.Width   1.5344731     - 2.16452123
Petal.Length  - 2.2012117   0.93192121
Petal.Width   - 2.8104603   - 2.83918785
## 判别分析输出结果④:判别函数对区分总体的贡献(即判别能力)
Proportion of trace:
  LD1     LD2
  0.9912  0.0088
```

将预测函数 predict( )用于待判别对象即可得到各样本的判别分类结果。

```
> iris.pred <- predict (iris.ld)
> iris.pred$ class
[1]  setosa setosa setosa  …
  ……
[145] virginica  virginica  virginica …
Levels: setosa versicolor virginica
> table(iris.pred$ class,iris$ Species)# 查看错判分类频数表
            setosa  versicolor  virginica
setosa      50      0           0
versicolor  0       48          1
virginica   0       2           49
```

该错判分类频数表结果表明,仅有 3 个样本被错判,错误率为 2% ,正确率为 98% 。

```
> which(iris.pred$ class =="virginica"& iris$ Species =="versicolor")# 指明判错样本序号
[1] 71 84
> which(iris.pred$ class =="versicolor"& iris$ Species =="virginica")
[1] 134
```

输出结果表明,71 号和 84 号 versicolor 鸢尾花被错判为 virginica 鸢尾花,134 号 virginica 鸢尾花被错判为 versicolor 鸢尾花。

在 lda( )里的公式中,类别 Species 为因变量,其余 4 个指标变量为自变量。上述判别分析输出结果主要有:各类先验概率、各类的均值向量、线性判别函数的系数、两个判别式对区分总体的贡献大小等。其中各类的先验概率的默认值是各类别样本所占的比例。

由判别分析输出结果③,我们解得的线性判别函数分别为

LD1=0.829 Sepal.Length + 1.534Sepal. Width −2.201Petal.Length −2.810Petal.Width

LD2=−0.024Sepal.Length −2.165Sepal. Width +0.932Petal.Length −2.839Petal. Width

这是判别分析的最主要的结果。

对本例考察的数据集 iris 中的 150 例分类数据,用该线性判别函数进行分类判别,仅有 3 例被错判,错误率为 2%,正确率为 98%,其中判错样本序号分别为 71 号、84 号和 134 号。

例 8.2 某地区有无春旱的 14 个观测数据如表所示,其中 x_1、x_2 是与气象有关的综合预报因子;其类别中第 1 类表示春旱,第 2 类便是无春旱。试利用 R 语言编程,用距离判别法进行判别分析。

第 2 节 聚类分析

定义 8.4 聚类分析是研究"物以类聚"的一种多元统计分类方法。与判别分析不同,聚类分析事先不必知道分类对象的分类结构,而是根据样本(或变量)之间近似程度的大小来将其进行逐一归类。

聚类分析虽然理论上不如其他多元统计方法那样完善,但其解决实际问题的效果较好,故在生物学、考古学、人口学、经济学等领域都有着广泛的应用。同时,聚类分析还可与其他统计方法结合使用,从而取得更好的效果。例如,对于变量很多的回归分析问题,可先对变量进行聚类,再从每类中选取典型变量参加回归分析。又如,在判别分析前可先进行聚类,再从中选出有代表性的变量来进行判别。

聚类分析依分类对象的不同可分为 R 型聚类和 Q 型聚类。R 型聚类是对变量(指标)进行分类处理,可用于了解变量间的关系,对变量进行分类,并根据分类结果及其关系选择典型性变量进行进一步的统计分析(如回归分析)或 Q 型聚类分析。Q 型聚类是对样本的分类处理,是我们研究的主要方面。本节将主要介绍 Q 型聚类分析问题,其内容非常丰富,常用的聚类方法有:

(1) 层次聚类法。首先各样本自成一类,每次将其中相似程度(或距离)最近的两类并成一新类,再计算新类与其他类的相似程度(或距离),再将最近的两类合并,如此下去,直至

所有样本归成一类。最后将上述并类过程画成聚类谱系图(树状图),从而决定最终分类结果。

(2) 动态聚类法(快速聚类法)。首先对全部样本进行初步分类,再按某种最优准则对样本的分类进行逐步调整,直至分类合理时,最后给出谱系图及最终分类结果。

(3) 最优分割法(有序样本聚类法)。首先将所有样本视为一类,再按某种最优准则将其分解为二类、三类,……,直至所需的 k 类(或每类含一样本)。该法较适用于有序样本的分类问题。

(4) 模糊聚类法。利用模糊集理论来处理分类问题,它对经济、地质、气象、医学等领域中一切具有模糊特征的数值分类问题有明显的分类效果。

此外还有利用图论中最小支撑树原理来处理分类问题的图论聚类法和利用聚类方法来处理预报的聚类预报法等也是值得重视的样本聚类法。这里我们将主要介绍应用最广的层次聚类法和动态聚类法,同时也将简单介绍一下最优分割法(有序样本聚类法)和模糊聚类法。在介绍这些方法之前,我们将首先介绍样本(或变量)之间关系的有关度量测度。

一、相似(或关联)程度的度量

为了对样本(或变量)进行聚类分析,就必须分析它们之间的相似程度(或关联程度),下面我们将介绍描述样本(或变量)之间相似(或关联)程度的度量——距离、相似系数和关联系数等,首先我们看一下数据的常用变换处理。

(一) 样本数据的常用变换

设有 N 个样本 $x^{(1)},\cdots,x^{(N)}$,对每个样本观察其 m 个变量(即指标),以 x_{ij} 表示第 i 个样本的第 j 个变量的观测值,通常将样本的观测数据列成表 8.3 形式。

表 8.3　样本观测数据表

样本	变量			
	x_1	x_2	…	x_m
$x^{(1)}$	x_{11}	x_{12}	…	x_{1m}
$x^{(2)}$	x_{21}	x_{22}	…	x_{2m}
…	…	…		…
$x^{(N)}$	x_{N1}	x_{N2}	…	x_{Nm}
均值	$\bar{x}_1$	$\bar{x}_2$	…	$\bar{x}_m$
标准差	s_1	s_2	…	s_m
极差	R_1	R_2	…	R_m

其中均值

$$\bar{x}_j = \frac{1}{N}\sum_{i=1}^{N} x_{ij}$$

标准差

$$s_j = \left[\frac{1}{N-1}\sum_{i=1}^{N}(x_{ij} - \bar{x}_j)^2\right]^{1/2}$$

极差

$$R_j = \max_{1\leqslant i\leqslant N}\{x_{ij}\} - \min_{1\leqslant i\leqslant N}\{x_{ij}\} \quad (j=1,\cdots,m)$$

在进行聚类分析前,为了消除不同指标的量纲的影响,通常要对样本观测数据进行变换处理,常用的变换方法有:

(1) 中心化变换:

$$x_{ij}^* = x_{ij} - \bar{x}_j \quad (i=1,\cdots,N;\quad j=1,\cdots,m)$$

变换后各变量的样本均值为 0,可简化样本协差阵的计算。

(2) 标准化变换:

$$x_{ij}^* = (x_{ij} - \bar{x}_j)/s_j \quad (i=1,\cdots,N;\quad j=1,\cdots,m)$$

变换后各变量的样本均值为 0,标准差为 1,且数据与量纲无关,便于计算样本相关阵。

(3) 正规化变换:

$$x_{ij}^* = (x_{ij} - \max_{1\leqslant i\leqslant N}\{x_{ij}\}/R_j \quad (i=1,\cdots,N;\quad j=1,\cdots,m)$$

变换后数据 $0\leqslant x_{ij}^*\leqslant 1$,其极差为 1,且与量纲无关。

(4) 对数变换:

$$x_{ij}^* = \ln x_{ij} \quad (要求\ x_{ij} > 0) \quad (i=1,\cdots,N;\ j=1,\cdots,m)$$

变换可将具有指数特征的数据结构线性化。

(二) 样本相似程序的度量

我们通常用距离和相似系数来描述样本之间的相似程度,而常用的距离有:

(1) 欧氏(Euclid)距离

$$d_{ij}(2) = [(x^{(i)} - x^{(j)})'(x^{(i)} - x^{(j)})]^{\frac{1}{2}} = \left[\sum_{k=1}^{m}(x_{ik} - x_{jk})^2\right]^{\frac{1}{2}}$$

该距离是聚类分析中应用最广泛的距离。

(2) 绝对值距离(Manhattan 度量)

$$d_{ij}(1) = \sum_{k=1}^{m} | x_{ik} - x_{jk} |$$

(3) 明氏(Минковскни)距离

$$d_{ij}(q)=\left[\sum_{k=1}^{m}\left|x_{ik}-x_{jk}\right|^{q}\right]^{\frac{1}{q}}$$

显然，当 $q=2$、1 时即得上述两距离。

（4）切比雪夫（Чебыщев）距离

$$d_{ij}(\infty)=\max_{1\leqslant k\leqslant m}|x_{ik}-x_{jk}|$$

（5）马氏（Mahalanobis）距离

$$d_{ij}^{2}=(x^{(i)}-x^{(j)})'S^{-1}(x^{(i)}-x^{(j)})$$

其中 S^{-1} 为样本协差阵的逆矩阵。该距离与量纲无关，且可克服变量间的相关性影响，但用于聚类分析的实际效果并不理想。

（6）兰氏（Lance-Williams）距离

$$d_{ij}(L)=\sum_{k=1}^{m}\frac{|x_{ik}-x_{jk}|}{x_{ik}+x_{jk}}$$

该距离与量纲无关，且对大的奇异值不敏感，故特别适用于高度偏倚的数据。

（7）斜交空间距离

$$d_{ij}=\left[\frac{1}{m^{2}}\sum_{k=1}^{m}\sum_{l=1}^{m}(x_{ik}-x_{jk})(x_{il}-x_{jl})\cdot r_{kl}\right]^{\frac{1}{2}}$$

该距离可使具有相关变量的谱系结构不发生变形，其中 r_{kl} 为数据标准化下的变量 x_k 与变量 x_l 之间的相关系数。

除了上述距离外，我们还可用下列相似系数 c_{ij} 来表示样本 $x^{(i)}$ 与 $x^{(j)}$ 之间的相似程度，其中 $|c_{ij}|\leqslant1$，且 $|c_{ij}|$ 越接近于 1，表示两样本间的相似程度越高。

（1）夹角余弦

$$c_{ij}(1)=\sum_{k=1}^{m}x_{ik}x_{jk}\Big/\left(\sum_{k=1}^{m}x_{ik}^{2}\sum_{k=1}^{m}x_{jk}^{2}\right)^{\frac{1}{2}}$$

（2）相关系数

$$c_{ij}(2)=\frac{\sum_{k=1}^{m}(x_{ik}-\bar{x}^{(i)})(x_{jk}-\bar{x}^{(j)})}{\left[\sum_{k=1}^{m}(x_{ik}-\bar{x}^{(i)})^{2}\sum_{k=1}^{m}(x_{jk}-\bar{x}^{(j)})^{2}\right]^{\frac{1}{2}}}$$

其中

$$\bar{x}^{(i)}=\frac{1}{m}\sum_{i=1}^{m}x_{ii}\quad(i=1,\cdots,N)$$

（3）指数相似系数

$$c_{ij}(3)=\frac{1}{m}\sum_{k=1}^{m}\exp\left\{-\frac{3}{4}\left(\frac{x_{ik}-x_{jk}}{s_{k}}\right)^{2}\right\}$$

(三)变量关联程度的度量

除了对样本的分类外,有时我们还需对变量进行聚类分析。对于定量变量,衡量变量相关联程度的度量主要有相似系数 c_{ij},同样 $|c_{ij}|\leqslant 1$ 且 $|c_{ij}|$ 越接近于 1,表示变量 x_i 与 x_j 的关联程度越高;c_{ij} 越接近于 0,则说明两变量间的相关性越小。常用的相关系数有

(1) 变量夹角余弦

$$c_{ij}(1)=\cos\alpha_{ij}=\sum_{i=1}^{N}x_{li}x_{lj}\Big/\left(\sum_{l=1}^{N}x_{li}^{2}\sum_{l=1}^{N}x_{lj}^{2}\right)^{\frac{1}{2}}$$

(2) 相关系数,即为数据标准化的变量夹角余弦

$$c_{ij}(2)=r_{ij}=\frac{\sum_{l=1}^{N}(x_{il}-\bar{x}_i)(x_{jl}-\bar{x}_j)}{\left[\sum_{l=1}^{N}(x_{il}-\bar{x}_i)^2\sum_{l=1}^{N}(x_{jl}-\bar{x}_i)^2\right]^{\frac{1}{2}}}$$

(3) 相似距离,即利用相关系数来定义的变量间距离

$$d_{ij}^2=1-r_{ij}^2=1-c_{ij}^2(2)$$

(4) 协差阵距离,即利用样本协差阵 $S=(s_{ij})_{m\times m}$ 所得的距离

$$d_{ij}=s_{ii}+s_{jj}-2s_{ij}$$

(5) 将 x_i 的 N 次观测看成 N 维空间的点,则在 N 维空间中,利用前面样本的距离定义方法可定义变量间的相应距离。

对于定性变量也可类似地定义其关联系数。设变量 x_i 的取值为 $t_1,\cdots,t_p$;x_j 的取值为 $r_1,\cdots,r_q$,并用 n_k 表示 x_i 取 t_k、x_j 取 r_l 的样本数,则可得到 N 个样本中两个变量的实际观察数列成的列联表,如表 8.4 所示。

表 8.4 列联表

变量 x_j / 变量 x_i	r_1	r_2	$\cdots$	r_q	Σ
t_1	n_{11}	n_{12}	$\cdots$	n_{1q}	n_1
t_2	n_{21}	n_{22}	$\cdots$	n_{2q}	n_2
	$\cdots$	$\cdots$	$\cdots$	$\cdots$	$\cdots$
t_p	n_{p1}	n_{p2}	$\cdots$	n_{pq}	n_p
Σ	$n_{\cdot 1}$	$n_{\cdot 2}$	$\cdots$	$n_{\cdot q}$	$n=\sum_i\sum_j n_{ij}$

由前面(第二章第 1 节表 2.3)独立性检验知,x_i 与 x_j 的独立性检验的统计量为

$$\chi^2=\sum_{l=1}^{q}\sum_{k=1}^{p}\frac{(n_{kl}-n_{k\cdot}\, n_{\cdot l}/n)^2}{n_{k\cdot}\, n_{\cdot l}/n}\sim\chi^2((p-1)(q-1))$$

而建立在 χ^2 基础上的关联系数有多种，常用的有：

（1）联列系数

$$c_{ij}(3)=[\chi^2/(\chi^2+n)]^{\frac{1}{2}}$$

（2）连关系数（3 种）

$$c_{ij}(4)=[\chi^2/n\cdot\max\{p-1,q-1\}]^{\frac{1}{2}}$$

$$c_{ij}(5)=[\chi^2/n\cdot\min\{p-1,q-1\}]^{\frac{1}{2}}$$

$$c_{ij}(6)=[\chi^2/n)(((p-1)(q-1))^{\frac{1}{2}}]^{\frac{1}{2}}$$

二、层次聚类法

层次聚类法，又称系统聚类法，是将类由多变到少的聚类法，也是目前聚类分析在实际应用中使用最广泛的一种方法。该法在处理样本聚类时的计算步骤为：

1° 首先将 N 个样本各成一类，即每类只含一个样本；

2° 计算 N 类两两之间的距离（或相似系数）d_{ij}，从而构成距离对称阵 $D_{(0)}=(d_{ij})_{N\times N}$；

3° 将距离最近的两类并成一新类，并计算新类与其他类的距离。

在实际计算中选择 $D_{(0)}$ 中最小元素（或相似系数阵中最大元素）设为 d_{pq}，则将类 G_p 和 G_q 合并成新类 $G_r=\{G_p,G_q\}$。这即在 $D_{(0)}$ 中消去 G_p、G_q 所对应的行和列，而加入新类 G_r 与其他类的距离组成的一行和一列，得新距离阵：$D_{(1)}=(d_{ij}^{(1)})_{(N-1)\times(N-1)}$；

4° 重复步骤 3°直至全部样本归成一类。这即由 $D_{(1)}$ 出发重复上述 3°中计算，得到 $D_{(2)}$，$D_{(3)}$，…，如此下去，直至合成一类；

5° 并类时记下合并时的样本编号及并类时的水平（距离或相似系数的值），并由此画成聚类谱系图（树状图）；

6° 由谱系图及实际问题的意义确定分类数及分类结果。

因样本之间和类与类之间距离有多种定义，而这些不同距离定义产生了不同的层次聚类法。现用 d_{ij} 表示样本 $x^{(i)}$ 与 $x^{(j)}$ 之间的距离，D_{pq} 表示类 G_p 与类 G_q 之间的距离，类 $G_r=\{G_p,G_q\}$ 表示由类 G_p、G_q 合并成的新类，则利用不同的类与类之间距离所得的常用层次聚类法有：

（1）最短距离法

类间距离为两类中最近样本之间的距离

$$D_{pq}=\min_{i\in G_p,j\in G_q}\{d_{ij}\}$$

而计算新类 $G_r=\{G_p,G_q\}$ 与其他类距离（以下简称新类距离）的递推公式为

$$D_{rk}=\min\{D_{pk},D_{qk}\}$$

该法的空间距离收缩性使其不适用于一般数据的分类，故不提倡使用。

(2) 最长距离法

类间距离为两类中最远样本之间的距离

$$D_{pq} = \max_{i \in G_p, j \in G_q} \{d_{ij}\}$$

其新类 $G_r = \{G_p, G_q\}$ 的距离递推公式为

$$D_{rk} = \max\{D_{pk}, D_{qk}\}$$

(3) 中间距离法

该法采用介于最短距离与最长距离间的中间距离，其新类 $G_r = \{G_p, G_q\}$ 的距离递推公式为

$$D_{rk}^2 = (D_{pk}^2 + D_{qk}^2)/2 - D_{pq}^2/4$$

(4) 可变法

为中间距离法的修正，即将其新类 $G_r = \{G_p, G_q\}$ 的距离递推公式变为

$$D_{rk}^2 = (1-\beta)(D_{pk}^2 + D_{qk}^2)/2 + \beta D_{pq}^2$$

其中 $\beta < 1$ 为可变参数，实用中常取 $\beta = -1/4$。

(5) 重心法

类间距离为两类的重心(即样本均值)之间的距离

$$D_{pq}^2 = d^2(\bar{x}^{(p)}, \bar{x}^{(q)}) = (\bar{x}^{(p)} - \bar{x}^{(q)})'(\bar{x}^{(p)} - \bar{x}^{(q)})$$

其新类 $G_r = \{G_p, G_q\}$ 的距离递推公式为(对于欧氏距离)

$$D_{rk}^2 = \frac{n_p}{n_r} D_{pk}^2 + \frac{n_q}{n_r} D_{qk}^2 - \frac{n_p n_q}{n_r^2} D_{pq}^2$$

其中 n_p、n_q、n_r 分别为类 G_p、G_q、G_r 所含的样本数，而 $\bar{x}^{(i)}$ 为 G_i 的重心($i = p, q$)。

则 G_r 的重心为

$$\bar{x}^{(r)} = \frac{1}{n_r}(n_p \bar{x}^{(p)} + n_q \bar{x}^{(q)})$$

对于一般距离 d，新类 G_r 的距离计算公式为

$$D_{rk}^2 = d(\bar{x}^{(r)}, \bar{x}^{(k)})$$

(6) 类平均法

类间距离为两类元素中两两之间距离平方的均值

$$D_{pq}^2 = \frac{1}{n_p n_q} \sum_{i \in G_p} \sum_{j \in G_q} d_{ij}^2$$

其新类 $G_r = \{G_p, G_q\}$ 的距离递推公式为

$$D_{rk}^2 = (n_p D_{pk}^2 + n_q D_{qk}^2)/n_r$$

该法是层次聚类法中使用较广泛、效果较佳者。

(7) 可变类平均法

该法为类平均法的修正,即在新类 $G_r=\{G_p,G_q\}$ 的距离递推公式中增加 D_{pq} 的影响项

$$D_{rk}^2=(1-\beta)(n_pD_{pk}^2+n_qD_{qk}^2)/n_r+\beta D_{pq}^2$$

其中 $\beta<1$ 为可变参数,一般取负值效果较好,如取 $\beta=-1/4$。

(8) Ward 离差平方和法

类间距离为两类间离差平方和的距离

$$D_{pq}^2=\frac{n_pn_q}{n_p+n_q}(\bar{x}^{(p)}-\bar{x}^{(q)})'(\bar{x}^{(p)}-\bar{x}^{(q)})$$

其新类 $G_r=\{G_p,G_q\}$ 的距离递推公式为(对欧氏距离)

$$D_{rk}^2=\frac{n_p+n_q}{n_r+n_k}D_{pk}^2+\frac{n_q+n_k}{n_r+n_k}D_{qk}^2-\frac{n_k}{n_r+n_k}D_{pq}^2$$

该法是 Ward 于 1936 年基于方差分析思想而提出的,在实际应用中效果较好,但它要求样本间距离用欧氏距离。

(9) 最大似然估计法

类间距离为

$$D_{pq}=Nm\ln(1+B_{pq}/P)-2(n_r\ln n_r-n_p\ln n_p-n_q\ln n_q)$$

其中

$$B_{pq}=\frac{n_pn_q}{n_r}(\bar{x}^{(p)}-\bar{x}^{(q)})'(\bar{x}^{(p)}-\bar{x}^{(q)})$$

为两类间距离,而 P 为当前各类的类内离差平方和之和,该法对于不同大小的类较适用。

(10) M-相似分析法

该法的新类 $G_r=\{G_p,G_q\}$ 的距离递推公式为

$$D_{rk}^2=(D_{pk}^2+D_{qk}^2)/2$$

(11) 密度估计法

该法首先基于非参数密度估计法和近邻关系来定义一种新的距离 d^*,再由 d^* 应用最短距离法进行聚类。而由 d^* 的不同定义,可得不同的密度估计法:k 最近邻估计法、一致核估计法和 Wong 混合法。

(12) 两段密度估计法

该法为密度估计法的修正,可分为两个阶段:首先采用密度估计法将样本分成互不相交的类,然后将已分成的类再按最短距离法进行分类。

上述各种层次聚类法中,除了类间距离不同外,其并类的原则和步骤基本一致。1967 年 Lance 和 Williams 还对前八种层次聚类法的聚类递推公式给出了统一形式:

$$D_{rk}^2=\alpha_pD_{pk}^2+\alpha_qD_{pk}^2+\beta D_{pq}^2+\gamma\mid D_{pk}^2-D_{qk}^2\mid$$

其中 α_p、α_q、β、γ 为参数。而这八种层次聚类法的各参数取值情况由表 8.5 列出。该统一递

推公式的给出为编制层次聚类法的统一计算程序带来了很大便利。

表 8.5　八种层次聚类法统一公式的参数取值表

方 法	$\alpha_i(i=p,q)$	β	γ	备注
最短距离法	1/2	0	−1/2	
最长距离法	1/2	0	1/2	
中间距离法	1/2	−1/4	0	
可变法	$(1-\beta)/2$	$\beta(<1)$	0	常取 $\beta=-1/4$
重心法	$\frac{n_i}{n_r}$	$-\frac{n_p n_q}{n_r^2}$	0	用欧氏距离
类平均法	$\frac{n_i}{n_r}$	0	0	
可变类平均法	$(1-\beta)\frac{n_i}{n_r}$	$\beta(<1)$	0	常取 $\beta=-1/4$
Ward 法	$\frac{n_i+n_k}{n_r+n_k}$	$-\frac{n_k}{n_r+n_k}$	0	用欧氏距离

注：$n_r=n_p+n_q$。

当我们选定某种层次聚类法时，即可按聚类步骤，得到聚类谱系图。由于聚类谱系图只给出各样本间的近似关系，而如何由聚类谱系图来确定合适的分类数和分类结果，至今未有唯一的正确标准。一般我们可规定一个适当的并类水平临界值（阈值），用以分割谱系图以确定最终分类结果。Bemirmen 于 1972 年提出了以下几条根据谱系图及实际问题的意义来确定适当的分类结果的准则，可供我们参考：

（1）分类数与实际问题的意义相一致；

（2）各类重心之间的距离应很大；

（3）各类中所含元素不应太多；

（4）若采用不同的层次聚类法，则在各自聚类谱系图中应有大致相同的分类结果。

例 8.3　设有 6 个样本，只有一个指标，其值分别为 1,2,5,7,9,10。试用层次聚类法对其进行聚类分析。

解：我们对其分别用最短距离法、最长矩离法来进行聚类分析，主要给出其并类过程、相应的距离阵及最终的聚类谱系图。

下面我们首先用绝对值距离得到样本的初始距离阵 $D_{(0)}$，然后分别给出最短距离法和最长距离法进行并类的计算过程的简略表示（其中距离阵中最小元素用[ ]表示）。

$$D_{(0)}:\begin{array}{c} \\ G_2 \\ G_3 \\ G_4 \\ G_5 \\ G_6 \end{array}\begin{array}{c} \begin{array}{ccccc} G_1 & G_2 & G_3 & G_4 & G_5 \end{array} \\ \begin{bmatrix} [1] & & & & \\ 4 & 3 & & & \\ 6 & 5 & 2 & & \\ 8 & 7 & 4 & 2 & \\ 9 & 8 & 5 & 3 & [1] \end{bmatrix} \end{array}$$

（这里及后面为表述简明，仅列出对称距离阵的下三角部分。）

对于最短距离法，其并类过程为

1° $G_7=\{G_1,G_2\}$，$G_8=\{G_5,G_6\}$，

$$D_{(1)}:\begin{array}{c} \\ G_3 \\ G_4 \\ G_8 \end{array}\begin{array}{c} \begin{array}{ccc} G_7 & G_3 & G_4 \end{array} \\ \begin{bmatrix} 3 & & \\ 5 & [2] & \\ 7 & 4 & 2 \end{bmatrix} \end{array};$$

2° $G_9=\{G_3,G_4\}$，

$$D_{(2)}:\begin{array}{c} \\ G_9 \\ G_8 \end{array}\begin{array}{c} \begin{array}{cc} G_7 & G_9 \end{array} \\ \begin{bmatrix} 3 & \\ 7 & [2] \end{bmatrix} \end{array};$$

3° $G_{10}=\{G_8,G_9\}$，

$$D_{(3)}:\begin{array}{cc} & G_7 \\ G_{10} & [3] \end{array};$$

4° $G_{11}=\{G_7,G_{10}\}$，

并类过程结束。

1
2
3
4
5
6
0 1 2 3 距离

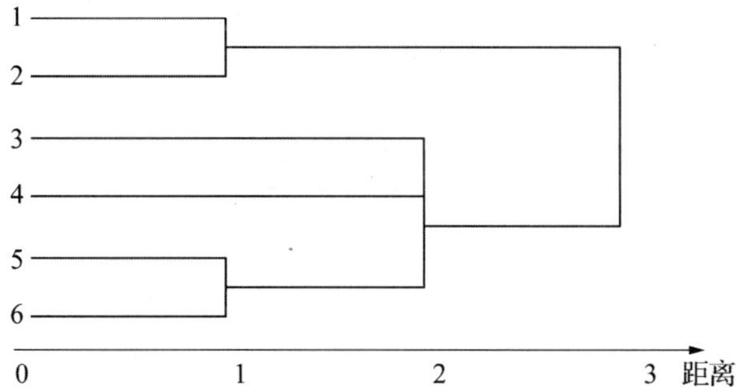

图 8.1　例 8.3 数据的最短距离法的聚类谱系图

对于最长距离法，其并类过程为

1° $G_7=\{G_1,G_2\}$，$G_8=\{G_5,G_6\}$，

$$D_{(1)}:\begin{array}{c} \\ G_3 \\ G_4 \\ G_8 \end{array}\begin{array}{c} \begin{array}{ccc} G_7 & G_3 & G_4 \end{array} \\ \begin{bmatrix} 4 & & \\ 6 & [2] & \\ 9 & 5 & 3 \end{bmatrix} \end{array};$$

2° $G_9=\{G_3,G_4\}$，

$$D_{(2)}:\begin{array}{c} \\ G_9 \\ G_8 \end{array}\begin{array}{c} \begin{array}{cc} G_7 & G_9 \end{array} \\ \begin{bmatrix} 6 & \\ 9 & [5] \end{bmatrix} \end{array};$$

3° $G_{10}=\{G_8,G_9\}$，

$$D_{(3)}:\begin{array}{cc} & G_7 \\ G_{10} & [9] \end{array};$$

4° $G_{11}=\{G_7,G_{10}\}$，

并类过程结束。

该最长距离法的聚类谱系图为

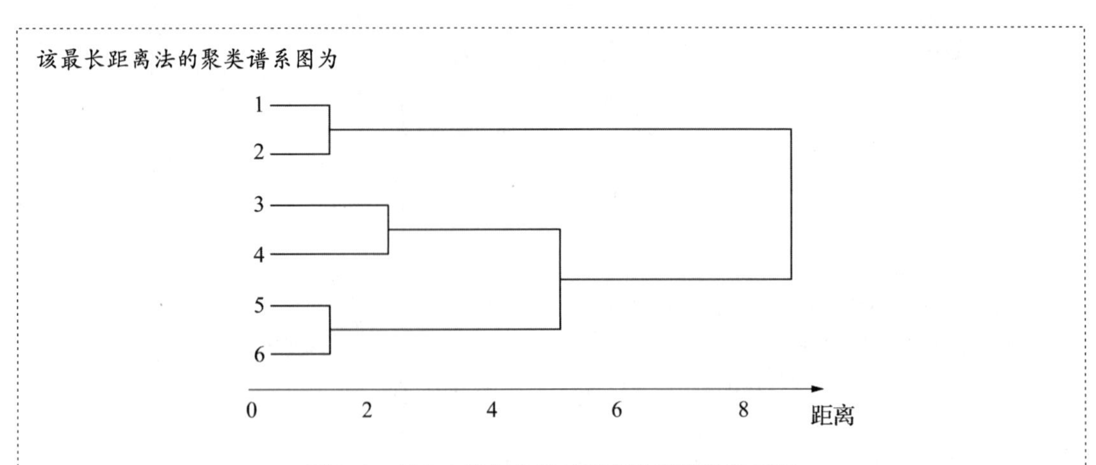

图 8.2 例 8.3 数据的最长距离法的聚类谱系图

上述两种聚类法的聚类图(图 8.1 和图 8.2)都提示样本可分为三类:{1,2}{3,4}{5,6},或两类:{1,2}{3,4,5,6}。具体哪种分类结果更合适,最好结合实际问题的背景来决定。

例 8.4 现有某年份统计的我国各省、市、自治区所在高校科研相关指标数据,包括地区名称($x1$)、投入人数($x2$)、科研费($x3$)、课题数($x4$)、专著数($x5$)、论文数($x6$)、获奖数($x7$),如表 8.6 所示。现以各省市自治区高校的指标为样本,样本间采用欧式距离,聚类方法采用层次聚类方法中的类平均法(average)。试用 R 语言编程进行样本聚类分析,并绘制分为三类的聚类谱系图。

表 8.6 某年份我国各省市高校科研有关指标

	$x1$ 地区	$x2$ 投入人数	$x3$ 科研费	$x4$ 课题数	$x5$ 专著数	$x6$ 论文数	$x7$ 获奖数
1	北京	6 795	339 803	3 261	2 723	12 270	237
2	天津	1 649	45 392	991	488	3 055	138
3	河北	2 367	40 631	839	412	4 440	51
4	山西	1 460	49 661	635	218	2 964	41
5	内蒙	455	7 001	227	152	1 759	132
6	辽宁	3 664	70 301	1 241	779	7 244	252
7	吉林	2 514	44 154	902	581	4 300	128
8	黑龙江	1 430	9 477	479	391	2 801	119
9	上海	3 783	116 292	2 247	1 130	6 607	67
10	江苏	5 480	138 418	3 110	961	10 456	540
11	浙江	2 765	44 320	1 676	473	6 031	289
12	安徽	2 157	49 672	599	232	3 897	9
13	福建	1 575	73 829	897	376	3 239	13
14	江西	2 313	15 733	908	319	3 979	90
15	山东	3 601	71 333	1 287	920	10 610	507
16	河南	1 957	8 418	770	412	3 903	140

续表

	$x1$ 地区	$x2$ 投入人数	$x3$ 科研费	$x4$ 课题数	$x5$ 专著数	$x6$ 论文数	$x7$ 获奖数
17	湖北	4 427	96 011	1 835	1 126	11 485	133
18	湖南	2 765	121 431	1 266	605	6 793	386
19	广东	4 234	137 897	2 117	741	7 705	232
20	广西	1 410	8 433	431	183	2 771	133
21	海南	163	49 684	76	70	494	21
22	重庆	1 495	22 335	696	248	2 988	83
23	四川	2 359	70 955	1 138	433	4 788	144
24	贵州	221	1 960	73	50	1 198	7
25	云南	1 149	7 845	282	149	1 958	28
26	西藏	75	500	17	6	117	0
27	陕西	2 236	62 621	803	569	6 539	127
28	甘肃	970	19 613	530	163	2 255	92
29	青海	159	0	69	15	583	0
30	宁夏	188	556	82	30	406	0
31	新疆	660	330	276	116	2 803	9

R 编程应用

R 的基础安装包提供了 HCLUST()、KMEANS()等基础函数分别用于进行层次聚类和 k 均值聚类分析等，其相关函数与说明表如表 8.7 所示。

表 8.7 R 语言中聚类分析相关的函数

R 语言函数	函数的参数说明
hclust(d,method =) 对大样本用层次聚类法进行样本聚类分析 varclus (x, similarity =, type =, method =) 对数据进行指标(变量)的聚类分析 kmeans(x,centers,nstart = 1,) 对数据进行 k -均值样本聚类分析 cutree(obj,k =,main =) 分隔聚类树得到聚类各类别 plot(obj,label =,hang =,main =) 绘制聚类结果对应的聚类谱系图(树状图) rect.hclust(obj,k =) 在谱系图上添加矩形得到分类聚类结果 dist(x, method =,diag =,upper =) 对数值型数据按 method 指定的距离指标法产生距离矩阵	x:用于分析的原始数据阵 d:距离数据矩阵 similarity =: 指定相似指标，默认为 spearman 相关系数平方 type =: 输入数据设置为数据矩阵(默认)或相似性矩阵("similarity.matrix") method =:指定聚类方法，包括 ward、average、median 等 centers =: 用来设置分类个数 nstart = 1:选取随机初始中心的次数(默认值为 1) obj:层次聚类输出结果对象 label =:指定谱系图的聚类对象的标志 hang =:指定标签在图形中的高度 k =:聚类分析的分类个数 diag =:选 TRUE 显示距离矩阵的对角线元素(默认不显示) upper =:选 TRUE 显示距离矩阵的上三角元素(默认不显示)

下面给出本例层次聚类分析的 R 编程应用。

R 编程应用

```
# 用类平均法进行层次聚类分析
> dat = read.table('D:高校科研研究.csv', sep =",", header = TRUE)# 读入 D 盘上的csv 数据集
> Cludat = dat[,2:7]# 提取聚类变量 x2 ~x7
> d1 = dist(Cludat,method ="euclidean")# 对数据按欧氏距离计算距离矩阵
> hc1 = hclust(d1,method ='average')# 用类平均法进行层次聚类分析
> plot(hc1,hang =- 1,label = dat[,1])# 对聚类结果绘制聚类谱系图,标记用第一个变量(地区)
> rect.hclust(hc,k = 3)# 在聚类谱系图上用矩形区分聚成 3 类的结果
## 聚类分析的 R 语言层次聚类分析法的主要输出结果为层次聚类谱系图
```

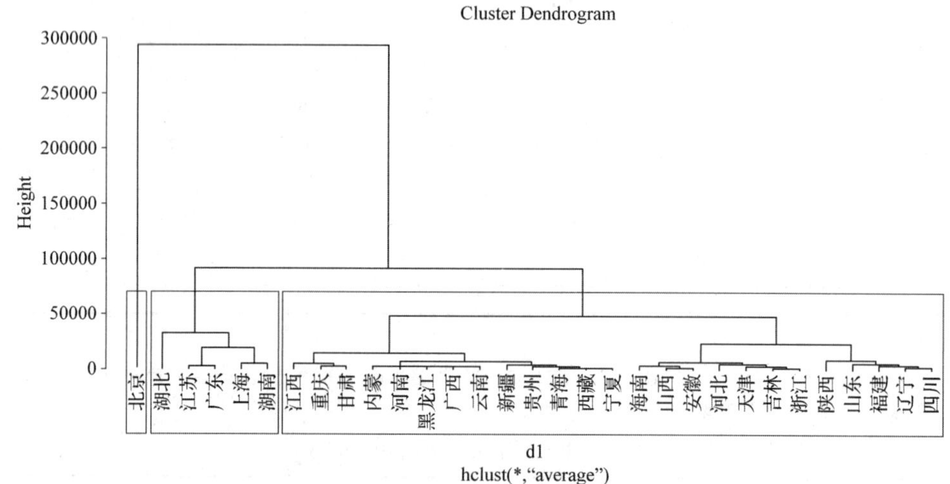

图 8.3　我国各地区高校科研相关指标的聚类(类平均法)谱系图

除了这种在聚类图上直接用矩形来直观得到聚成三类的成员结果外,利用 cutree()函数也可以得到聚成若干类别的具体分类成员结果。

```
> cutree(hc1,k = 3)
[1] 1 2 2 2 2 2 2 2 3 3 2 2 2 2 2 2 2 3 3 3 2 2 2 2 2 2 2 2 2 2 2 # 输出结果
```

由该分类成员结果,与数据表 8.6 地区依次对照可知,31 个省市分成三类的结果为:

第 1 类:北京

第 3 类:上海、江苏、湖北、湖南和广东

第 2 类:其他省市

该结果与上述层次聚类谱系图(图 8.3)的分类结果完全一致。

采用不同聚类方法,得到的聚类谱系图的形状往往比较相似。例如对于本例,如果取 method = centriod(重心法)或 median(中间距离法)进行层次聚类,则可得到与 average(类平均法)聚成三类的同样结果;但如果取 method = ward.D(Ward 法),得到聚成三类的结果是不同的,如图 8.4 所示。在不同的聚类结果中,以不同类间区分度大,并能结合实际情形总结各类特征,便于分类结果的合理解释为好。

```
# 用 ward 法进行层次聚类分析
> hc2 = hclust(d1,method ='ward.D') # 用 ward 法进行层次聚类分析
> plot(hc2,hang =- 1,label = dat[,1]) # 对聚类结果绘制聚类谱系图
> rect.hclust(hc2,k = 3)# 在聚类谱系图上用矩形区分聚成 3 类的结果
```

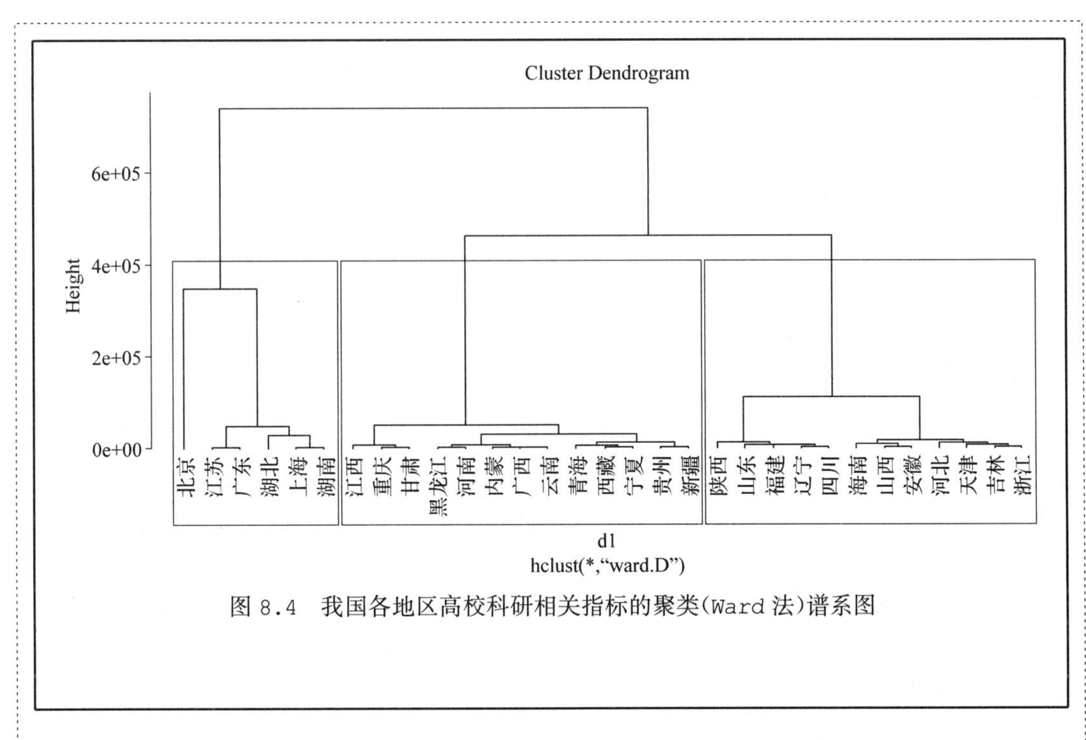

图 8.4　我国各地区高校科研相关指标的聚类(Ward 法)谱系图

由上述 R 编程层次聚类分析的输出结果可知，本例分为三类的聚类谱系图如图 8.3 所示，各省市分成三类的分类结果为：

第 1 类：北京；

第 2 类：上海、江苏、湖北、湖南和广东；

第 3 类：其他省市。

如果采用不同聚类方法，得到的聚类谱系图的形状往往比较相似。在前面介绍的多种层次聚类法中，经过模似，总的来说，以类平均法和 Ward 离差平方和法效果较好，应用也较广，而以最短距离法效果最差，应用时应慎重。当然，聚类分析作为一种探索性数据分析方法，针对不同的数据，可能有不同的适合方法，很难说哪一种方法最好。此时读者可以尝试不同的聚类方法，有时可以结合其他的相关信息，得到一个相对稳定而科学合理的结果。具体在聚类分析中分成几类的类数即最优聚类数的确定，我们可以根据实际情况而定，也可以利用程序包 NbClust 里的函数 NbClust()确定最优聚类个数，读者可以参考文献[12]。

三、动态聚类法

动态聚类法，又称逐步聚类法或快速聚类法，是在变量的欧氏距离之上对大样本数据进行的分割聚类，其基本原理是：首先选择一批"凝聚点"，让其他样本向最近的凝聚点凝聚，从而得到初始分类，然后按某种原则逐步修改不合理的分类，直至分类比较合理。动态聚类法是针对层次聚类法在大样本数据聚类时计算量太大及分类一次形成等不足而提出的，它具有计算量较小、占用内存较少及方法简单等特点，较适用于具有"球状"点群结构的大样本容量的样本聚类分析，其聚类的计算过程也可由下列图 8.5 来直观显示。

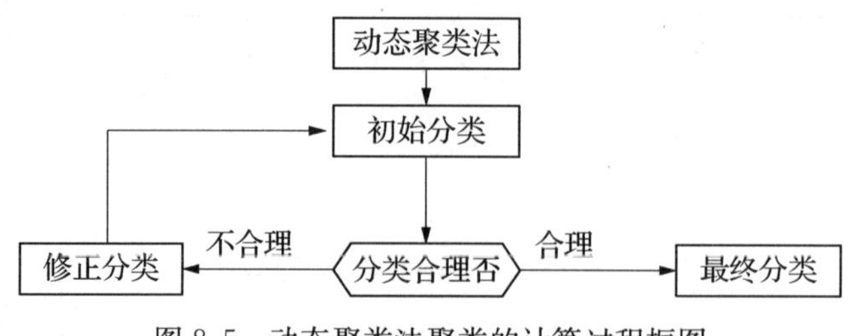

图 8.5　动态聚类法聚类的计算过程框图

(一) 凝聚点的选择

凝聚点作为欲形成类中心的一批有代表性的点，其选择不仅直接决定初始分类，还将对其最终分类结果起着重要影响。通常用于凝聚点选择的方法有：

(1) 经验选择法。根据经验预先确定分类数和初始分类，从每类中选一代表性样本作为凝聚点。

(2) 人为选择法。对数据人为地分成几类，将每类的重心(即样本均值)作为凝聚点。

(3) 密度法。先选定两个正数 d_1、d_2($d_2>d_1>0$)，以各样本为球心，d_1 为半径，落在该球内的样本数为密度，取最大密度的样本为凝聚点，由此出发，依密度的从大到小顺序，选取距离大于 d_2 的样本为凝聚点。

(4) 重心法。首先选定距离 d，并将所有样本的重心(即样本总均值)，作为第一个凝聚点，再逐个输入样本，若输入样本与各凝聚点的距离均大于 d，则选为新的凝聚点。

(5) 随机聚类法。当样本总数 N 很大时，可从中随机选取部分样本用层次聚类法进行聚类，再将各类的重心作为凝聚点。

(6) 最大最小法。先选取所有样本中相距最远的两个样本为前两个凝聚点，再将其他样本中与已选定的凝聚点的最小距离达到最大的样本选为新的凝聚点。

(二) 初始分类法

有了凝聚点后即可进行初始分类，而初始分类不一定非用凝聚点不可。其常用的初始分类法主要有：

(1) 经验分类法。根据经验对样本进行初始分类。

(2) 就近归类法。选定凝聚点后，各样本向最靠近的凝聚点归类。

(3) 重心法。每个选定的凝聚点自成一类，将样本依次归入最近的凝聚点的类，并计算该类的重心以取代原来的凝聚点，如此归类，直至样本全部归类。

(4) 距离法。先选定距离 d_0，并取类 $G_1=\{x^{(1)}\}$。若 $d(x^{(1)},x^{(2)})<d_0$，则将 $x^{(2)}$ 归入 G_1 否则 $x^{(2)}$ 自成一类 $G_2=\{x^{(2)}\}$。一般地，若已形成 k 类 $G_1,\cdots,G_k$，而各类首先进入的样本为 $x^{(i_1)},\cdots,x^{(i_k)}$(显然，$i_1=1$)。现考虑未归类的 $x^{(s)}$，若 $\min\limits_{1\leqslant i\leqslant k}\{d(x^{(s)},x^{(i_k)})\}\leqslant d_0$，则将 $x^{(s)}$ 归入达到最小值的类；否则则得新类 $G_{k+1}=\{x^{(s)}\}$。

(5) 变换取整法。对每个样本

$$x^{(i)}=(x_{i1},\cdots,x_{im}),\quad (i=1,\cdots,N)$$

令

$$x_{i_0}=\sum_{j=1}^{m}x_{ij},\quad R=\max_{1\leqslant i\leqslant N}\{x_{i_0}\}-\min_{1\leqslant i\leqslant N}\{x_{i_0}\}$$

现对 x_{i_0} 作正规化变换

$$x_{i_0}^{*}=(x_{i_0}-\min_{1\leqslant i\leqslant N}\{x_{i_0}\})/R$$

若欲将样本分为 k 类,则将 $x^{(i)}$ 归入第$[(k-1)x_{i_0}^{*}]+1$ 类,其中[　]表示取整运算。(有时为消除量纲的影响,先对原始数据 x_{ij} 作标准化变换。)

(三) 分类的逐步修正

样本初始分类后,需对不合理的分类进行调整和逐步修正,使分类趋于合理。常用的分类逐步修正法主要有按批修正法和逐个修正法。

1. 按批修正法

按批修正法是在样本全部归类后,再对凝聚点进行调整的分类修正法,其计算步骤为:

1° 选定样本间的距离,并选择一批凝聚点;

2° 将各样本按最近的凝聚点进行归类;

3° 计算各类的重心作为新的凝聚点,若新凝聚点与上次的凝聚点全部重合,则修正过程终止,否则,转回 2°。(有时也可人为规定该修正步骤重复若干次即停止)。

样本的按批修正法分类调整的原则实质上就是使各类的离差平方(称为分类函数值)

$$D=\sum_{i=1}^{k}\sum_{j\in G_i}(x^{(j)}-\bar{x}(i))'(x^{(j)}-\bar{x}(i))$$

$$\left(\bar{x}(i)=\frac{1}{n_i}\sum_{j\in G_i}x^{(j)}\ \text{为类}\ G_i\ \text{的重心}\right)$$

逐渐减少,直至不能再减少。该法计算量小,速度快,但其分类结果依赖于凝聚点的选取。

2. 逐个修正法

逐个修正法是每输入一个样本进行分类的同时改变该类的凝聚点的分类修正法。该法是由 Mac Queen 于 1967 年提出的,通常还称为 K-均值法,其具体方法有多种,而常用的逐个修正法的计算步骤为:

1° 人为地确定三个常数:K(分类数)、C(类间距离最小值)和 R(类内距离最大值),并选定 K 个样本作为凝聚点。

2° 计算这 K 个凝聚点两两之间的距离,若其最小距离$<C$,则将相应两凝聚点合并,用这两点的重心作为新的凝聚点,重复该步骤,直至所有凝聚点间的距离均$\geqslant C$。

3° 将其余样本逐个归类,即计算该样本与各凝聚点的距离,若其最小距离$>R$,则将该样本作为新的凝聚点;否则,则将该样本归入最近的凝聚点所在类,并重新计算该类重心以代替原凝聚点。再重复 2°的步骤,如此进行,直至全部样本归类。

4° 将所有样本从头到尾再逐个输入,按 3°进行归类。若某样本新的归类与原来一样,则重心不变;否则,则重新计算所涉及的两类重心。

5° 若所有样本的新归类与上次相同,则终止分类的修正过程;否则,则重复 4°。

逐个修正法的最终分类与样本的考虑顺序有关,故开始选取凝聚点时最好选有代表性的点。同时显然该法的聚类结果与参数 K、C、R 有关,故在计算时也可使这些参数适当变化,最后根据实际问题的意义来对最终分类结果进行取舍。

例 8.5 从某大学男生中随机抽取 10 名,测得其身高和体重数值如表 8.8 所示,样本间采用欧式距离的平方,试利用 R 语言编程,分别用层次聚类方法和 K-均值法进行样本聚类分析。

表 8.8 10 名男生的身高和体重数值

编号	1	2	3	4	5	6	7	8	9	10
身高 x_1(cm)	170	173	180	185	168	165	177	165	178	182
体重 x_2(kg)	66	66	68	72	63	62	68	59	69	71

R 编程应用

```
# 用 8 种不同的聚类法进行层次聚类分析
> dat = read.table("D:/某大学 10 名男生的身高和体重.csv",header = TRUE,sep =",")
methods = c('single','ward.D','ward.D2','complete','average','mcquitty','median',
'centroid ,)# 'single'最短距离法,'ward.D','ward.D2'离差平方和,'complete'最长距离法,
'average'类平均法,'mcquitty'McQuitty 相似分析法,'median'中间距离法,'centroid'重心法
> d = dist(dat,method ='euclidean')# 原数据阵转为距离数据阵
> par(mfrow = c(2,4))
> for(i in 1:8){
+  hc = hclust(d,method = methods[i])
+  plot(hc,hang =- 1,main =')}# 按上述不同聚类方法进行聚类分析,生成聚类谱系图。
## 输出层次聚类分析的各聚类方法对应聚类谱系图结果
```

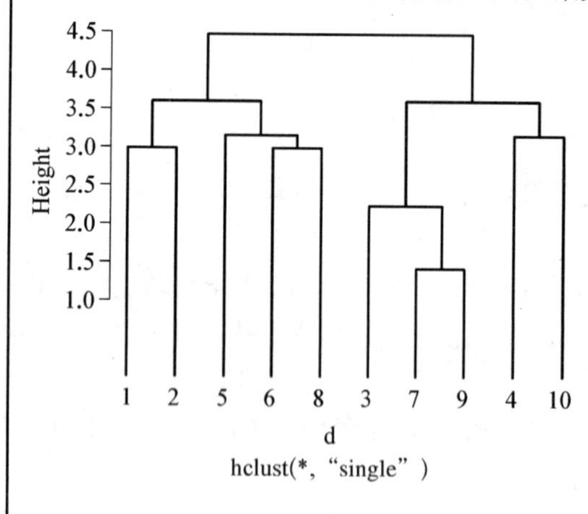

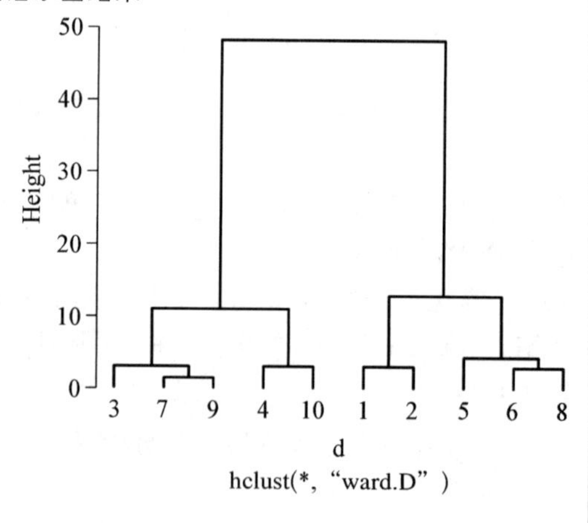

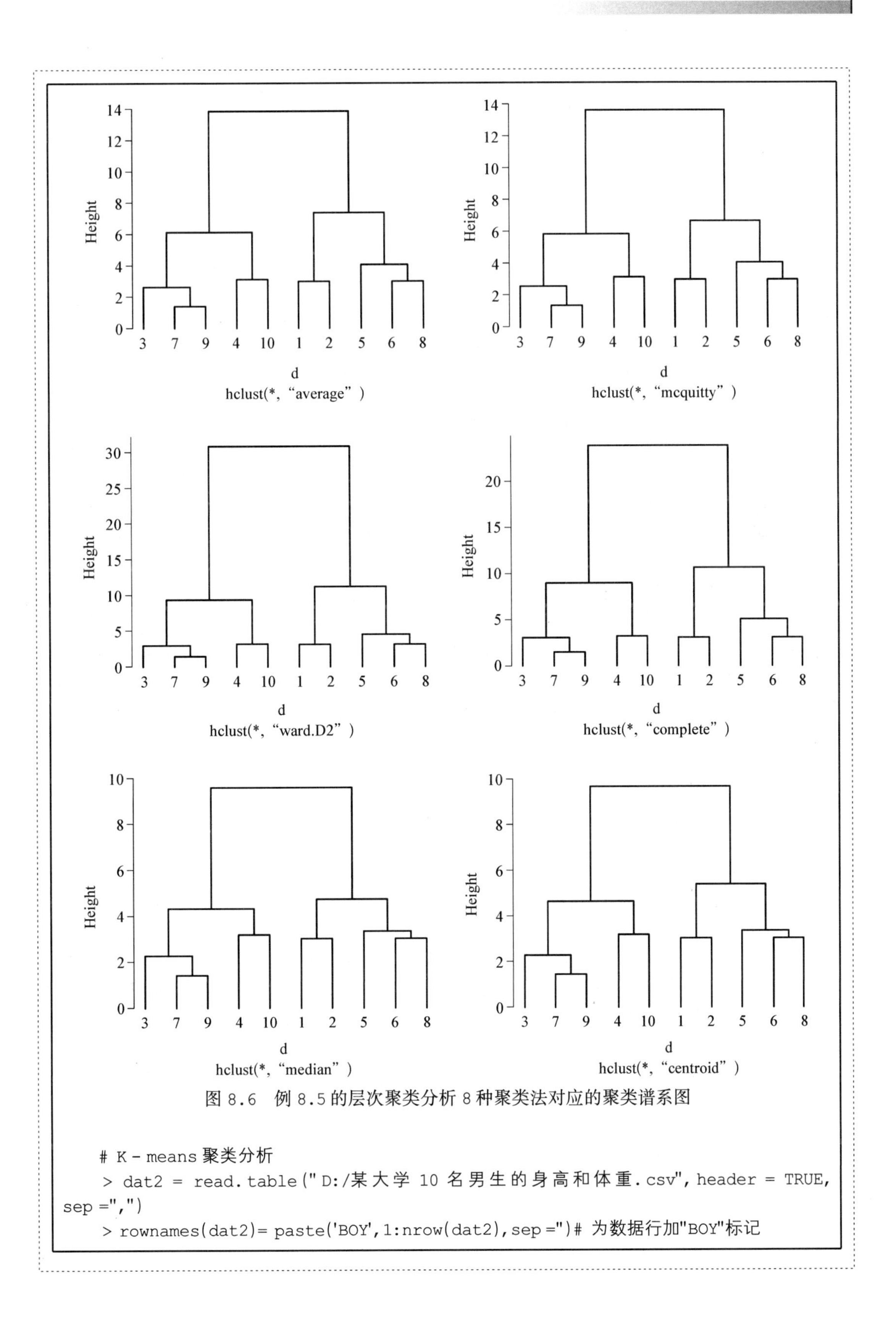

图 8.6 例 8.5 的层次聚类分析 8 种聚类法对应的聚类谱系图

```
# K - means 聚类分析
> dat2 = read.table(" D:/某大学 10 名男生的身高和体重.csv", header = TRUE,
sep =",")
> rownames(dat2)= paste('BOY',1:nrow(dat2),sep ='')# 为数据行加"BOY"标记
```

```
> km = kmeans(dat2,centers = 2)# 进行分两类的 k -均值聚类分析
> km
## k -均值聚类输出结果
K - means clustering with 2 clusters of sizes 5,5
Cluster means:
     x1      x2
1  180.4   69.6
2  168.2   63.2
Clustering vector:
BOY1  BOY2  BOY3  BOY4  BOY5  BOY6  BOY7  BOY8  BOY9  BOY10
  2     2     1     1     2     2     1     2     1     1
Within cluster sum of squares by cluster:
[1] 54.4  81.6
     (between_SS / total_SS = 77.7 %)
```

在本例层次聚类分析编程中,我们分别用了八种不同的聚类方法('single'最短距离法、'ward.D'离差平方和、'complete'最长距离法、'average'类平均法、'mcquitty'McQuitty相似分析法、'median'中间距离法、'centroid'重心法)得到了对应的聚类谱系图,各聚类谱系图的形状比较相似,以分两类较为适宜。其聚成两类的结果均为:

第1类:编号为1、2、5、6、8的男生;

第2类:编号为3、4、7、9、10的男生。

在K-均值聚类分析编程中,取定分类数为2,进行两分类的K-均值聚类。K-均值聚类输出结果依次给出了:分两类的各类成员个数为5、5;各类聚类中心(Cluster means 均值向量);最终分类结果(Clustering vector 各成员所属类别);各类别组内平方和。其中的分两类的聚类结果与上述层次聚类法的分类结果是一样的。

四、其他样本聚类法

(一) 有序样本聚类法(最优分割法)

在实际应用中,有时还需考虑样本次序不能打乱的有序样本的分类问题,此时,对有序样本$x^{(1)},\cdots,x^{(N)}$,所分每一类必须为$\{x^{(i)},x^{(i+1)},\cdots,x^{(j)}\}$的形式,对此,我们可采用在某种损失函数意义下求最优解的最优分割法来进行聚类分析。这里我们介绍一种 Fisher 提出的算法,其聚类步骤为:

1° 定义类的直径。如对类$G=\{x^{(i)},x^{(i+1)},\cdots,x^{(j)}\}$,其直径为

$$D(i,j)=\sum_{l=i}^{j}(x^{(l)}-\bar{x}_G)'(x^{(l)}-\bar{x}_G)$$

当$m=1$时,有时用直径

$$D(i,j)=\sum_{l=i}^{j}\mid x^{(l)}-\tilde{x}_G\mid$$

其中$\tilde{x}_G$为类G中样本的中位数。

2° 定义分类损失函数。设 $b(N,k)$ 表示将 N 个有序样本分为 k 类某种分法，即

$$b(N,k):\{i_1,i_1+1,\cdots,i_2-1\},\{i_2,i_2+1,\cdots,i_3-1\},\cdots,\{i_k,\cdots,N\}$$

其中

$$1=i_1<i_2<\cdots<i_k<N$$

则该分类的损失函数为

$$L[b(N,k)]=\sum_{l=i}^{j}D(i_l,i_{l+1}-1)$$

3° 计算最小分类损失函数。当 N,k 固定时，分类损失函数越小，表示所分各类的离差平方和越小，分类越合理。记 $b^*(N,k)$ 为使 $L[b(N,k)]$ 达到最小的分类法，则利用 Fisher 递推公式

$$L[b^*(N,k)]=\min_{2\leqslant j\leqslant N}\{D(1,j-1)+D(j,N)\}$$

$$L[b^*(N,k)]=\min_{k\leqslant j\leqslant N}\{L[b^*(j-1,k-1)]+D(j,N)\}$$

计算最小分类损失函数

$$\{L[b^*(i,j)]\}\quad(1\leqslant i\leqslant N,1\leqslant j\leqslant k)$$

4° 求出最优分割分类。若要分 k 类时，应求分类法 $b^*(N,k)$，使其分类损失函数 L 达到最小。即首先找 j_k，使其满足

$$L[b^*(N,k)]=L[b^*(j_k-1,k-1)]+D(j_k,N)$$

即得第 k 类 $G_k=\{j_k,j_k+1,\cdots,N\}$；再求 j_{k-1}，使其满足

$$L[b^*(j_k-1,k-1)]=L[b^*(j_{k-1}-1,k-2)]+D(j_{k-1},j_k-1)$$

则得第 $k-1$ 类 $G_{k-1}=\{j_{k-1},j_{k-1}+1,\cdots,j_k-1\}$；如此下去，依次得到 $G_{k-2},\cdots,G_2,G_1$，即为所求的最优分割分类

$$b^*(N,k)=\{G_1,G_2,\cdots,G_k\}$$

上述步骤中，分类数 k 的确定对其分类结果影响很大。实际计算时，当 k 未知时，可按下列方法来确定 k 的值：

(1) 画出

$$(k,L[b^*(N,k)])\quad(k=1,2,\cdots,)$$

的散点图，由所连曲线的拐弯处来确定 k 的值：

(2) 当样本满足正态分布时，对 $k=1,2,\cdots$，选取满足

$$F=(N-k-1)\left(\frac{L[b^*(N,k)]}{L[b^*(N,k+1)]}-1\right)<F_\alpha(1,N-k-1)$$

的最小的 k 值。

(二) 模糊聚类法

设 X 为全域，若 A 为 X 上取值[0,1]的函数，则称 A 为模糊集。若矩阵的元素在[0,1]

内取值,则称该矩阵为模糊矩阵。若 R 为 $X\times X$ 上的集合,且满足反身性、对称性和传递性,则称集合 R 为分类关系。

模糊聚类法是根据模糊集理论,在模糊分类基础上对样本模糊数据集进行的聚类分析。其计算步骤为:

1° 对原始数据进行标准化或正规化变换;

2° 计算模糊相似矩阵,常取在$[-1,1]$中取值的相似系数

$$\gamma_{ij}^{*}=\cos\theta$$

来构成相似系数阵,再由变换

$$\gamma_{ij}=(1+\gamma_{ij}^{*})/2$$

将其压缩到$[0,1]$内取值,从而得到模糊相似阵 $R=(\gamma_{ij})$;

3° 对模糊阵 R 进行褶积计算:

$$R\rightarrow R^{2}\rightarrow\cdots\rightarrow R^{n}$$

经过有限步褶积后使得 $R^{n}\cdot R=R^{n}$,由此得到模糊分类关系 R^{n};

4° 模糊聚类。对模糊分类关系 R^{n} 进行聚类处理,即对给定不同置信水平的 λ,求 R_{λ} 截阵,找出 R 的 λ 显示,得到普通分类关系 R_{λ}。当 $\lambda=1$ 时,每个样本自成一类,随 λ 值的降低,由细到粗逐渐并类,最后得到动态性的聚类谱系图。

五、变量聚类法

前面介绍的聚类法均为样本的聚类,在本节结束之前,我们来简单讨论一下变量聚类的方法。

(一) 变量聚类的类成分聚类法

变量聚类通常是基于变量的(样本)相关阵或协方差阵对变量进行的分割聚类或层次聚类。一般我们将各类的第一主成分或重心成分称为类成分,而变量聚类应尽可能使各个类中类成分的方差(即所含信息)之和达到最大,此时变量聚类分析也可看成与多元因子分析有关的斜成分分析。下面我们给出变量的类成分聚类法的计算步骤:

1° 计算变量的样本相关阵或样本协差阵;

2° 给定每类类成分所占方差百分比或每类第二特征值的临界值;

3° 对变量作初始分类或将每个变量均看成一个类;

4° 在各类中选定一类,使其类成分的方差最小或第二特征值在各类中最大;

5° 将选定类分成两类,首先求出其前两个主成分,并进行斜交旋转,再将此类中所有变量归入与这两个主成分相关系数较大者的类;

6° 将变量循环地归入各个类,以使类成分所占的方差部分最大。在每次循环中,首先计算类成分,将每个变量归入与其具有最大平方相关的类成分所代表的类,再依次对每个变量归入不同的类,并依其是否增加了所解释方差的总和来决定是否重新归类。变量被重新归类时,所涉及的两类在考虑下一变量时要重新计算;

7° 重复上述归类步骤 4°～6°，直至所分各类均满足 2°所规定的准则；若未规定 2°，则分类过程在每类只有一个特征值>1 时结束。最后给出最终分类结果。

(二) 变量的逐步聚类法

与样本的层次聚类法相类似，变量聚类也可由变量的相似性系数阵对变量进行归类，形成谱系图，从而得到其初始分类或最终分类结果。而变量的聚类谱系图可一次计算形成或逐步计算形成。一次形成就是按照变量相似性从大到小一次连接成图，这样做虽然简便，却有可能把不相关的变量归成一类。逐步形成法是在变量的聚类过程中，逐步合并具有最大相似性(即最短距离)的变量组成新变量(例如，可用合并变量的重心作为新变量来代替原变量对)，再重新计算其相似性系数阵，如此反复进行，直至变量全部归类为此。显然该变量聚类法的步骤完全类似于样本的层次聚类法。这里我们只给出根据合并变量情况连接变量聚类谱系图的规则：

(1) 两个合并变量在已连成类的类中未出现过，则独自连成一类；

(2) 若两个合并变量中有一个在某类中出现，则将另一个归入该类；

(3) 若两个合并变量都在同一类中，则这对变量不再分类；

(4) 若两个合并变量都已在不同类中出现过，则将这两类连在一起。

上述变量聚类的谱系图形成规则可通过下例来理解。

例 8.6　试由下列 5 个变量($x_1 \sim x_5$)间的相关系数矩阵 R，用一次形成法来作出这些变量的聚类谱系图。

$$R = \begin{array}{c} \\ x_1 \\ x_2 \\ x_3 \\ x_4 \\ x_5 \end{array}\begin{array}{c} \begin{array}{ccccc} x_1 & x_2 & x_3 & x_4 & x_5 \end{array} \\ \begin{bmatrix} 1 & & & & \\ 0.70 & 1 & & & \\ 0.85 & 0.43 & 1 & & \\ 0.56 & 0.80 & 0.48 & 1 & \\ -0.19 & 0.95 & 0.61 & 0.76 & 1 \end{bmatrix} \end{array}$$

解：用一次形成法由相关系数矩阵 R 进行聚类来形成变量聚类谱系图的步骤为

1° 在相关系数阵 R 中，最大元素为 $\gamma_{52}=0.95$，则连接变量 x_2 与 x_5，得 $G_1=\{x_2,x_5\}$，再划去 R 的第五行，第五列；

2° 在 R 的剩余元素中，最大元素为 $\gamma_{31}=0.85$，则连接变量 x_1 与 x_3，得 $G_2=\{x_1,x_3\}$，再划去 R 的第三行、第三列；

3° 在 R 的剩余元素中，最大元素为 $\gamma_{42}=0.80$，则连接变量 x_4 与类 G_1，得 $G_3=\{x_4,x_2,x_5\}$，再划去 R 的第四行、第四列；

4° 在 R 的剩余元素中最大元素为 $\gamma_{21}=0.70$，则连接类 G_3 与 G_2，得 $G_4=\{x_4,x_2,x_5,x_1,x_3\}$，再划去 R 的第二行、第二列，此时全部变量已归为一类，则归类过程结束，此时所得变量的聚类谱系图为图 8.7。

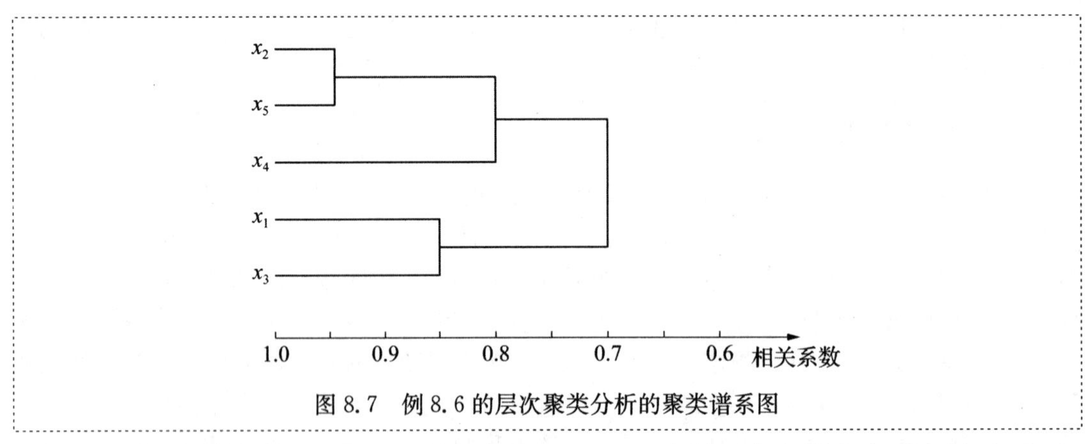

图 8.7　例 8.6 的层次聚类分析的聚类谱系图

变量聚类与样本聚类在本质上是一致的，只不过聚类的对象由样本变成变量，相应地，相似性度量从样本间的距离变成了变量指标间的相关系数。

例 8.7　某研究项目调查测量了 300 名成年女子的身高($x1$)、下肢长($x2$)、手臂长($x3$)、腰围($x4$)、胸围($x5$)和臀围($x6$)，所得到的各指标的相关系数如表 8.9 所示。

表 8.9　例 8.7 的成年女子身体指标间的相关系数

	$x1$	$x2$	$x3$	$x4$	$x5$	$x6$
$x1$	1.000	0.852	0.671	0.099	0.234	0.376
$x2$	0.852	1.000	0.636	0.055	0.174	0.321
$x3$	0.671	0.636	1.000	0.153	0.233	0.252
$x4$	0.099	0.055	0.153	1.000	0.732	0.627
$x5$	0.234	0.174	0.233	0.732	1.000	0.676
$x6$	0.376	0.321	0.252	0.627	0.676	1.000

下面利用 R 语言编程，对这些变量指标进行层次聚类分析。

R 编程应用

先根据表 8.9 中的数据建立相关系数矩阵 R:

```
> R1 = matrix(c(1,0.852,0.671,0.099,0.234,0.376,
  0.852,1,0.636,0.055,0.174,0.321,0.671,0.636,1,0.153,0.233,0.252,
  0.099,0.055,0.153,1,0.732,0.627,0.234,0.174,0.233,0.732,1,0.676,
  0.376,0.3210.252,0.627,0.676,1),nrow = 6,
  dimnames = list(c("身高","下肢长","手臂长","腰围","胸围","臀围")))# 输入相关系数矩阵数据
```

两个变量之间的相关系数的绝对值越大，表示这两个变量越相似，或者"距离"越近。因此，我们需要将 1- |R|作为距离。因为这里的相关系数都是正数，可以不取绝对值。

```
> d1 = as.dist(1- R1) # 将相关系数矩阵转化为距离矩阵
> hc = hclust (d1) # 进行层次聚类分析
> plot (hc,hang = - 1)# 生成层次聚类的谱系图
> rect.hclust(hc,k = 2)# 在聚类的谱系图上,用矩形将聚类成员分成两类
```

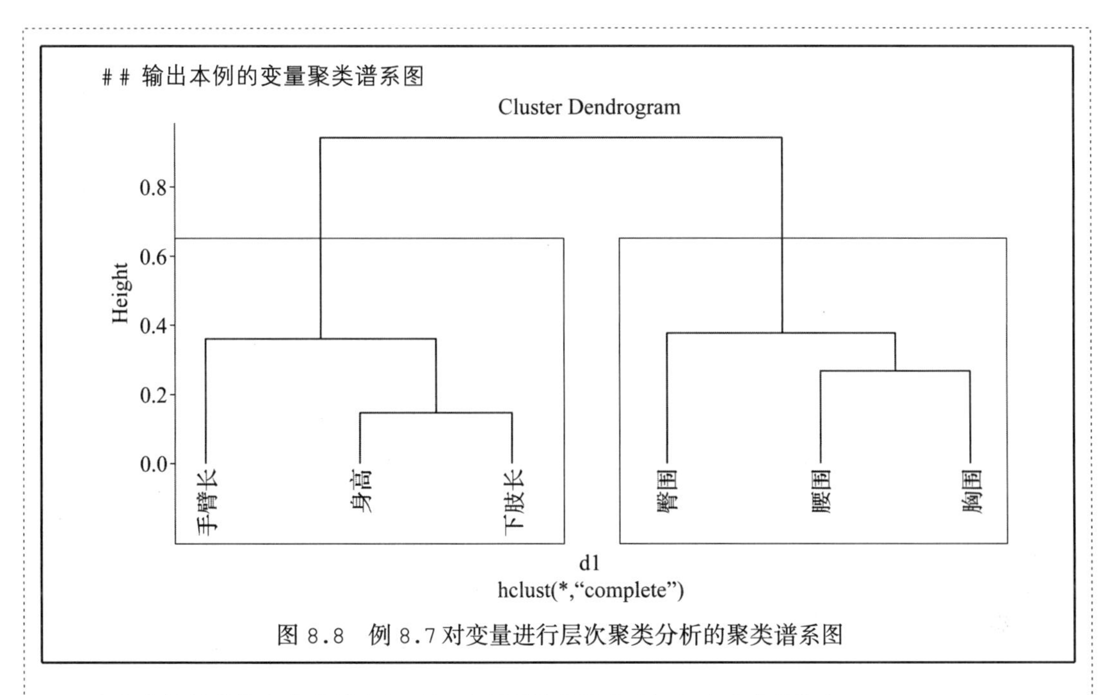

图 8.8　例 8.7 对变量进行层次聚类分析的聚类谱系图

由上述 R 编程输出结果图 8.8 可知，本例最终变量聚类的分为两类结果为：

第 1 类：手臂长、身高、下肢长；

第 2 类：臀围、腰围、胸围。

从图 8.8 可以看出，本例女性身体指标大体可分为两类：一类是反映人高矮（或长度）的变量（手臂长、身高、下肢长）；另一类是反映人胖瘦（或围度）的变量（臀围、腰围、胸围）。显然该变量聚类的分类结果比较客观合理，易于解释。

习题八

1. 试比较距离判别、Fisher 判别和 Bayes 判别的异同，并比较其优缺点。

2. 生物统计学家经常提出由个体的"大小"及"形状"因子（这相当于前面介绍的两个主成分）来进行判别，用 $x=(x_1,x_2)'$ 表示"大小"和"形状"两个因子。现从正常人和精神病患者两个总体中各抽取 25 人，测得的数据如表所示。

表　正常人和精神病患者"大小"和"形状"数据

	正常人		精神病患者	
序号	$x_1^{(1)}$	$x_2^{(1)}$	$x_1^{(2)}$	$x_2^{(2)}$
1	22	6	24	38
2	20	14	19	36
3	23	9	11	43
4	23	1	6	60

续表

	正常人		精神病患者	
5	17	8	9	32
6	24	9	10	17
7	23	13	3	17
8	18	18	15	56
9	22	16	14	43
10	19	18	20	8
11	20	17	8	46
12	20	31	20	62
13	21	9	14	36
14	13	13	3	12
15	20	14	10	51
16	19	15	22	22
17	20	11	11	30
18	18	17	6	30
19	20	7	20	61
20	23	6	20	43
21	23	23	15	48
22	25	9	5	53
23	23	5	10	43
24	21	12	13	19
25	23	7	12	4

由表中数据计算可得

$$\hat{\mu}_1=\begin{bmatrix}20.80\\12.32\end{bmatrix},\quad \hat{\mu}_2=\begin{bmatrix}12.80\\36.40\end{bmatrix}$$

$$A_1=\begin{bmatrix}165.60 & -126.48\\-126.48 & 981.36\end{bmatrix},\quad A_2=\begin{bmatrix}882.00 & 334.08\\334.08 & 6\,910.08\end{bmatrix}$$

试用距离判别法求其线性判别函数，并用原数据进行回判，求其误判率。现有一新“病员”，测得其观测数据为 $x_0=(28,36)'$。试判别该“病员”是否患有精神病。

3. 为建立判断妇女是否患血友病的判别法则，对正常组 $n_1=30$ 名妇女和血友病患者组 $n_2=22$ 名妇女测量如下两个指标：

$$X_1=\log_{10}(\text{AHF 活动性}),\quad X_2=\log_{10}(\text{AHF 型抗原})$$

从观测数据算出的样本均值向量和合并协差阵之逆分别为

$$\bar{x}^{(1)}=(-0.006\,5,-0.039\,0)',\quad \bar{x}^{(2)}=(-0.248\,3,0.026\,2)'$$

$$W'=\begin{bmatrix}131.158 & -90.423\\-90.423 & 108.147\end{bmatrix}$$

试求其 Fisher 判别准则。若一妇女的指标观察值为$(-2.10,-0.44)'$，试判断该妇女是否为血友病患者？

4. 下面给出了 5 个样本两两之间欧氏距离矩阵 $D_{(0)}$：

$$
D_{(0)}:\begin{array}{c} \\ G_1 \\ G_2 \\ G_3 \\ G_4 \\ G_5 \end{array}
\begin{array}{c} \begin{array}{ccccc} G_1 & G_2 & G_3 & G_4 & G_5 \end{array} \\
\begin{bmatrix} 0 & & & & \\ 4 & 0 & & & \\ 6 & 9 & 0 & & \\ 1 & 7 & 10 & 0 & \\ 6 & 3 & 5 & 8 & 0 \end{bmatrix} \end{array}
$$

试用最短距离法来进行层次聚类，并画出谱系图。

5. 给出逐个修正动态聚类法的具体计算框图。

6. 对某地超基性岩的一批样本，经光谱分析得到与矿化有关的化学元素指标数据，经标准后列表如表所示。

表　样本观测数据

样本	指标					
	Ni	Co	Cu	Cr	S	As
$1(x_1)$	0.373 8	1.243 8	1.299 9	0.982 8	1.300 7	−0.260 5
$2(x_2)$	0.815 1	−0.183 7	−0.501 4	1.018 5	−0.073 3	0.825 5
$3(x_3)$	−1.680 6	−1.462 8	−1.484 5	−1.662 6	−0.240 8	−0.510 1
$4(x_4)$	1.204 5	1.243 8	1.264 5	−0.453 5	1.305 2	1.668 2
$5(x_5)$	0.221 7	0.016 4	−0.077 3	0.995 8	−1.317 0	−1.462 6
$6(x_6)$	−0.935 5	−0.851 7	−0.501 4	0.177 0	−0.975 1	−0.260 5

由表中数据，计算两两化学元素的相关系数，得到相关系数阵 $R=(\gamma_{ij})_{6\times 6}$：

$$
R=\begin{array}{c} \\ \\ 1\ \mathrm{Ni} \\ 2\ \mathrm{Co} \\ 3\ \mathrm{Cu} \\ 4\ \mathrm{Cr} \\ 5\ \mathrm{S} \\ 6\ \mathrm{As} \end{array}
\begin{array}{c} \begin{array}{cccccc} 1 & 2 & 3 & 4 & 5 & 6 \\ \mathrm{Ni} & \mathrm{Co} & \mathrm{Cu} & \mathrm{Cr} & \mathrm{S} & \mathrm{As} \end{array} \\
\begin{bmatrix} 1 & & & & & \\ 0.8462 & 1 & & & & \\ 0.7579 & 0.9802 & 1 & & & \\ 0.6431 & 0.2419 & 0.1811 & 1 & & \\ 0.5039 & 0.7370 & 0.7210 & -0.3075 & 1 & \\ 0.5603 & 0.4241 & 0.3930 & 0.1998 & 0.6802 & 1 \end{bmatrix} \end{array}
$$

试分别用一次形成法和逐步形成来作出其化学元素(指标)的聚类谱系图。

附　表

常用概率分布表

分布	参数	概率分布律或密度	数学期望	方差	特征函数
退化分布（单点分布）	x_0 常数	$P\{X=x_0\}=1$	x_0	0	e^{itx_0}
0—1 分布（两点分布）	$0<p<1$ $q=1-p$	$P\{X=0\}=q$ $P\{X=1\}=p$	p	pq	$q+pe^{it}$
二项分布 $B(n,p)$	$0<p<1$ n 正整数	$P\{X=k\}=C_n^k p^k q^{n-k}$ $k=0,1,\cdots,n$	np	npq	$(q+pe^{it})^n$
负二项分布（Parscal 分布）	$0<p<1$ $q=1-p$ r 正整数	$P\{X=k\}=C_{k-1}^{r-1}p^r q^{k-r}$ $k=r,r+1,\cdots$	$\dfrac{r}{p}$	$\dfrac{rq}{p^2}$	$\left(\dfrac{pe^{it}}{1-qe^{it}}\right)^r$
泊松分布 $P(\lambda)$	$\lambda>0$	$P\{X=k\}=\dfrac{\lambda^k}{k!}e^{-\lambda}$，$k=0,1,2,\cdots$	λ	λ	$\mathrm{Exp}\{\lambda(e^{it}-1)\}$
几何分布 $g(p)$	$0<p<1$ $q=1-p$	$P\{X=k\}=pq^{k-1}$ $k=1,2,\cdots$	$\dfrac{1}{p}$	$\dfrac{q}{p^2}$	$\dfrac{pe^{it}}{1-qe^{it}}$
超几何分布 $H(n;N,M)$	N、M、n 正整数	$P\{X=k\}=C_M^k C_{N-M}^{n-k}/C_N^n$ $k=0,1,\cdots,\min(n,M)$	$\dfrac{nM}{N}$	$\dfrac{nM}{N}\left(1-\dfrac{M}{N}\right)\cdot\dfrac{N-n}{N-1}$	$\sum\limits_{k=0}^{n}\dfrac{C_M^k C_{N-M}^{n-k}}{C_N^n}e^{itk}$
均匀分布 $U[a,b]$	$a<b$	$f(x)=\begin{cases}\dfrac{1}{b-a}, & a\leqslant x\leqslant b\\ 0, & 其他\end{cases}$	$\dfrac{a+b}{2}$	$\dfrac{(b-a)^2}{12}$	$\dfrac{e^{itb}-e^{ita}}{it(b-a)}$
正态分布 $N(\mu,\sigma^2)$	$\mu,\sigma^2>0$	$f(x)=\dfrac{1}{\sqrt{2\pi}\sigma}e^{-\frac{(x-\mu)^2}{2\sigma^2}}$	μ	σ^2	$e^{i\mu t-\frac{1}{2}\sigma^2 t^2}$
指数分布 $E(\lambda)$	$\lambda>0$	$f(x)=\begin{cases}\lambda e^{-\lambda x}, & x\geqslant 0\\ 0, & x<0\end{cases}$	$\dfrac{1}{\lambda}$	$\dfrac{1}{\lambda^2}$	$\left(1-\dfrac{it}{\lambda}\right)^{-1}$
Γ 分布 $G(\alpha,\beta)$	$\alpha>0$ $\beta>0$	$f(x)=\begin{cases}\dfrac{\beta^\alpha}{\Gamma(\alpha)}x^{\alpha-1}e^{-\beta x}, & x\geqslant 0\\ 0, & x<0\end{cases}$	$\dfrac{\alpha}{\beta}$	$\dfrac{\alpha}{\beta^2}$	$\left(1-\dfrac{it}{\beta}\right)^{-\alpha}$
Beta 分布 $I(a,b)$	$a>0$ $b>0$	$f(x)=\begin{cases}\dfrac{1}{B(a,b)}x^{a-1}(1-x)^{b-1}, & 0\leqslant x\leqslant 1\\ 0, & 其他\end{cases}$	$\dfrac{a}{a+b}$	$\dfrac{ab}{(a+b)^2(a+b+1)}$	

续　表

分布	参数	概率分布律或密度	数学期望	方差	特征函数
柯西分布 $C(\mu,\lambda)$	$\mu,\lambda>0$	$f(x)=\frac{1}{\pi}\frac{\lambda}{\lambda^2+(x-\mu)^2}$	不存在	不存在	$e^{i\mu t-\lambda\|t\|}$
Laplace 分布	$\mu,\lambda>0$	$f(x)=\frac{1}{2\lambda}e^{-\frac{\|x-\mu\|}{\lambda}}$	μ	$2\lambda^2$	$\frac{e^{i\mu t}}{1+\lambda^2t^2}$
对数正态分布	$\mu,\sigma^2>0$	$f(x)=\begin{cases}\frac{1}{\sigma x\sqrt{2\pi}}e^{-\frac{(\ln x-\mu)^2}{2\sigma^2}}, & x>0\\ 0, & x\leqslant 0\end{cases}$	$e^{\mu+\frac{\sigma^2}{2}}$	$e^{2\mu+\sigma^2}(e^{\sigma^2}-1)$	
χ^2 分布 $\chi^2(n)$	n 正整数	$f(x)=\begin{cases}\frac{1}{2^{\frac{n}{2}}\Gamma\left(\frac{n}{2}\right)}x^{\frac{n}{2}-1}e^{-\frac{x}{2}}, & x>0\\ 0, & x\leqslant 0\end{cases}$	n	$2n$	$(1-2it)^{-\frac{n}{2}}$
t 分布 $t(n)$	n 正整数	$f(x)=\frac{\Gamma\left(\frac{n+1}{2}\right)}{\sqrt{n\pi}\Gamma\left(\frac{n}{2}\right)}\left(1+\frac{x^2}{n}\right)^{-\frac{n+1}{2}}$	0 $(n>0)$	$\frac{n}{n-2}$ $(n>2)$	
F 分布 $F(m,n)$	m、n 均为正整数	$f(x)=\begin{cases}\frac{\Gamma\left(\frac{m+n}{2}\right)m^{\frac{m}{2}}n^{\frac{n}{2}}}{\Gamma\left(\frac{m}{2}\right)\Gamma\left(\frac{n}{2}\right)}\frac{x^{\frac{m}{2}-1}}{(mx+n)^{\frac{m+n}{2}}}, & x>0\\ 0, & x\leqslant 0\end{cases}$	$\frac{n}{n-2}$ $(n>2)$	$\frac{2n^2(n+m-2)}{m(n-2)^2(n-4)}$ $(n>4)$	

参考文献

[1] 高祖新,尹勤. 实用统计计算. 南京:南京大学出版社,1996.

[2] 杰夫 · H · 吉文斯,珍尼弗 · A · 赫特. 计算统计. 西安:西安交通大学出版社,2017.

[3] 李东风. 统计计算. 北京:高等教育出版社,2017.

[4] 许王莉,朱利平. 数据科学统计计算. 北京:中国人民大学出版社,2022.

[5] 田国梁. 计算统计(英文版). 北京:科学出版社,2023.

[6] 高祖新,言方荣. 概率论与数理统计. 第 2 版. 南京:南京大学出版社,2020.

[7] 韦博成. 高等数理统计教程. 北京:高等教育出版社,2022.

[8] 韦来生. 数理统计. 第 2 版. 北京:科学出版社,2008.

[9] 茆诗松,汤银才. 贝叶斯统计. 2 版. 北京:中国统计出版社,2012.

[10] 薛毅,陈立萍. R 语言在统计中的应用. 北京:人民邮电出版社,2017.

[11] 薛薇. 基于 R 的统计分析与数据挖掘. 北京:中国人民大学出版社,2014.

[12] 赵军. R 语言医学数据分析实战. 北京:人民邮电出版社,2020.

[13] 张韵华,王新茂等. 数值计算方法与算法. 第 4 版. 北京:科学出版社,2022.

[14] 张铁,邵新慧. 数值分析. 北京:科学出版社,2022.

[15] 同济大学数学科学学院. 现代数值计算. 第 3 版. 北京:人民邮电出版社,2023.

[16] 李庆扬,王能超,易大义. 数值分析. 第 5 版. 北京:清华大学出版社,2008.

[17] 王红军,杨有龙. 统计计算与 R 实现. 西安:电子科技大学出版社,2019.

[18] 汪海波,罗莉,汪海玲. R 语言统计分析与应用. 北京:人民邮电出版社,2018.

[19] 李艳颖,王丙参. R 语言与统计计算. 成都:西南交通大学出版社,2018.

[20] 高惠璇. 实用统计方法与 SAS 系统. 北京:北京大学出版社,2001.

[21] 高祖新,言方荣. SAS 编程与统计分析. 南京:南京大学出版社,2020.

[22] 高祖新,言方荣. 医药统计分析与 SPSS 软件应用. 北京:人民卫生出版社,2018.

[23] Rice, John A. Mathematical Statistics and Data Analysis[M]. 3rd Edition. Duxbury Press,2007.

[24] Robert, C. P. and Casella,G. Monte Carlo Statistical Methods. Springer. New York,Second edition,2004.

[25] Rizzo M L. Statistical Computing with R [M]. New York: Chapman and Hall, 2007.

[26] Best N, Cowles M, Vines K. CODA: Convergence Diagnosis and Output

Analysis Software for Gibbs Sampling Output [S]. Version 0. 30, Technical report, MRC Biostatistics Unit, Univ. of Cambridge, 1995.

[27] Brooks S, Roberts G. Assessing convergence of Markov chain Monte Carlo algorithms [J]. Statistics and Computing, 1998, 8, 319 - 335.

[28] Cowles M, Carlin B. Markov chain Monte Carlo convergence diagnostics: A comparative review [J]. Journal of the American Statistical Association, 1996, 91, 883 - 904.

[29] Gelman, A., Roberts, G. O., Gilks, W. R. Efficient Metropolis Jumping Rules. Bayesian Statistics 5, Bernado, J. M., Berger, J. O., Dawid, A. P., Smith, A. F. M. (eds), 1996, 599 - 607.

[30] Gelman, A. and Rubin, D. B. A single sequence from the Gibbs sampler gives a false sense of security. In J. M. Bernardo, J. O. Berger, O. P. Dawid, and A. F. M. Smith, editors, Bayesian Statistics 4, Pages 625 - 631. Oxford University Press, Oxford, 1992.

[31] Gilks, W. R. and Wild, P. Adaptive rejection sampling for Gibbs sampling. Journal of the Royal Statistical Society C 41, 337 - 348, 1992.

[32] Roberts, G. O., Gelman, A. and Gilks, W. R. Weak convergence and optimal scaling of random walk Metropolis algorithms. Annals of Applied Probability 7, 110 - 120, 1997.

[33] Smith B J. Bayesian Output Analysis Program (BOA), Version 1. 1. 5 [J]. University of Iowa, Iowa City, IA. 2005.

[34] Roberts, G. O., Gelman, A. and Gilks, W. R. Weak convergence and optimal scaling of random walk Metropolis algorithms. Annals of Applied Probability, 1997.

习题参考答案

习题一

1. $\begin{cases} u_n = a_n \\ u_k = xu_{k+1} + a_k, \quad k = n-1, n-2, \cdots, 1, 0 \\ P_n(x) = u_0 \end{cases}$

4. $-0.458\,96$。

5. (1) 对 $f(x)=x^2-c$,由牛顿迭代式得 $x_{i+1}=\frac{1}{2}\left(x_i+\frac{c}{x_i}\right)$;(2) $\sqrt[n]{a}$ 。

6. 因 $f(x)$为奇函数,故 $c_{2m}=0$,再令 $x=\cos\theta$,则有

$$c_{2m+1} = \frac{2}{\pi}\int_0^{\pi}\left(\frac{\pi}{2-\theta}\right)\cos(2m+1)\theta\,d\theta = \frac{4}{\pi}\frac{1}{(2m+1)^2}$$

则

$$\arcsin x = \frac{4}{\pi}\sum_{m=1}^{\infty}\frac{1}{(2m+1)^2}T_{2m+1}(x)$$

8. 误差项为$-\frac{3}{80}h^5 f^{(4)}(\xi)$,而 Simpson 法则的误差项为$-\frac{1}{90}h^5 f^{(4)}(\xi_1)$。

9. $\alpha=\frac{4}{3}, \beta=-\frac{2}{3}, \gamma=\frac{4}{3}$。

10. $I=\int_{-1}^{1}\left[\sin\left(\frac{y+1}{2}\right)\Big/\left(\frac{y+3}{2}\right)\right]\frac{1}{2}dy \approx 0.284\,2$。

11. $0.272\,198$。

习题二

4. 利用分部积分法。
6. 利用Γ分布的特征函数$(1-it)^{-\alpha}$ 及特征函数的性质来证明。

习题三

3. (1) 只需证明:当 x 与 y 相互独立,且均服从指数分布 $E(1)$:

$$f(x) = e^{-x}, (x \geqslant 0)$$

时,$z=x-y$ 服从 Laplace 分布。

(2) 只需证明:当 x 与 y 相互独立,且均服从$U(0,1)$时,$z=x \cdot y$ 服从对数分布。

4. 抽样过程的步骤为

1° 产生均匀随机数 r_1, r_2;

2° $x=-c+2cr_1, y=\frac{1}{\sqrt{2\pi}}r_2$;

3° 当 $y \leqslant \frac{1}{\sqrt{2\pi}}e^{-\frac{x^2}{2}}$ 时,取 $z=x$;否则返回 1°。

5. 1° 产生均匀随机数;

2° 若 $r \leqslant \frac{1}{2}$时,取 $x=\frac{1}{2}\ln(2r)$;否则,取 $x=-\frac{1}{\lambda}\ln 2(1-r)$。

7. 可用特征函数法证明 $\chi^2(n)$ 分布与指数分布 $E(1)$ 的关系。

9. 约为 0.57。

习题四

1. Beta(3,6)。

2. $\Gamma(20,2)$。

3. 设 $\theta_1=0.1,\theta_2=0.2$,记 A={随机抽取 8 个进行检查,发现有 2 个不合格}。

$\pi(\theta_1|A)=0.458\,2,\pi(\theta_2|A)=0.541\,8$。

4. (1) θ 后验分布为 Beta(4,6);(2) θ 后验分布为 Beta(4,7)。

5. $\dfrac{1\,572\,864}{\theta^7}$, $\theta\geqslant 8$。

6. 狄利克雷分布 Dirchlet(1/2,1/2,…,1/2)。

7. (1) [2.02, 3.98]; (2) 接受 H_0。

习题五

1. $\hat{\sigma}_1^2\Big/\hat{\sigma}_2^2=\dfrac{1}{n-1}\sum\limits_{i=1}^{n}(x_i-\bar{x})^2\Big/\dfrac{1}{m-1}\sum\limits_{j=1}^{m}(y_i-\bar{y})^2$,标准误差:0.024。

2. $\hat{\alpha}=\dfrac{\bar{x}^2}{S},\hat{\lambda}=\dfrac{\bar{x}}{S}$,其中 $\bar{x}=\dfrac{1}{n}\sum\limits_{i=1}^{n}x_i,S=\dfrac{1}{n-1}\sum\limits_{i=1}^{n}(x_i-\bar{x})^2$,

$\hat{\alpha}$ 的标准误差:0.30,$\hat{\lambda}$ 的标准误差:0.17 。

3. 标准正态置信区间:(9.85, 10.36);百分位数置信区间:(9.85, 10.36)。

4. 相关系数 $\hat{\rho}$ 的方差:0.001。

习题六

1. 由于只能观测到投掷硬币的结果,不能观测到投掷硬币的过程,因此我们需要使用 EM 算法来估计参数。

2. 由于 EM 算法对初始值较为敏感,当初始值选择不同时,EM 算法的迭代结果也不相同。此处仅展示当初始值均为 0.5 时,结果分别为 0.5,0.6,和 0.6。

3. 当初始值为 0.5 时,等位基因 A 的概率为 0.6。

4. 当 $Y<-c(1,2,3,0,0,0)$,初始值 $\mu=1$ 时,$\hat{\mu}=0.25$。

习题七

3. 主成分分析的基本统计量为

变量	u_1	u_2	u_3
x_1(长度)	0.683	0.162	0.712
x_2(宽度)	0.510	0.591	−0.624
x_3(高度)	0.522	−0.790	−0.321
特征值 λ_i	24.31×10^{-3}	0.63×10^{-3}	0.38×10^{-3}
累积贡献率(%)	96.0	98.5	100

第一主成分为 $y_1=0.683\ln x_1+0.510\ln x_2+0.522\ln x_3=\ln(x_1^{0.683}x_2^{0.510}x_3^{0.522})$,体现了海龟壳的滚圆形状。

5. 因子分析的主要结果为:

表 1 相关系数阵的特征值、单位特征向量

特征值 λ_i	3.51	1.03	0.72	0.56	0.50	0.36	0.32
累积贡献率(%)	50.1	64.9	75.1	83.1	90.3	95.4	100
特征向量	0.33	−0.44	−0.66	−0.30	0.04	0.32	−0.27
	0.37	−0.20	0.54	−0.65	0.00	−0.29	−0.17
	0.34	0.59	0.13	0.00	0.52	0.43	−0.27
	0.38	0.35	0.00	0.08	−0.83	0.14	−0.13
	0.40	0.31	−0.43	0.04	0.17	−0.70	0.19
	0.37	−0.41	0.23	0.69	0.09	−0.15	−0.38
	0.45	−0.20	0.14	0.09	0.06	0.31	0.79

表 2 因子分析解

变量	因子载荷估计			共同度 h_i^2	特殊方差 φ_i^2
	f_1	f_2	f_3		
x_1:政治	0.62	−0.44	−0.56	0.88	0.12
x_2:语文	0.69	−0.20	0.46	0.73	0.27
x_3:数学	0.64	0.60	0.11	0.78	0.22
x_4:物理	0.71	0.35	0.00	0.62	0.38
x_5:化学	0.15	0.31	−0.37	0.71	0.29
x_6:外语	0.69	−0.41	0.20	0.69	0.31
x_7:生物	0.84	−0.20	0.12	0.75	0.25
公共因子贡献	3.51	1.03	0.72		
累积贡献率(%)	50.1	64.9	75.1		

公共因子 f_1 可解释为“一般智力”因子，公共因子 f_2、f_3 难以解释，故应考虑进行因子正交旋转，旋转后的因子分析结果为

表 3 正交旋转后的因子分析解

变量	因子载荷估计			共同度 h_i^2	特殊方差 φ_i^2
	f_1^*	f_2^*	f_3^*		
x_1:政治	0.87	−0.07	0.35	0.88	0.12
x_2:语文	−0.05	0.18	0.84	0.73	0.27
x_3:数学	0.03	0.84	0.29	0.78	0.22
x_4:物理	0.22	0.66	0.38	0.62	0.38
x_5:化学	0.48	0.65	0.24	0.71	0.29
x_6:外语	0.24	−0.01	0.80	0.69	0.31
x_7:生物	0.32	0.25	0.78	0.75	0.25
公共因子贡献	1.21	1.67	2.37		
贡献率(%)	17.3	23.86	33.86		

经过正交旋转后，原来的公共因子 f_1（"一般智力"因子）分别渗透到各个因子中去，从表 3 中可看到：

(1) 公共因子 f_1^* 可视为"政治科"因子（分析、解释社会现实及本人思想的适应能力），注意其公共方差贡献率为 17.3%，居第三位。

(2) 公共因子 f_2^* 可解释为"数理化能力"因子（抽象思维、逻辑推理及运算、操作能力），其公共方差贡献率为 23.86%，居第二位。

(3) 公共因子 f_3^* 可视为"语外生能力"因子（叙述表达、想象和记忆能力），其公共方差贡献率为 33.86%，居首位。此外在表中有些科目的特殊方差稍大些，如物理(0.38)和外语(0.31)，这说明物理、外语与其它科目相比需要学生具备一些特殊的素质，如实验能力，语言习惯等。

习题八

2. 线性判别函数为

$$W(x)=\frac{1}{3\,570.1}(1\,419x_1-560x_2-10\,198)\approx\frac{280}{3\,570.1}(5x_1-2x_2-36)=\frac{280}{3\,570.1}W^*(x)$$

可用 $W(x)$ 或等价地 $W^*(x)$ 来进行判别：当 $W^*(x)\geqslant 0$ 时判为正常人，$W^*(x)<0$ 时判为精神病患者。用原数据回判时误判率为 $\frac{4}{50}=8\%$。由于 $W^*(x_0)=22>0$，将该"病员"判为正常人。

3. Fisher 判别函数为 $y(x)=37.61x_1-28.92x_2$

Fisher 判别准则为($\bar{y}_0=-4.61$)：

$$\begin{cases}x\in G_1(\text{正常人}), & \text{若 } y(x)\geqslant -4.61\\ x\in G_2(\text{血友病患者}), & \text{若 } y(x)<-4.61\end{cases}$$

对 $x_0=(2.8,1.5)'$，因 $y(x_0)=-6.62<-4.61$，故将该妇女判为血友病患者。

4. (1) 最短距离法对 5 个样本进行合并聚类的顺序表为

合并次序	合并的类		合并后类中的元素	合并水平(距离)
1	G_1	G_4	$G_6=\{x_1,x_4\}$	1
2	G_2	G_5	$G_7=\{x_2,x_5\}$	3
3	G_6	G_7	$G_8=\{x_1,x_4,x_2,x_5\}$	4
4	G_8	G_3	$G_9=\{x_1,x_4,x_2,x_5,x_3\}$	5

6. (1) 利用一次形成法对 6 个化学元素(指标)进行聚类的归类结果为

连接顺序	连接元素		相关系数
1	Co	Cu	0.980 2
2	Ni	Co　Cu	0.846 2
3	S	As	0.680 2
4	Cr	Ni　Co　Cu	0.643 1
5	S　As	Ni　Co　Cu　Cr	0.503 9

由此即可作出一次形成法聚类分析的谱系图

（2）利用逐次形成法对 6 个化学元素进行聚类的归类结果为

连接顺序	连接元素		相关系数
1	Co	Cu	0.980 2
2	Ni	Co　Cu	0.801 9
3	S	As	0.680 2
4	S　As	Ni　Co　Cu	0.556 5
5	Cr	Ni　Co　Cu　Cr	0.191 8

由此即可作出逐次形成法聚类分析的谱系图。